全国技工院校3D打印技术应用专业教材

（中/高级技能层级）

3D打印产品后处理

人力资源社会保障部教材办公室　组织编写

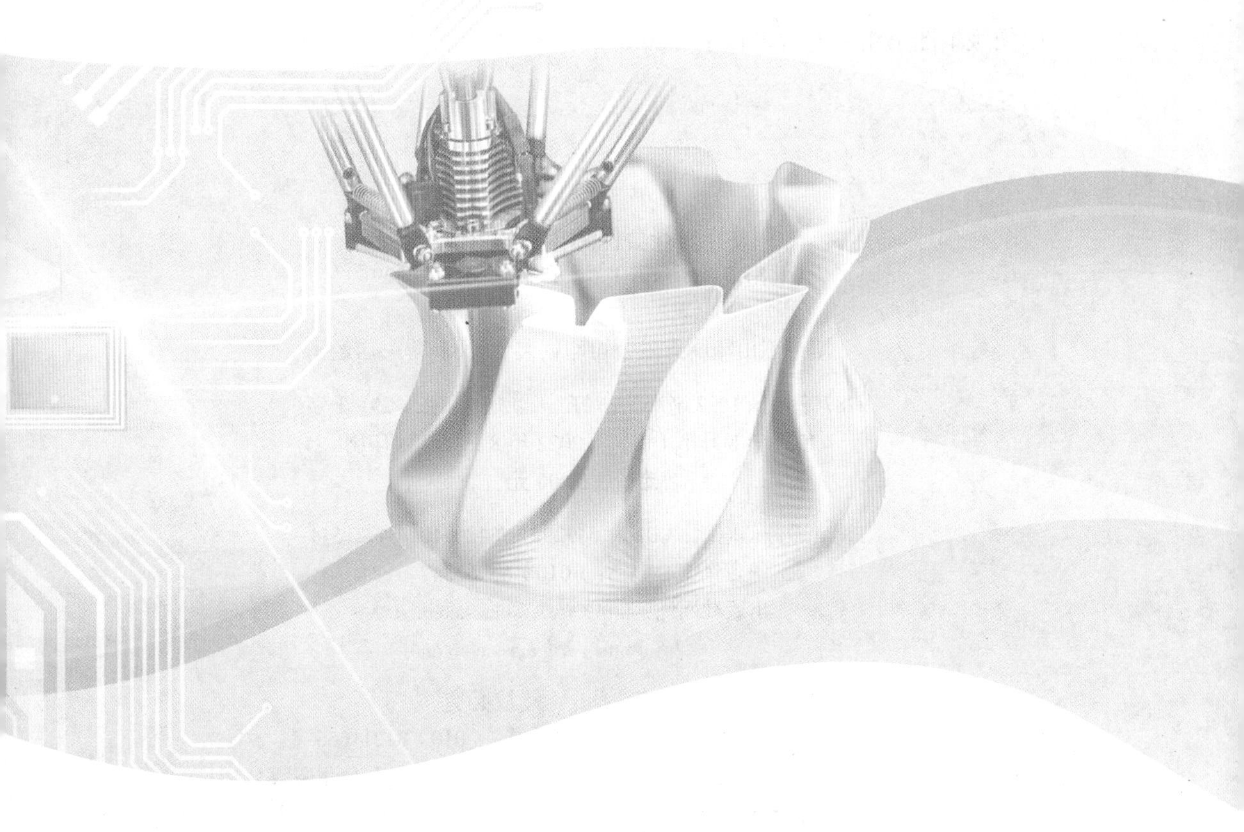

中国劳动社会保障出版社

内容简介

本书主要内容包括 FDM 打印产品的打磨及抛光、SLA 打印产品的清洗、3D 打印产品的上色、3D 打印产品的喷砂处理、3D 打印产品的丝网印刷、3D 打印产品的打标、3D 打印产品的装配、3D 打印产品后处理综合应用等。本书为国家级职业教育规划教材，供技工院校 3D 打印技术应用专业教学使用，也可作为职业培训用书，或供从事相关工作的有关人员参考。

图书在版编目（CIP）数据

3D 打印产品后处理 / 人力资源社会保障部教材办公室组织编写 . -- 北京：中国劳动社会保障出版社，2022

全国技工院校 3D 打印技术应用专业教材 . 中 / 高级技能层级

ISBN 978-7-5167-5320-0

Ⅰ.① 3… Ⅱ.①人… Ⅲ.①快速成型技术 – 技工学校 – 教材 Ⅳ.①TB4

中国版本图书馆 CIP 数据核字（2022）第 084922 号

中国劳动社会保障出版社出版发行

（北京市惠新东街 1 号　邮政编码：100029）

*

三河市燕山印刷有限公司印刷装订　　新华书店经销

787 毫米 ×1092 毫米　16 开本　13.75 印张　291 千字

2022 年 8 月第 1 版　　2022 年 8 月第 1 次印刷

定价：39.00 元

读者服务部电话：（010）64929211/84209101/64921644

营销中心电话：（010）64962347

出版社网址：http：//www.class.com.cn

http：//jg.class.com.cn

技工院校 3D 打印技术应用专业
教材编审委员会名单

本书编审人员

主　　编：朱凤波

副 主 编：朱晓亮　焦　钰

参　　编：朱泽华　钟锋良　刘义权　陈海涛　谌谢辉　周汉斌
刘　涛　田　喆　李兴华　张丹丹

主　　审：王继武

前言

PREFACE

《中国制造 2025》行动纲领，部署全面推进实施制造强国战略，提出要坚持“创新驱动、质量为先、绿色发展、结构优化、人才为本”的基本方针，解决“核心基础零部件（元器件）、先进基础工艺、关键基础材料和产业技术基础”等问题，以 3D 打印为代表的先进制造技术产业应用和产业化势在必行。

增材制造（Additive Manufacturing）俗称 3D 打印，是融合了计算机辅助设计、材料加工与成形技术，以数字模型文件为基础，通过软件与数控系统将专用的金属材料、非金属材料以及医用生物材料，按照挤压、烧结、熔融、光固化、喷射等方式逐层堆积，制造出实体物品的制造技术。当前，3D 打印技术已经从研发转向产业化应用，其与信息网络技术的深度融合，将给传统制造业带来变革性影响，被称为新一轮工业革命的标志性技术之一。

随着产业的迅速发展，3D 打印技术应用人才的需求缺口日益凸显，迫切需要各地技工院校开设相关专业，培养符合市场需求的技能型人才。为了满足全国技工院校 3D 打印技术应用专业的教学要求，人力资源社会保障部教材办公室组织有关学校的骨干教师和行业、企业专家，开发了本套全国技工院校 3D 打印技术应用专业教材。

本次教材开发工作的重点主要体现在以下几个方面：

第一，通过行业、企业调研确定人才培养目标，构建课程体系。

通过行业、企业调研，掌握企业对 3D 打印技术应用专业人才的岗位需求和发展趋势，确定人才培养目标，构建科学合理的课程体系。根据课程的教学目标以及学生的认知规律，构建学生的知识和能力框架，在教材中展现新技术、新设备、新材料、新工艺，体现教材的先进性。

第二，坚持以能力为本位，突出职业教育特色。

教材采用项目—任务的模式编写，突出职业教育特色，项目选取企业的代表性工作任务进行教学转化，有机融入必要的基础知识，知识以够用、实用为原则，以满足社会对技能型人才的需要。同时，在教材中突出对学生创新意识和创新能力的培养。

第三，丰富教材表现形式，提升教学效果。

为了使教材内容更加直观、形象，教材中使用了大量的高质量照片，避免大段文字描述；精心设计栏目，以便学生更直观地理解和掌握所学内容，符合学生的认知规律；部分教材采用四色印刷，图文并茂，增强了教材内容的表现效果。

第四，开发多种教学资源，提供优质教学服务。

在教学服务方面，为方便教师教学和学生学习，配套提供了制作素材、电子课件、教案示例等教学资源，可通过技工教育网（http://jg.class.com.cn）下载使用。除此之外，在部分教材中还借助二维码技术，针对教材中的重点、难点内容，开发制作了微视频、动画等，可使用移动设备扫描书中二维码在线观看。

在教材的开发过程中，得到了快速制造国家工程研究中心的大力支持，保证了教材的编写质量和配套资源的顺利开发，在此表示感谢。此外，教材的编写工作还得到了河北、辽宁、江苏、山东、河南、广东、陕西等省人力资源社会保障厅及有关学校的大力支持，在此我们表示诚挚的谢意。

人力资源社会保障部教材办公室

2019 年 6 月

目录

CONTENTS

项目一

FDM[①]打印产品的打磨及抛光

学习目标

1. 了解打磨及抛光的概念和原理。
2. 了解常用机械设备的打磨与抛光。
3. 掌握常用打磨与抛光工具和材料的使用方法。
4. 掌握物理打磨与抛光的特点和工艺流程。
5. 能熟练使用手动工具对产品进行打磨与抛光。
6. 能独立完成 3D 打印产品打磨及抛光后的质量检验及缺陷修复工作。
7. 能正确穿戴个人防护用品并独立完成场地清理工作。

任务描述

本任务是采用物理打磨与抛光的方法，对 3D 打印产品——挖掘机挖斗模型（见图 1-1）进行后处理，使其外观无毛刺和缺陷，表面光滑且无瑕疵。注意：孔位暂不处理，在产品装配时再做调整。挖掘机挖斗模型包含大平面、圆弧面、小平面，在打磨及抛光过程中需要

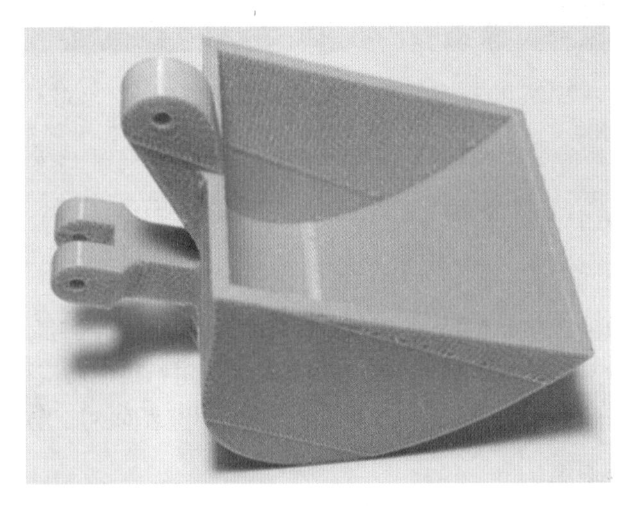

图 1-1　3D 打印（FDM 工艺）的挖斗模型

① 熔融沉积成形（fused deposition modeling，FDM）。

合理选用工具和材料，穿戴好个人防护用品，根据不同加工区域的特点选择合理的打磨与抛光工艺，并注意刃具和电动工具的使用安全。任务时长 120 min。

相关知识

3D 打印产品在很多领域都有极大的优势和广阔的应用前景，但因其成形方式为逐层堆积，必然会造成台阶效应，最终会在产品上留下凹凸不平的可见层纹。选择不同的打印工艺和参数，会使产品纹路有所不同，但纹路不会完全消失。而且大部分 3D 打印产品在打印过程中还需要支撑结构，后期拆除支撑结构后，产品上会留下支撑痕迹。层纹与支撑痕迹会导致产品外观效果不好，影响客户体验。如果产品后期需要上色处理，这些缺陷的影响将会更大。故需要对 3D 打印产品进行打磨及抛光，以进一步提高其表面质量，如图 1-2 所示。

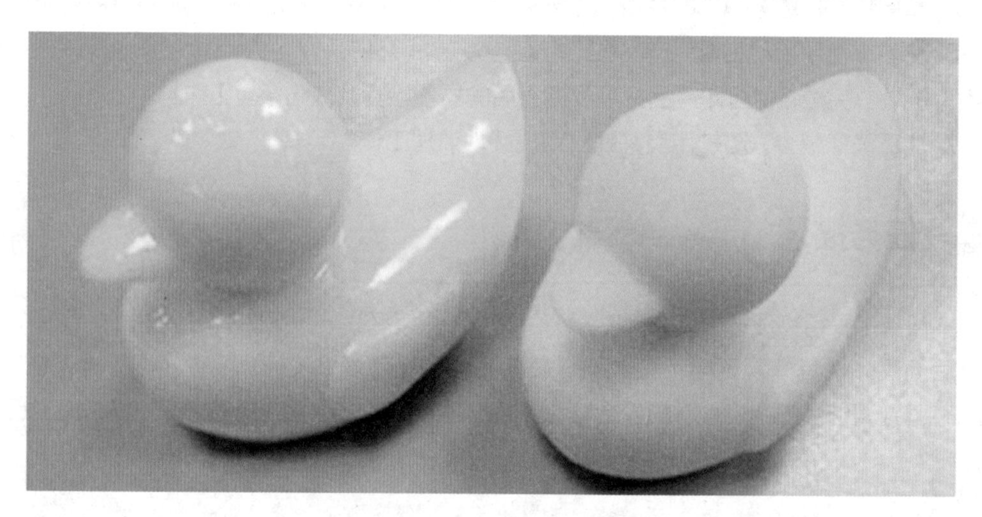

图 1-2　打磨及抛光后（左图）与打磨及抛光前（右图）的对比

一、打磨及抛光的概念和原理

1. 打磨及抛光的概念

打磨是指借助较粗糙的物体通过摩擦改变材料表面粗糙度的一种加工方法。抛光是指利用柔性抛光工具、磨料颗粒或其他抛光介质对零件表面进行机械加工和修饰，或者利用化学、电化学的作用降低零件表面粗糙度，以获得光亮、平整表面的加工方法。

2. 打磨及抛光的基本原理

在打磨及抛光过程中，被加工表面发生复杂的物理和化学变化，其主要作用如下：

（1）微切削作用

在被加工表面和打磨工具之间置以游离磨料和润滑剂，使被加工表面和打磨工具之间产生相对运动，同时施以一定压力，磨料产生切削作用，从而去除表面凸起处。此时游离状态的磨料在工具表层对零件进行微量切削加工，如图 1-3 所示。

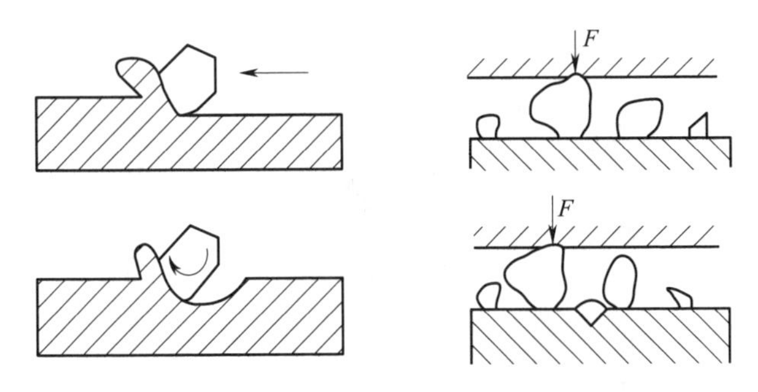

图 1-3 微切削作用原理

（2）挤压塑性变形

钝化了的磨料在打磨压力作用下，挤压被加工表面的粗糙凸峰，在塑性变形及流动中使凸峰趋向平缓和光滑，使被加工表面产生微挤压塑性变形。

（3）化学作用

对于塑料 3D 打印产品而言，用化学溶液浸泡或用化学蒸气熏蒸，可使产品表面发生化学反应，从而去除表面氧化皮，改善产品的表面质量，以达到打磨、抛光的目的。用丙酮蒸气对 ABS（丙烯腈 - 丁二烯 - 苯乙烯共聚物，acrylonitrile butadiene styrene，ABS）产品进行抛光，产品对比如图 1-4 所示。

对于金属 3D 打印产品而言，为了提高打磨与抛光的效率，在粗磨阶段，可在打磨剂中加入适量的具有氧化作用的物质，使产品被加工表面形成一层极薄的氧化膜，这层氧化膜很

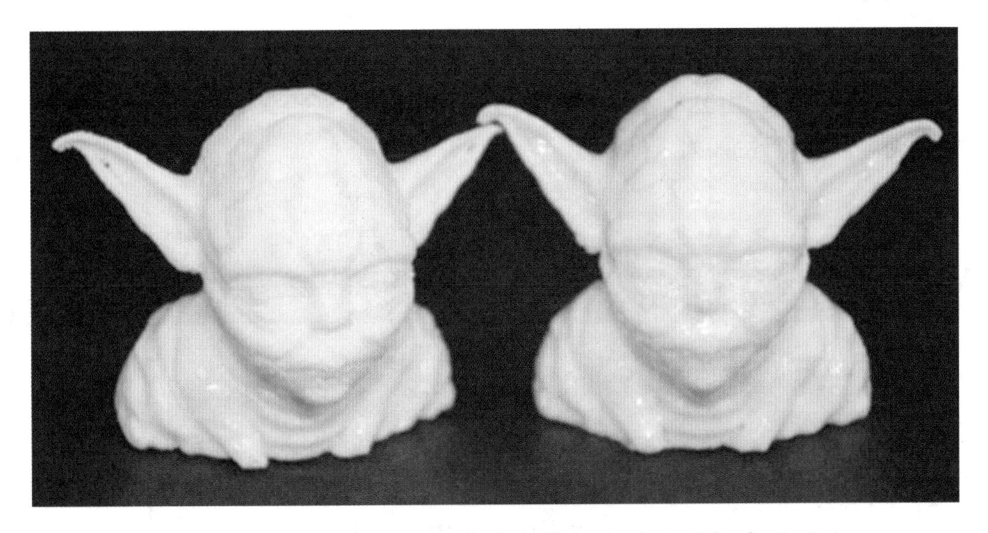

图 1-4 用丙酮蒸气抛光前（左图）后（右图）产品对比

容易被磨掉，而又不损坏材料基体。在打磨的过程中，氧化膜不断快速形成，又被快速磨掉，反复地利用其氧化作用降低零件表层的硬度，以提高打磨与抛光效率。如图 1–5 所示为抛光中的金属产品。

图 1–5　抛光中的金属产品

3. 打磨及抛光的机理区别

打磨与抛光机理基本相同，抛光是在打磨后进行的，比打磨的切削作用更弱的加工方法。

打磨时选用的打磨工具较硬，其微切削作用和挤压塑性变形作用较强，在提高尺寸精度和降低表面粗糙度两方面都有明显的加工效果；在抛光过程中也存在着微切削作用和化学作用。抛光相对于打磨来说，选用的工具较软，抛光过程中的摩擦现象使抛光接触部位温度上升，引起塑性变形，所以被加工表面存在塑性流动作用，进一步降低表面粗糙度，但不提高零件的几何精度。

4. 抛光及打磨的联系和区别

打磨的主要目的是降低零件表面粗糙度，提高其形状精度和尺寸精度。抛光的主要目的是进一步降低零件表面粗糙度，增加表面光泽。抛光与打磨的联系和区别见表 1–1，打磨后与抛光后的 3D 打印产品如图 1–6 所示。

▼ 表 1–1　抛光与打磨的联系和区别

联　系	区　别
1. 操作原理和步骤大致相同 2. 使用的工具有重叠 3. 主要用于产品的成形表面 4. 多为手工作业，劳动强度大	1. 抛光的切削作用比打磨弱 2. 抛光一般在打磨后进行 3. 打磨时尺寸精度和形状精度提高效果明显；抛光一般不提高零件的尺寸精度和形状精度，只降低表面粗糙度 4. 抛光能进一步降低表面粗糙度

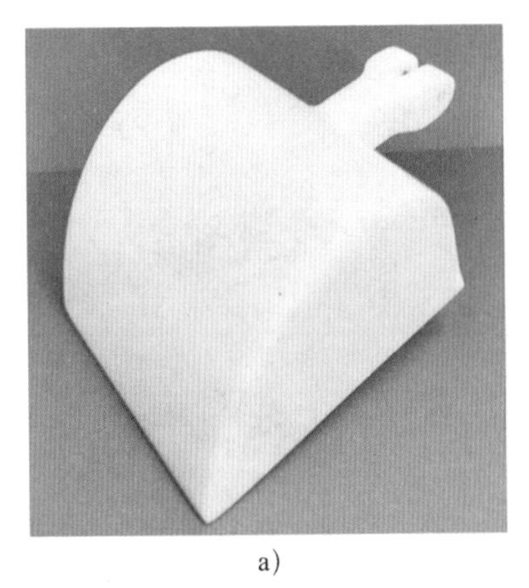

a)

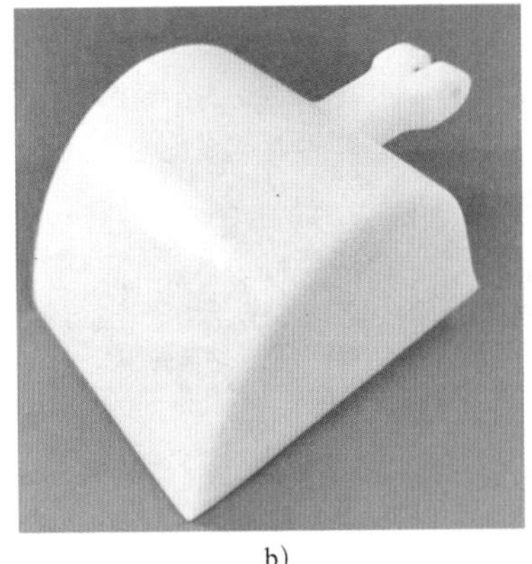

b)

图 1–6 打磨后与抛光后的 3D 打印产品

a）打磨后 b 抛光后

5. 打磨及抛光的特点

（1）能提高零件的尺寸精度和形状精度，提升零件表面质量。

（2）摩擦因数减小，有效接触表面积增大，能有效提高零件表面耐磨性。

（3）打磨表面存在着残余压应力，有利于提高耐疲劳强度。

（4）不能提高各表面之间的位置精度。

（5）多为手工作业，劳动强度大。

二、打磨与抛光常用工具和材料

1. 剪钳

剪钳是一种常用的钳形工具，用来剪断 3D 打印产品的支撑结构或产品上多余的结构，如图 1-7 所示。刃口一般采用优质材料精心制造，常见的材料有高碳钢、镍铁合金、铬钒合金钢等，经过高频淬火，刃口硬度高，钳柄上一般套有绝缘套管。

剪钳型号较多，可根据使用场景的不同选择不同型号的剪钳。在实际使用过程中，根据被剪材料和部位的不同，选择合适的剪钳。

（1）水口钳

如图 1-8 所示的水口钳适合剪除 3D 打印塑料产品大平面上的支撑结构和产品的毛刺等。由于刃口比较薄，一般不适合剪铁丝、钢丝等过硬的线材。

（2）模型钳

按模型钳刃口的结构不同，分为单刃剪钳和双刃剪钳，如图 1-9 所示。单刃剪钳的一边刃口开锋，另一边刃口为钝形平面。剪钳工作时只有开锋的刃口一边施力，而另一边的钝刃只起到固定的作用，被剪切物体是被开锋的刃口切断的，最终断点留在被切截面的边上。双刃剪钳两边刃口均开锋，两边刃口一起施力切入模型，将被剪切模型切断，最终断点留在被切截面的中间。

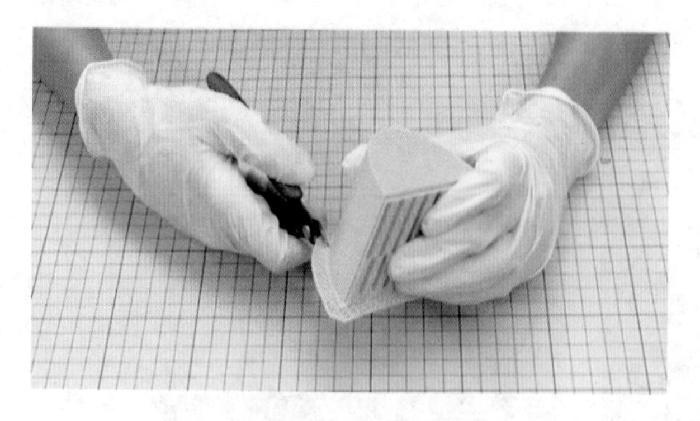

图 1-7　使用剪钳剪除支撑结构

图 1-8　水口钳

在剪切模型时，断点的位置可能会残留白痕，一般来说，如果单刃剪钳刃口足够锋利，断面处不会有发白现象，剪刃越薄，效果越好，相对也越容易损坏，发生崩刃、歪刃等现象。双刃剪钳相对来说坚固耐用，但容易在断面中间残留白痕，如图 1-10 所示。

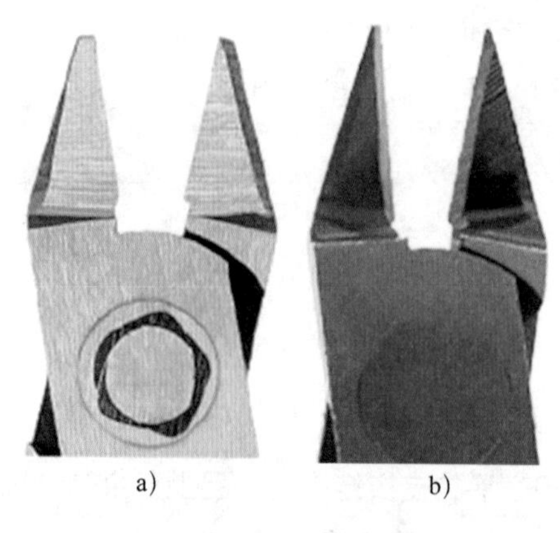

图 1-9　模型钳
a）单刃剪钳　b）双刃剪钳

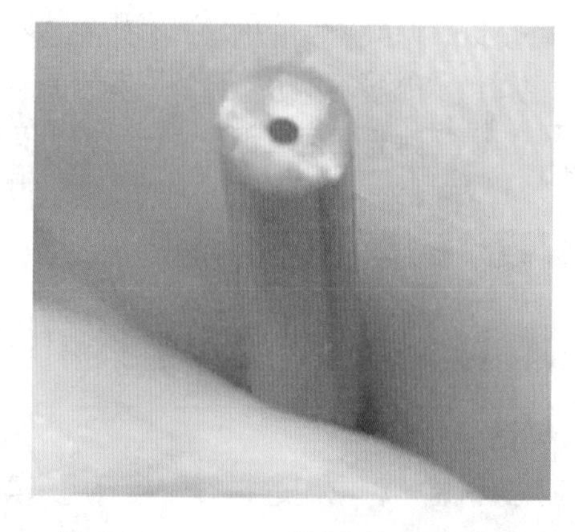

图 1-10　双刃剪钳留下的白痕

2. 雕刻笔刀

雕刻笔刀可用来修整模型表面的毛边、细小凸起等，适用于精细雕刻模型、组装和切割模型、切割砂纸等场合。雕刻笔刀由刀片和刀柄组成，如图 1-11 所示，其前端的刀片可拆卸及组装，以便更换刀片或清理内部碎屑。目前市场上的雕刻笔刀一般会配套赠送多片刀片，可满足日常使用需求。刀柄部分一般配有花纹，可保证握感舒适，不易打滑。

3. 锉刀

锉刀是表面布满细密刀齿的用于锉光零件表面的条状钳工工具。锉刀由锉身和锉柄两部分组成，如图 1-12 所示。锉身通常用优质碳素工具钢制成，经热处理后硬度达 62 ~ 72HRC。按照用途不同分为钳工锉、异形锉、整形锉等。

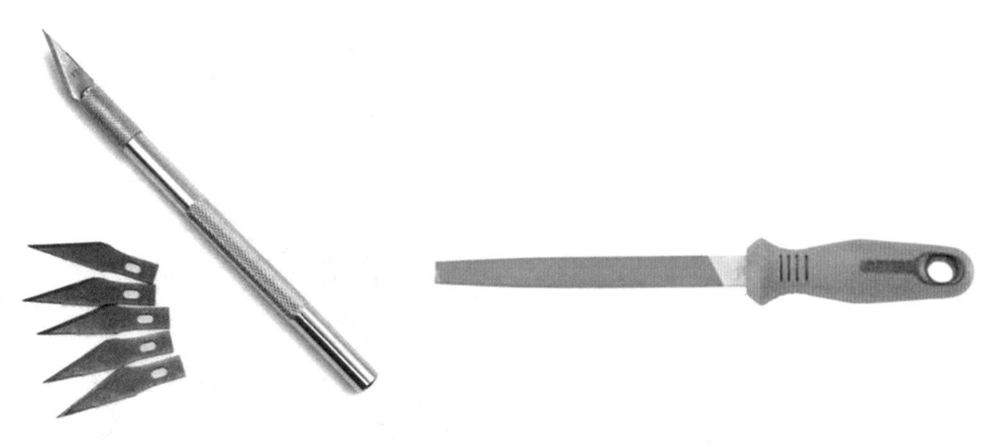

图 1-11　雕刻笔刀　　　　图 1-12　锉刀

如图 1-13 所示的整形锉主要用于修整零件上的细小部分，是 3D 打印产品后处理常用工具。按断面形状不同，整形锉分为刀形锉、圆锉、方锉、椭圆锉、尖头扁锉、三角锉、圆边扁锉、单面三角锉、半圆锉、齐头扁锉等，锉刀断面形状的选择取决于被加工表面的形状。

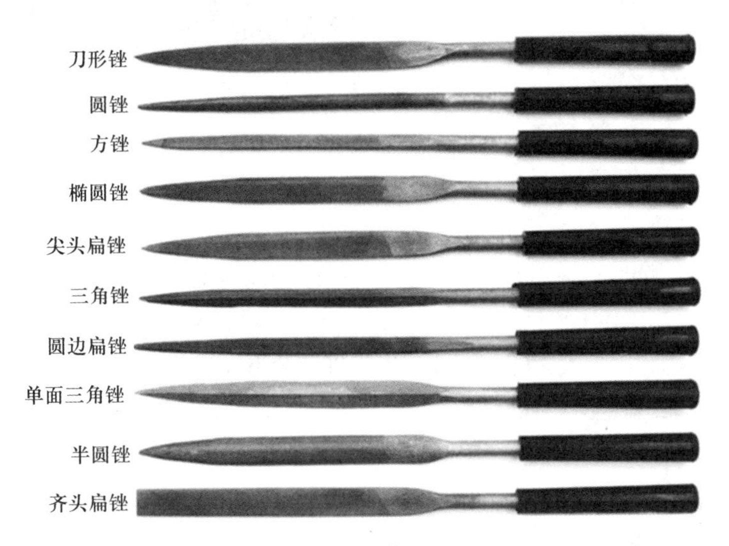

图 1-13　整形锉

（1）锉刀的规格

锉刀面上有许多锉齿，按锉齿的排列方式不同，可分为单齿纹和双齿纹两种，如图 1-14 所示。锉纹号是表示锉齿粗细的参数，按照每 10 mm 轴向长度内主锉纹的条数划分为五种，分别为 1 号（8 条，粗齿锉）、2 号（11 条，中齿锉）、3 号（16 条，细齿锉）、4 号（22 条，粗油光锉）、5 号（32 条，细油光锉）。锉纹号越小，锉齿越粗。锉削时根据零件材料的性质选择锉刀齿纹，锉削铝、铜、软钢等软材料时，可选用单齿纹锉刀；锉削硬材料或进行精加工时，可选用双齿纹锉刀。

锉刀有不同的尺寸规格，如图 1-15 所示，常用的锉刀有 100 mm（4 in）、150 mm（6 in）、200 mm（8 in）、250 mm（10 in）、300 mm（12 in）、350 mm（14 in）等几种。圆锉以其断面直径为尺寸规格，方锉以其边长为尺寸规格，异形锉和整形锉的尺寸规格是指锉刀全长，其他锉刀以锉身长度为尺寸规格。

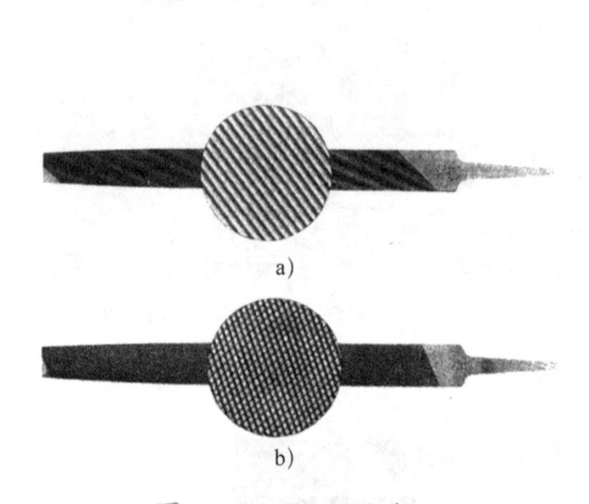

图 1-14 锉刀的齿纹
a）单齿纹 b）双齿纹

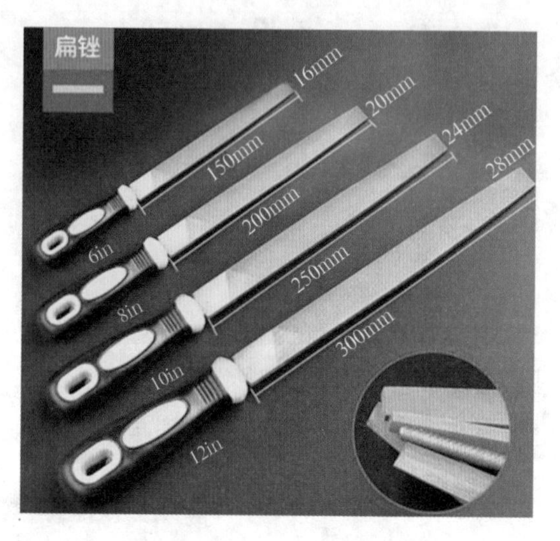

图 1-15 锉刀的规格

（2）锉刀的选择

1）锉刀长度的选择。通常根据零件加工余量和加工面积的大小选择锉刀长度，加工面尺寸大，加工余量大，选用较长的锉刀；反之，选用较短的锉刀。

2）锉齿粗细的选择。锉齿的粗细要根据零件的余量大小、加工精度、材料性质来选择，粗齿锉刀适用于加工余量大、尺寸精度低、几何公差大、表面粗糙度值大、材料软的零件；反之应选择细齿锉刀。

3）锉刀断面形状的选用。锉刀的断面形状应根据被锉削零件的形状来选择，使两者的形状相适应。锉削内圆弧面时，要选择半圆锉或圆锉（小直径的零件），如图 1-16 所示为用圆锉锉削内圆弧面。锉削内角表面时，要选择三角锉；锉削内直角表面时，可以选用扁锉或方锉等。如图 1-17 所示为用扁锉锉削小平面。

4. 砂纸和油石

（1）砂纸的分类及用法

如图 1-18 所示的砂纸表面上粘有研磨砂粒，用以打磨金属和非金属材料，通过砂纸的打磨可降低产品的表面粗糙度。用砂纸打磨是一种成本低且行之有效的打磨与抛光方法，是 3D 打印产品后处理最常用的方法，也是使用范围最广泛的技术。

砂纸一般分为水磨砂纸、干磨砂纸和海绵砂纸。

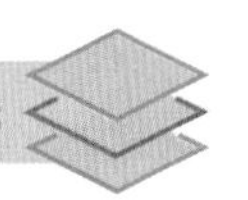

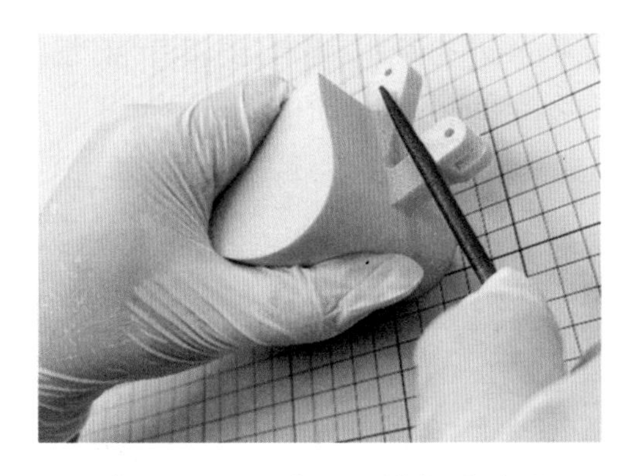

图 1-16　用圆锉锉削内圆弧面

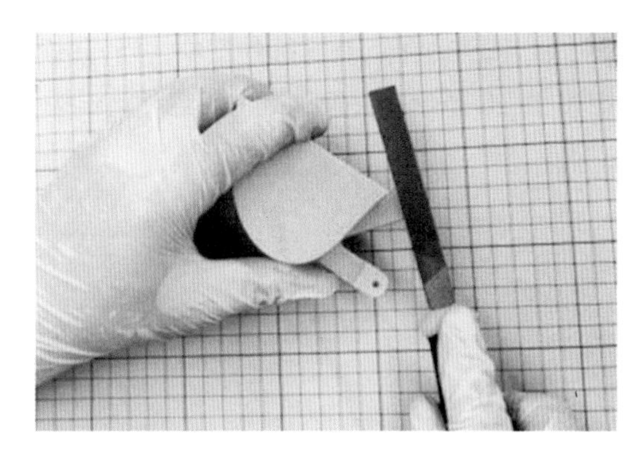

图 1-17　用扁锉锉削小平面

1）水磨砂纸和干磨砂纸。依据在打磨过程中是否需要蘸水来区分，砂纸分为水磨砂纸和干磨砂纸，两种砂纸的区别在于研磨物质和基纸之间的黏合剂不同。

水磨砂纸在使用时可以浸水打磨或在水中打磨，磨出的碎屑会随水流走，从而保证碎屑不会在产品表面被反复打磨。使用水磨砂纸打磨时无粉尘污染，可减少加工热等，被广泛应用于五金加工、模具加工、汽车表面打磨等行业。用干磨砂纸打磨过程中，产品碎屑会自行脱落，一般不需要和水一起使用，广泛应用于木材加工和模具打磨行业。3D 打印产品后处理一般采用水磨砂纸，如图 1-19 所示为用水磨砂纸打磨产品。

图 1-18　砂纸

图 1-19　用水磨砂纸打磨产品

2）海绵砂纸。在实际生产中，当打磨产品的曲面或细小空间时，经常会选择海绵砂纸，如图 1-20 所示。海绵砂纸由海绵和磨料构成，根据磨料粗细不同分成多种型号。

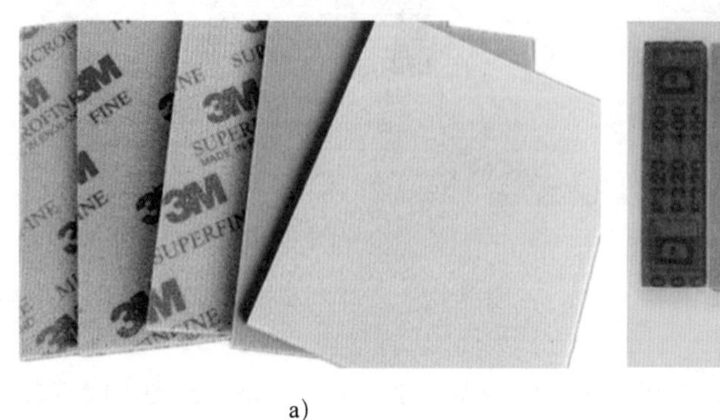

a)

b)

图 1-20　海绵砂纸
a）大块海绵砂纸　b）条形海绵砂纸

海绵可吸水，能保持长时间带水研磨，可以任意弯曲，实现弹性打磨，如图 1-21 所示，用海绵砂纸打磨产品不伤零件，可以根据不同零件的需求将海绵砂纸切割成各种形状和规格，使用方便，手感轻便。

图 1-21　用海绵砂纸打磨产品

（2）油石的用法

油石是指用磨料和结合剂等制成的条状固结磨具，工业中经常用油石打磨及抛光各种零件，打磨及抛光的过程中通常要加油润滑，如图 1-22 所示。

使用油石抛光的方法有以下两种：

1）8 字形抛光法。8 字形抛光法常用于研磨及抛光面积较大的平面，如图 1-23 所示。

2）交叉纹抛光法。如图 1-24 所示，交叉纹抛光法是指前后两次抛光方向成 45° ~ 90° 夹角的抛光方法，也是使用最多的抛光方法。

a）

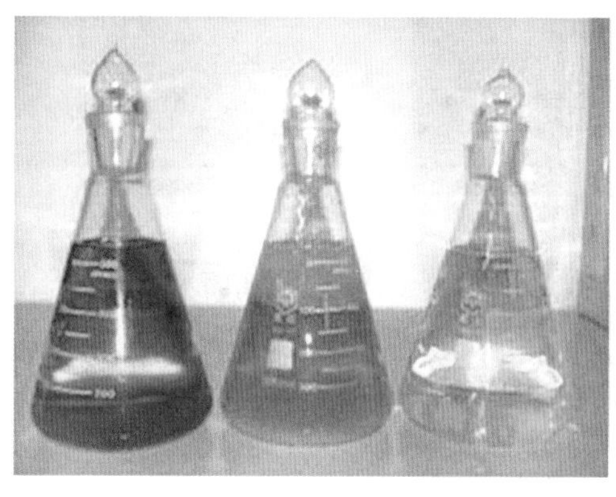

b）

图 1-22 油石与润滑油
a）油石 b）润滑油

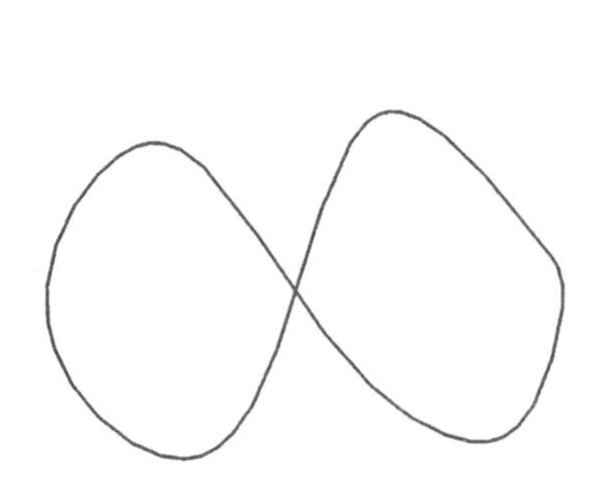

图 1-23 8 字形抛光法

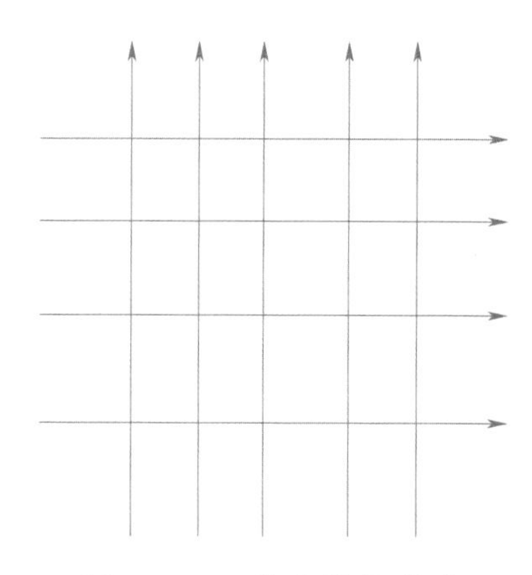

图 1-24 交叉纹抛光法

（3）砂纸与油石的型号

砂纸与油石表面的磨料粒度不同，被打磨表面的最终效果也不同。磨料的粒度（衡量磨料大小的参数，表示磨料的粗细程度）选择得是否合理，直接影响着抛光的精度和表面质量。

砂纸和油石的粒度用目数来表示，目数是指在 1 in^2 筛网面积内的筛孔数，磨料能通过该网孔即定义为其目数。例如，1 in^2 筛网面积内有 200 个筛孔，将能通过此大小筛孔的磨料制成的砂纸称为 200 目的砂纸。可见目数越小，说明磨料越大；目数越大，说明磨料越小。目数在砂纸与油石上以数字的形式出现，如 400 目、800 目等。砂纸与油石的型号分类如图 1-25 所示。

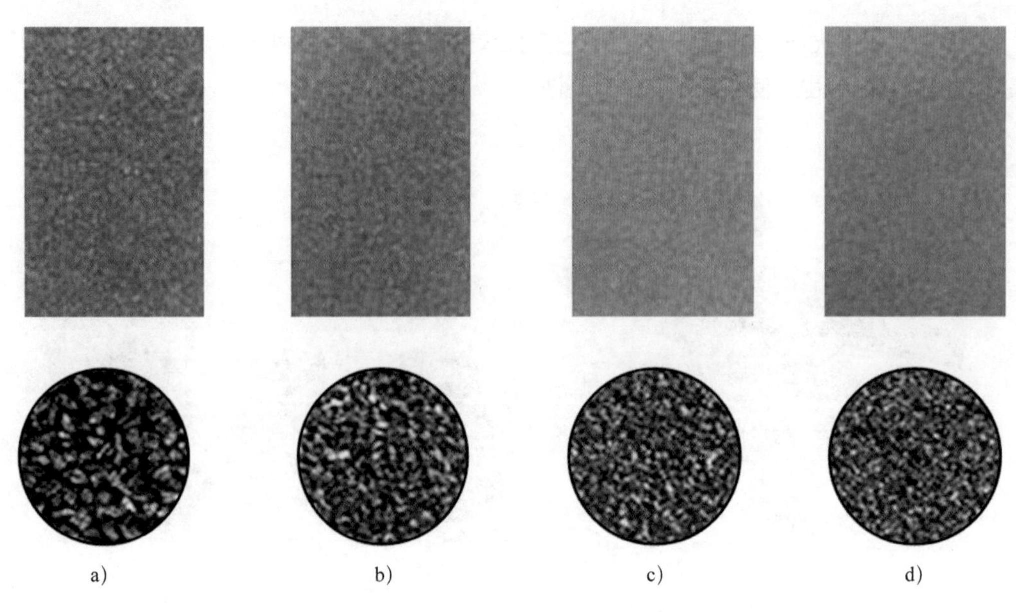

图 1-25　砂纸与油石的型号分类
a）粗型号　b）中型号
c）细型号　d）特细型号

砂纸常用型号有 120 目、240 目、320 目、400 目、600 目、800 目、1 000 目、1 200 目、1 500 目等，目数越大，砂纸越细；目数越小，越适合打磨表面粗糙的产品。

5. 研磨剂和抛光剂

研磨剂和抛光剂都是应用于精加工阶段的抛光材料，主要用以降低零件表面粗糙度。研磨剂研削力量大，光泽度中等，可以降低零件表面粗糙度，一定程度上提高尺寸精度和形状精度。而抛光剂通常只能降低零件表面粗糙度，不能改变尺寸精度和形状精度。如图 1-26 所示为抛光剂和抛光棉。

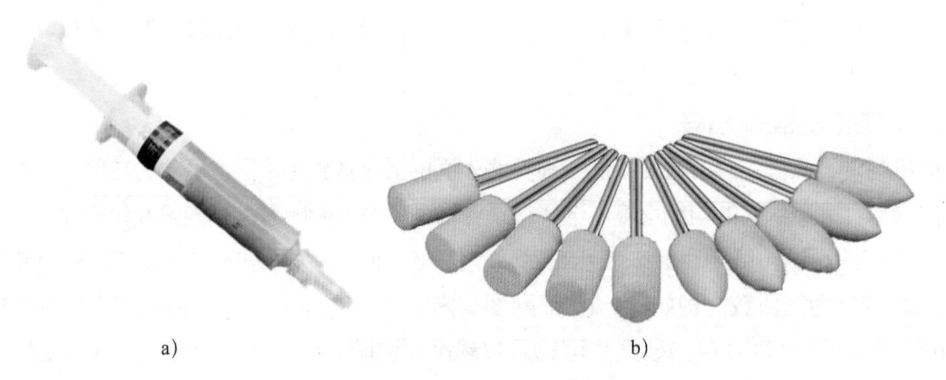

图 1-26　抛光剂和抛光棉
a）抛光剂　b）抛光棉

研磨剂是由磨料、研磨液和辅助材料制成的混合剂。由于研磨液和辅助材料的配比不同，研磨剂有液态、膏状、固态三种形态。抛光剂里的磨料比研磨剂中的磨料更小。在研磨和抛光时，研磨剂和抛光剂的磨料呈自由状态进行切削。

研磨剂和抛光剂磨料的粗细程度用微粉（W）来表示，其代号数字是指磨料的直径。数字越小，表示磨料越细。如 W20 指磨料直径为 20 μm，W0.5 指磨料直径为 0.5 μm。在粗研磨时用较粗的粒度，如 W28 ~ W40；精研磨时用较细的粒度，如 W5 ~ W27；精细研磨时用更细的粒度，如 W1 ~ W3.5。

6. 打磨板

打磨模型的平面时，经常会借助不锈钢、亚克力、碳纤维打磨板完成打磨工作。如图 1-27 所示为打磨板，碳纤维打磨板更加轻量化。为了配合完成不同位置的打磨工作，打磨板的宽度和厚度有不同的型号。打磨时，在打磨板的两边用双面胶粘满砂纸来打磨模型表面，因为打磨板本身硬且平整，可以确保被打磨平面的平面度。

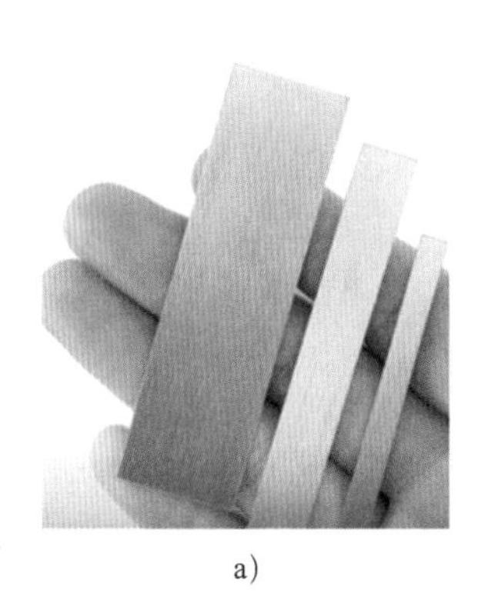

a)

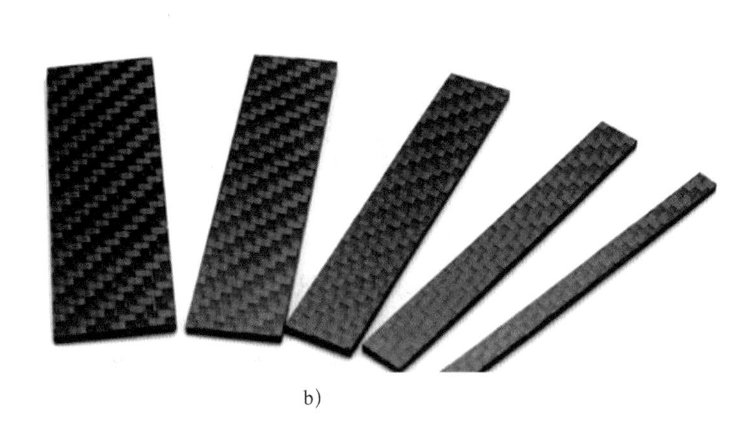

b)

图 1-27　打磨板

a）不锈钢打磨板　b）碳纤维打磨板

三、常用电动和气动打磨工具

1. 手持式电动打磨笔

如图 1-28 所示，手持式电动打磨笔可配套不同的打磨头，以适用于 3D 打印不同的后处理环节中，操作简单、方便。各种打磨头的图样及适用范围见表 1-2。

图 1-28　手持式电动打磨笔

▼ 表 1-2　各种打磨头的图样及适用范围

打磨头种类	图样	适用范围
砂轮磨头		适用于打磨金属材料，以去除明显的支撑结构，打磨塑料时打磨头容易堵塞
硬质合金旋转锉磨头		适合加工硬度在 70HRC 以下的各种金属和非金属材料，如机械零件倒角，去除沟槽的毛刺，雕刻工艺美术作品等
砂纸圈磨头		适用于零件粗打磨，去除支撑结构，打磨效率高，打磨痕迹粗糙
羊毛抛光轮	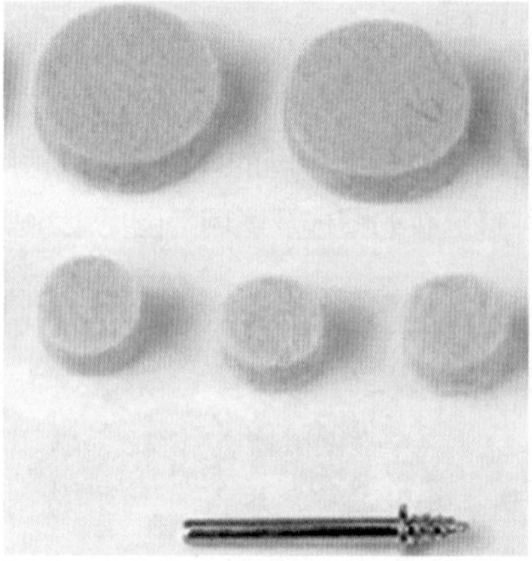	配合抛光膏用于零件的抛光

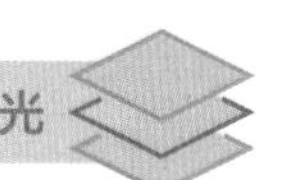

2. 手持式气动打磨笔

手持式气动打磨笔与电动打磨笔的驱动方式不同，手持式气动打磨笔需要气源提供动力。气动打磨笔与电动打磨笔相比，其体积小巧，转速更高，振动更小，稳定性好，多用于金属产品的 3D 打印后处理。如图 1-29 所示为手持式气动打磨笔工具套装。

图 1-29 手持式气动打磨笔工具套装

（1）手持式气动打磨笔的使用方法

如图 1-30 所示，一般使用两个扳手配合来拆装手持式气动打磨笔的打磨头或海绵头。手持式气动打磨笔有 ϕ2.38 mm 和 ϕ3 mm 两种夹头规格，使用时应注意夹头规格和打磨头或海绵头规格的匹配。

手持式气动打磨笔通过旋转式启停开关启动和停止，如图 1-31 所示。

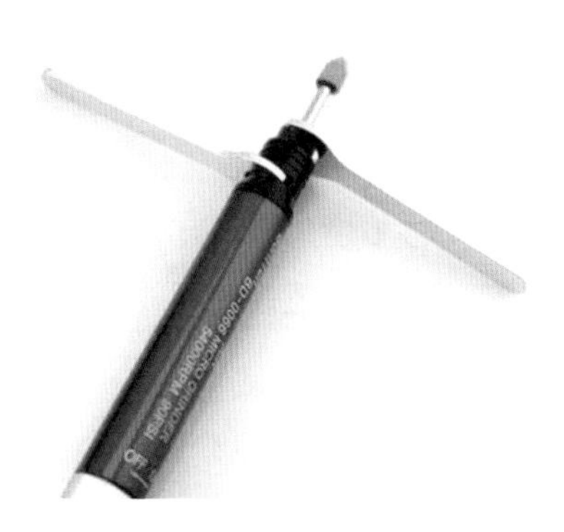

图 1-30 气动打磨笔打磨头或海绵头的拆装

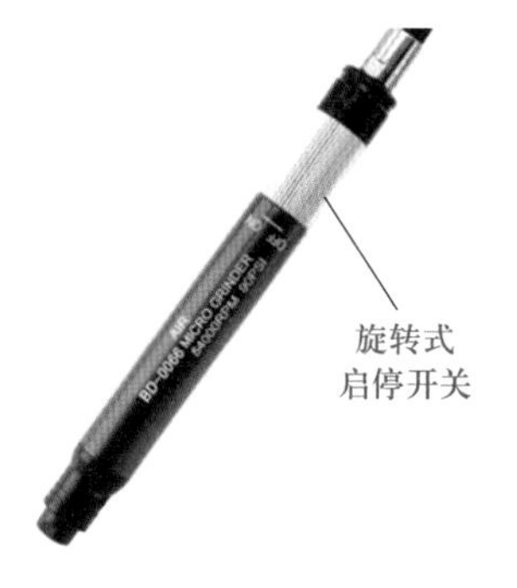

图 1-31 手持式气动打磨笔的启动和停止

（2）手持式气动打磨笔使用注意事项

1）每天使用前后注入 2 ~ 3 mL 的 60# 气动润滑油，注油后空运转几秒。

2）传统空气压缩机提供的气源大部分内含水分，水分随压缩空气进入气动工具，会使工具无法启动或转矩不足，此时可从后进气口注油后再空转几秒，转矩便可恢复正常。

3. 手持式打磨机

如图 1-32 所示，手持式打磨机根据驱动方式不同分为电动打磨机和气动打磨机。电动打磨机需要电源提供动力，不用气泵。气动打磨机利用压缩空气带动气动马达，从而对外输出动能，需要气泵。气动打磨机动力强劲，功率大，打磨效率高，使用环境要求不高。

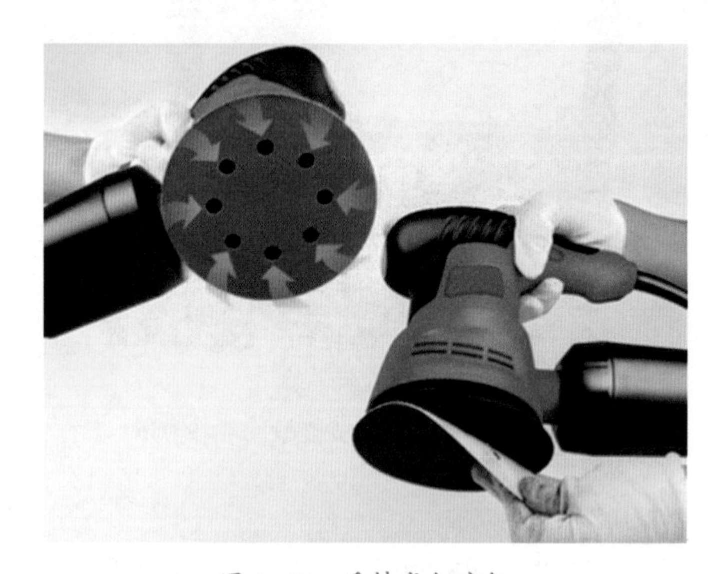

图 1-32　手持式打磨机

针对部分产品有大且开阔的表面需要打磨，为了提高打磨效率，可以采用手持式打磨机，打磨机头部的自粘盘用于粘贴不同型号的砂纸。

四、打磨及抛光机械设备

1. 砂带机

砂带磨削是一种具有磨削、研磨、抛光多种作用的弹性复合加工工艺，现已成为一项较为完整且自成体系的加工技术。其具有加工效率高、应用范围广泛、使用成本低、操作安全方便等特点。

砂带机可以更换多种不同目数的砂纸，用于打磨多种材料，如木材、塑料、金属等。砂带机可磨削零件的平面及内、外圆表面。砂带机形式多样，品种繁多，如图 1-33 所示。按照设备的结构不同，砂带机可以分为卧式砂带机、立式砂带机等。通用性砂带机有手持式砂带机、台式砂带机。按照打磨特性不同，砂带机分为外圆砂带磨床、万能砂带机、平面砂带磨床、内圆砂带磨床等。专用砂带磨床有凸轮轴砂带仿形磨床等。有些设备同时具有砂带和砂盘，可实现多角度、多功能打磨。

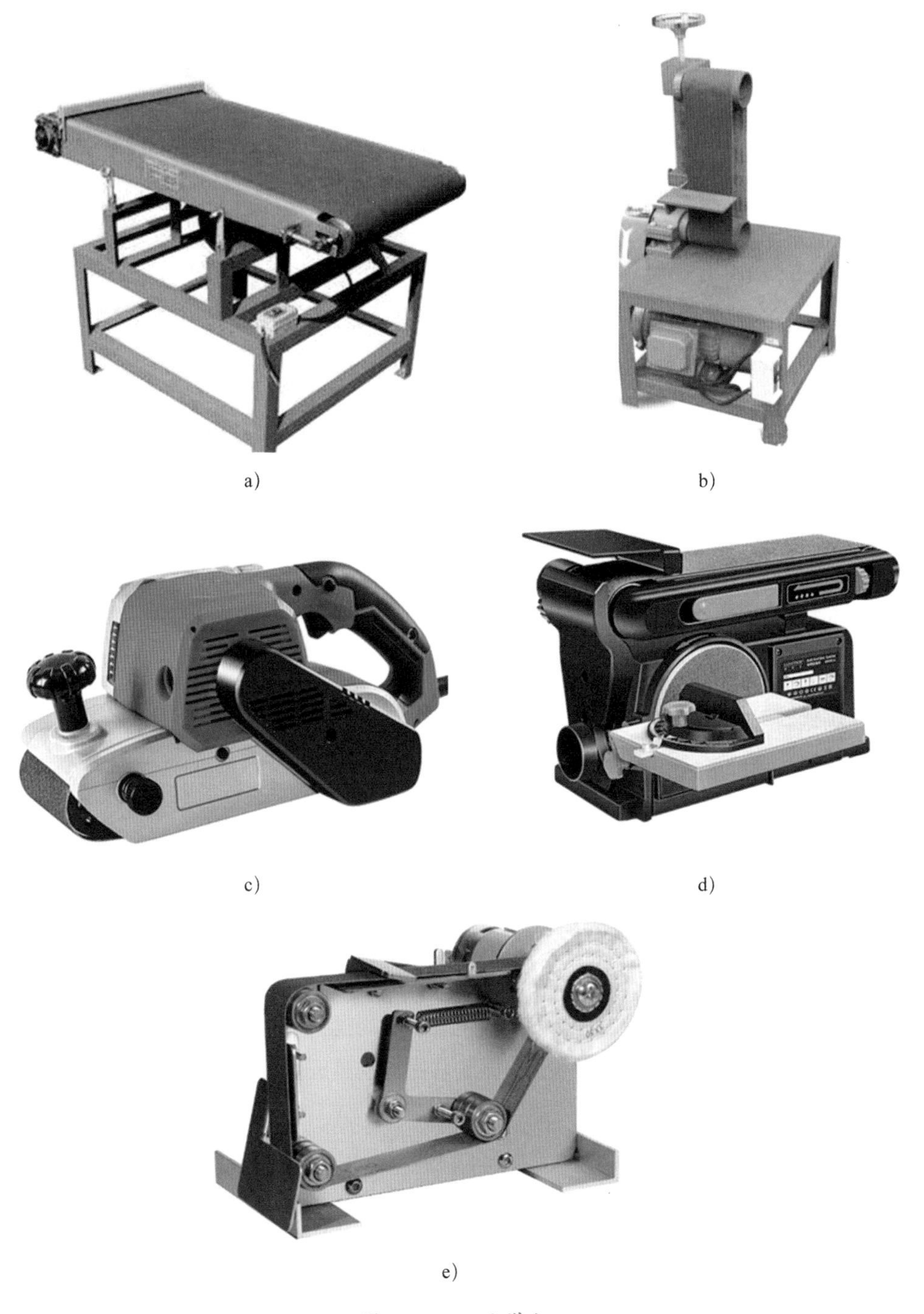

a)　b)　c)　d)　e)

图 1–33　砂带机

a）卧式砂带机　b）立式砂带机　c）手持式砂带机　d）台式砂带机　e）角度砂带机

（1）砂带机的使用方法

1）操作设备前应穿戴好劳动保护用品，打开抽风机，检查机器各部件是否正常，传动带松紧是否适宜。

2）准备待加工零件和辅助工具，如垫板、型号合适的砂带等，正确安装砂带。

3）装好砂带后，先用手转动砂带机，检查砂带有无左右窜动的现象，再开启电源看砂带机是否运转正常，试运行 1 ~ 2 min 让机器进行预热。

4）准备打磨时，拿稳零件，顺着零件的形状慢慢靠近砂带，并逐渐加大握零件的力度。

5）打磨及抛光时，零件要拿稳、夹牢，精力集中，用力应适当。必要时可安装托架，以防零件脱手伤人。

6）操作完成后按设备的安全操作规程保养设备及清扫工作场地。

（2）砂带机的使用注意事项

1）安装砂带时应注意砂带松紧要适当，装卸磨轮、抛光轮时必须校正平衡，确保紧固可靠。

2）抛光布轮的安装必须牢固，不许拆除布轮防护罩，使用直径在 50 mm 以下的布轮时禁止戴手套，以防止将手绞伤。

3）打磨及抛光时，要在磨轮、抛光轮的正面进行操作，不可站在其背面进行打磨。禁止两人同时在一个磨轮上打磨。

4）装卸磨轮、抛光轮时必须停机进行。

5）打磨及抛光结束后，应将设备周边清扫干净，严禁开机工作中擦拭设备。

2. 振动抛光机和离心抛光机

使用振动抛光机或者离心抛光机进行抛光的主要原理是通过介质与模型之间的碰撞摩擦实现抛光，适用于金属和硬质塑胶等零件的中、小批量抛光。设备的选择需要考虑零件材质、形状、大小和抛光要求等诸多要素。

（1）振动抛光机的工作原理

振动抛光机利用各种不同的介质处理各种外形和大小不同的零件。工作时将整个零件放入机器中，易损坏的长条形零件可以添加固定装置后再抛光。介质进入零件内部和周边，会与零件发生多方向的相对运动，包括上下振动、由里向外的翻转、螺旋式旋转等，通过这种立体的研磨方式，使零件与介质相互摩擦，达到表面抛光、去毛边、粗磨光、精密磨光、增加光泽等目的，如图 1-34 所示。

（2）离心抛光机的工作原理

离心抛光机利用离心力实现零件在离心筒内的高速抛光。它利用链条和链轮带动主轴旋转，四个六边形研磨容器进行自转和公转，促使研磨容器内的研磨物处于高速研磨状态，从而实现研磨容器内的零件和研磨与抛光磨料等研磨物的高速翻转及互相摩擦，以对零件表面进行抛光。

图 1-34 用振动抛光机抛光

对于较小的零件，离心抛光机是最合适的，离心筒有不同的规格，以匹配不同尺寸的零件，要选择合适的离心抛光机来满足实际抛光需求，如图 1-35 所示。

图 1-35 离心抛光机

（3）振动抛光机和离心抛光机的优缺点见表 1–3。

▼ 表 1–3　振动抛光机和离心抛光机的优缺点

设备类型	优点	缺点
振动抛光机	1. 节省人力成本，提高生产效率 2. 研磨均匀，可避免人工去毛边和抛光时因用力不均匀而造成的产品平整度或光亮度差异 3. 对于较小的零件，人工操作不方便，通过振动打磨则能解决此问题	1. 去除较厚的毛边时没有人工打磨快 2. 抛光的效果没有人工抛光效果好
离心抛光机	抛光速度快，抛光均匀，多用于零件表面的精抛光	受离心筒容积的影响，常用于各种小型零件的表面处理

（4）抛光介质的种类

常用的抛光介质有陶瓷、玻璃、金属、塑料、天然材质等，如氧化锆珠、高铝瓷磨料、树脂磨料等，如图 1–36 所示。抛光介质材料有不同的形状和大小，如圆球形、斜三角形、斜圆柱形等，如图 1–37 所示，可以根据被磨削物的材质、尺寸、几何结构进行选择，以适应各种需求。

a）

b）

图 1–36　抛光介质
a）氧化锆珠　b）树脂磨料

a)

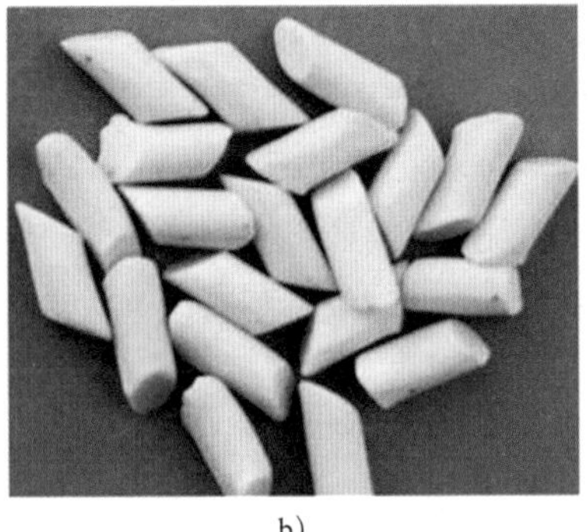

b)

c)

图 1-37　高铝瓷磨料

a）圆球形磨料　b）斜圆柱形磨料　c）斜三角形磨料

五、3D 打印模型专用抛光液

1. 专用抛光液简介

3D 打印模型专用抛光液的工作性质属于化学抛光，化学抛光是指靠化学介质的腐蚀作用让材料表面微观凸出的部分比凹下的部分优先溶解，进而减少层纹，从而得到平滑的产品表面。产品用抛光液处理前后的对比如图 1-38 所示，这种方法的主要优点是不需要复杂的设备，可以抛光形状复杂的零件，可以同时抛光很多零件，效率高。

化学抛光的核心问题是抛光液的配制，目前市场上模型抛光液有 ABS 专用抛光液、PLA（聚乳酸，polylactic acid，PLA）专用抛光液（见图 1-39）、模型专用抛光液（ABS、PLA 均适用）等，其原理是使模型的表层被抛光液腐蚀，进而减少层纹，使模型表面更光滑。

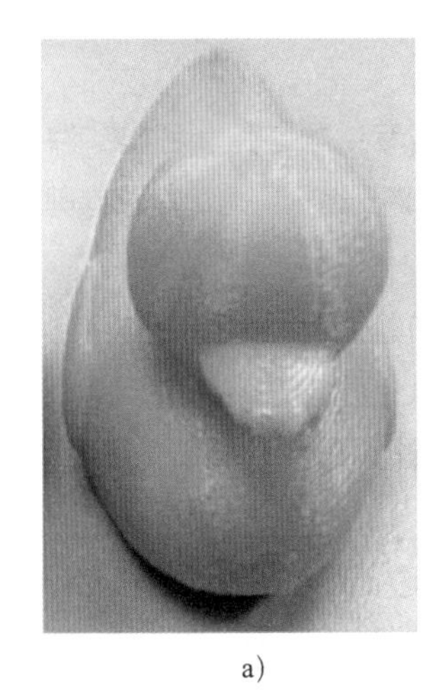

a)

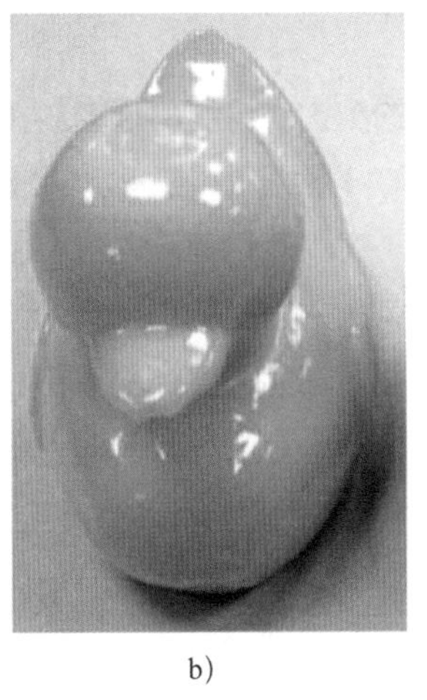

b)

图 1-38　产品用抛光液处理前后对比

a）用抛光液处理前　b）用抛光液处理后

图 1-39　3D 打印模型 PLA 专用抛光液

2. 专用抛光液的使用注意事项

（1）如果模型表面纹理较粗，建议先用砂纸打磨再进行抛光。

（2）选择通风的环境，戴上手套、口罩进行操作。

（3）针对小模型，将抛光液倒入玻璃或不锈钢等容器，将模型用夹子夹住或钩住浸泡 2 ~ 15 s，根据模型纹理粗细控制浸泡时间，不宜浸泡太久，浸泡后静置模型，自然风干 0.5 h 即可。

（4）针对大模型，可以使用毛刷涂抹或喷涂抛光液的方法。

（5）因为溶剂易挥发，使用结束后，密封保存于阴凉处。

打磨及抛光 3D 打印产品时，需根据产品特点与成本核算合理选择打磨及抛光工具和材料。手工打磨及抛光主要靠操作者采用辅助工具进行，加工质量主要依赖操作者的技术水平，劳动强度较大，效率较低。机械打磨及抛光主要依靠机械进行，打磨及抛光质量不依赖操作者的个人技术水平，打磨效果均匀、统一，工作效率较高，但也存在对细节处理不到位的问题。

六、FDM 打印产品的打磨及抛光工艺流程

1. 去除基底层与支撑结构

3D 打印技术是将三维模型进行切片处理，通过一层层堆叠，最终完成三维实体模型的打印成形。打印产品的第一层时，会在产品与设备平台之间先打印一部分连接体，这个连接体叫作基底层，它的主要目的是保证打印产品的稳固性。在打印及堆叠的过程中，对于超出一定角度的堆叠层或者悬空结构，在材料固化前受重力影响容易塌落，为了避免模型打印失败，软件会根据设计者要求添加支撑结构，以增强产品的稳固性。由于支撑结构和基底层与打印产品是松散连接的，使用剪钳就可以将其剥离，如图 1-40 所示。

（1）剪钳的使用方法和注意事项

1）根据被剪材料和结构选择合适的剪钳，不能使用塑料模型专用剪钳剪切金属零件。

2）使用时，将剪钳钳口朝向内侧，以便于控制剪切部位。对于前端刃口较薄的剪钳，尽量用剪钳中间部分来剪切。

3）使用过程中不可暴力操作，避免大力捏握剪钳，严禁锤击剪钳或用剪钳砸击它物。

4）对于单刃剪钳应尽量垂直剪切，切勿大角度倾斜剪钳，以免损伤刃口。

5）剪钳使用后应及时清理刃口，并使用专用保养油对刃口进行保养，以免产生锈迹。

（2）雕刻笔刀的使用方法和注意事项

使用剪钳可以去除大部分的支撑结构和基底层，对于一些毛边、细小的凸起和剪钳无法深入的结构，可以使用雕刻笔刀进行修整。雕刻笔刀操作简单，但刀刃锋利，刀尖尖锐，在使用过程中需要细致、谨慎，将刀锋压在毛刺根部，禁止隔空清理毛刺；否则，容易误伤产品和操作者。雕刻笔刀的安装及使用方法如图 1-41 所示。

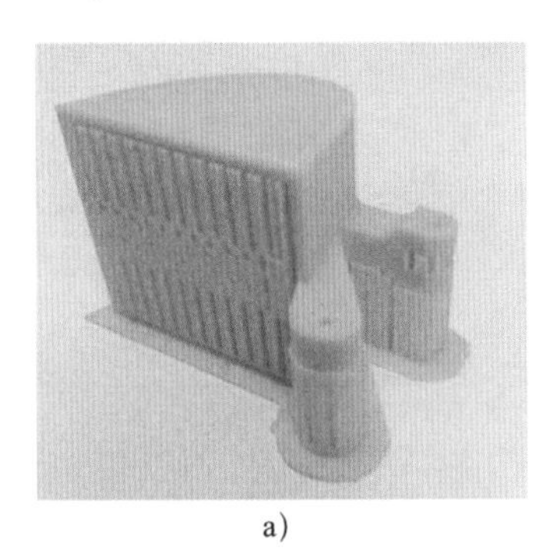

a)

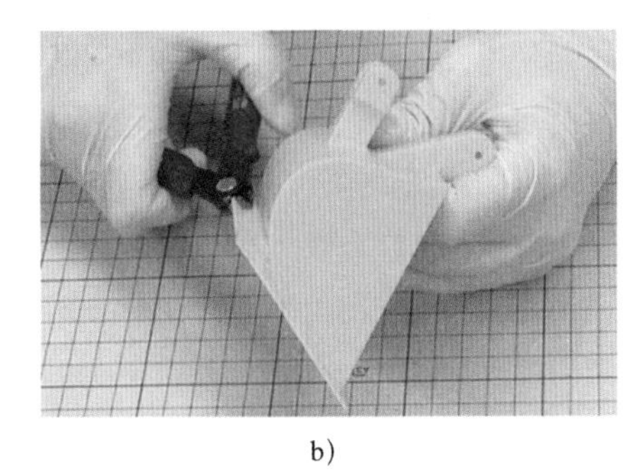

b)

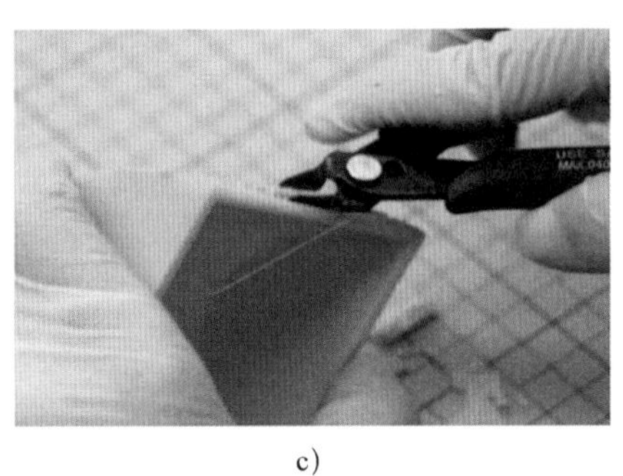

c)

图 1-40　用剪钳去除支撑结构与基底层

a）打印完成的产品　b）开始剪除基底层　c）内部支撑结构已被完全去除，剪除基底层进入尾声

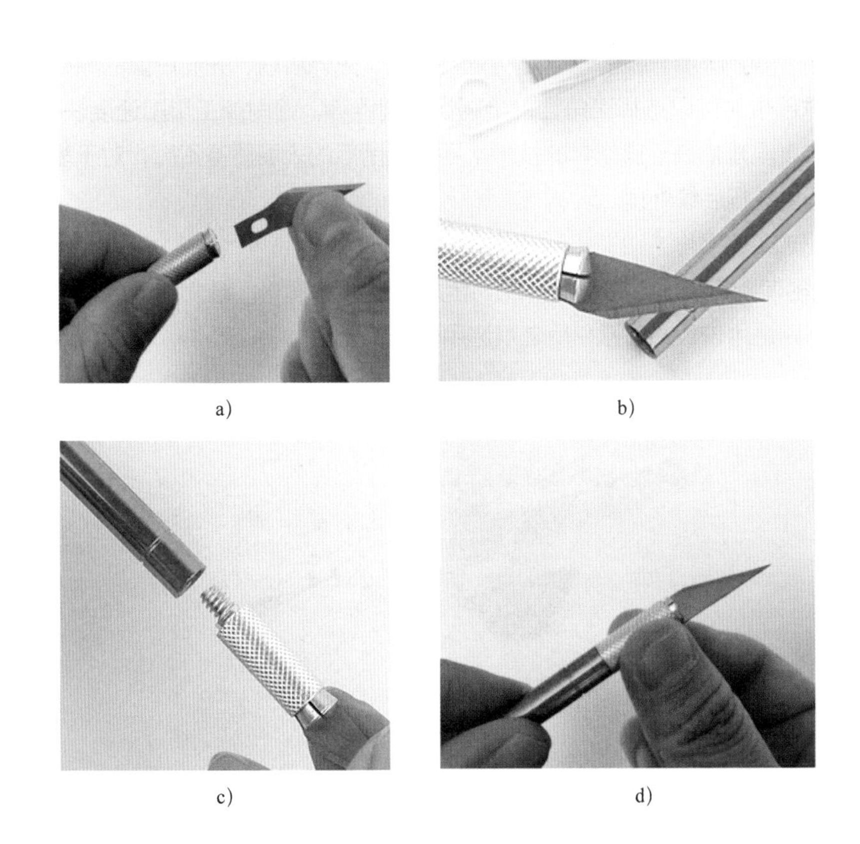

a)　b)

c)　d)

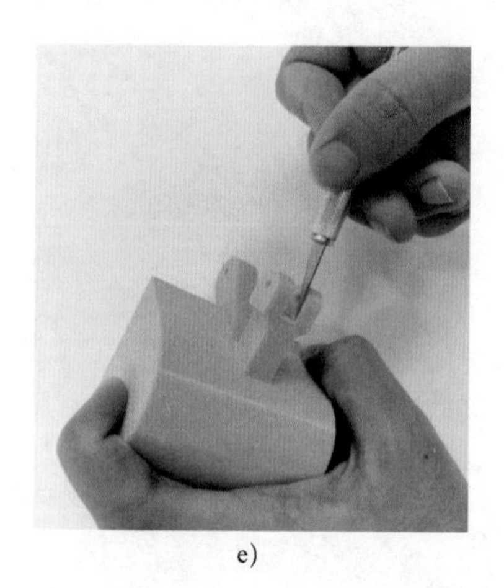

e)

图 1-41　雕刻笔刀的安装及使用方法

a）将刀片对准金属夹头的卡槽　b）完成笔头的组装

c）笔头与笔身之间为螺纹结构，将笔头旋入笔身　d）完成雕刻笔刀的安装

e）将刀刃压在产品表面，刀刃朝外，沿平行于表面的方向修整产品毛刺

2. 锉削产品表面

3D 打印产品经过剥离支撑结构，去除基底层，修整毛边等后处理前期工作后，有些表面的残余量还比较大（余量≥1 mm），若直接用砂纸打磨费时费力，可以先用锉刀进行锉削加工，如图 1-42 所示。锉削时应遵循先粗后精、先外后内、先面后弧的原则安排加工步骤，锉削特殊部位时可以选择三角锉、半圆锉、圆锉等。锉削加工切削速度快，操作方便，易上手，但加工质量依赖于操作者的技术水平，锉削后的表面质量不高，对于表面质量要求高的产品还需要进行后续处理。

（1）锉削加工的操作方法

1）在锉削前，应仔细检查产品外观，留意产品细节部分，避免过度锉削。若加工面积和余量较大，则选用较长的锉刀；反之则选用较短的锉刀。

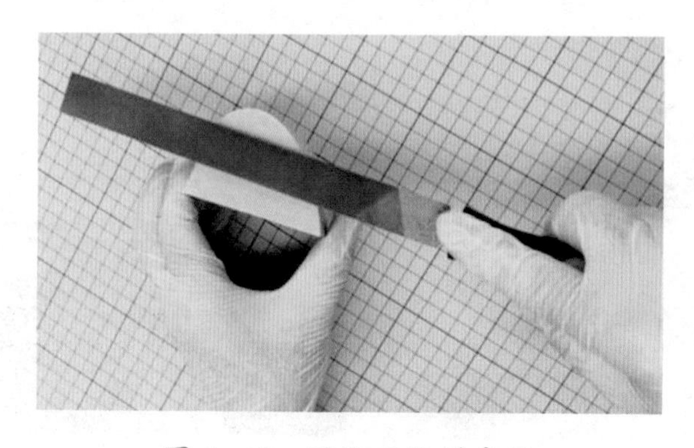

图 1-42　用锉刀锉削产品

2）锉削时，锉刀应与被锉削面呈贴合状态，不能上下翘动，锉刀向前运动时为切削，应使用均匀的压力并平推锉刀，手上有连续的阻尼感为宜。

3）锉刀返回时不进行切削，将锉刀从锉削面上轻轻滑过即可。锉削到最佳状态时，作用在锉刀上的力要逐渐减轻，使锉削面的锉痕越细越好。

4）根据具体的锉削位置可以选择匹配的锉削方法，见表 1-4。

▼ 表 1-4　不同锉削位置的锉削方法

锉削位置	锉削方法	操作步骤	图示
平面	顺向锉法	锉刀沿着零件表面横向或纵向移动，锉削平面可得到正直、整齐、美观的锉痕。此法适用于锉削小平面和最后修光零件	
	交叉锉法	以交叉的两方向顺序对零件进行锉削。由于锉痕是交叉的，容易判断锉削表面的不平程度，因而也容易把表面锉平。交叉锉法去屑较快，适用于平面的粗锉	逐次自左向右锉削 第一锉向 第二锉向
	推锉法	两手对称地握住锉刀，用两个拇指推锉刀进行锉削。这种方法适用于较窄的表面且已经锉平、加工余量很小的情况下修正尺寸及减小表面粗糙度值	推锉方向

续表

锉削位置	锉削方法	操作步骤	图示
外圆弧面	滚锉法	锉刀要同时完成两个运动：锉刀的前推运动和绕圆弧面中心的转动。前推是完成锉削，转动是保证锉出圆弧形状。此法用于精锉外圆弧面	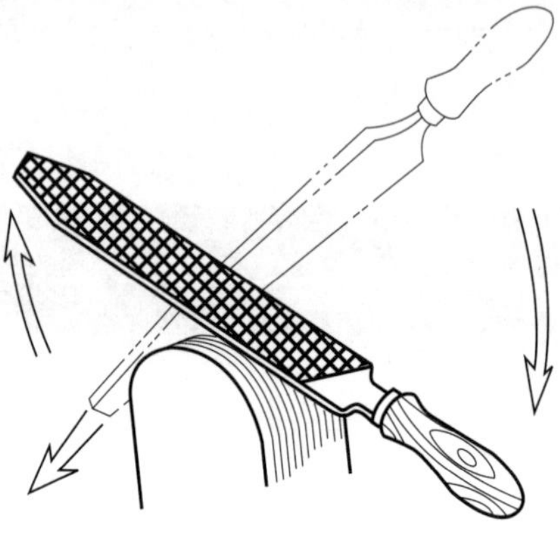
	横锉法	使锉刀横着圆弧面锉削，此法适用于粗锉外圆弧面或不能用滚锉法的情况	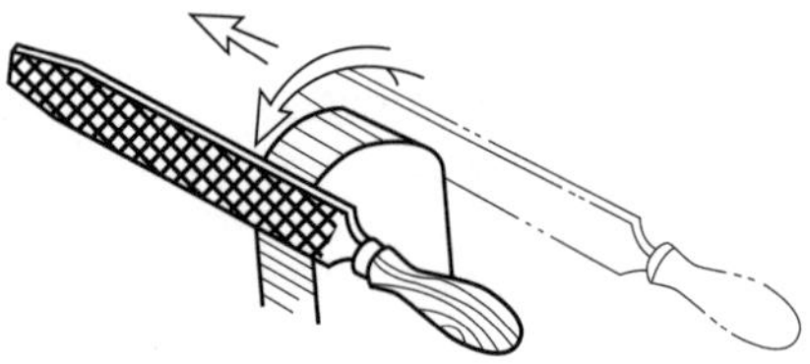
内圆弧面		锉刀要同时完成三个运动：锉刀的前推运动、锉刀的左右移动和锉刀自身的转动。三个运动配合好才能锉好内圆弧面	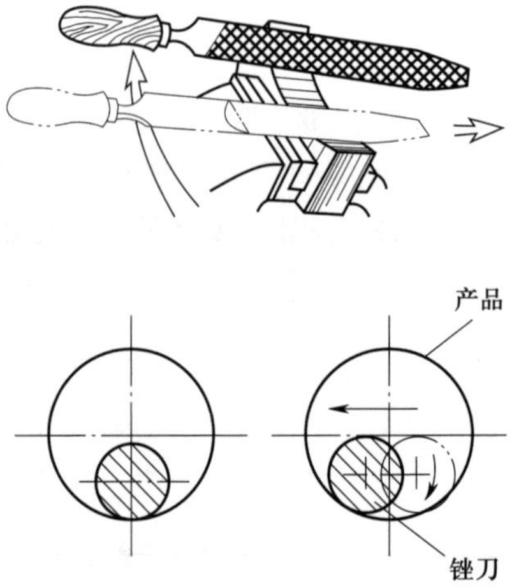 产品 锉刀
通孔		根据通孔的形状、零件材料、加工余量、加工精度和表面粗糙度来选择所需的锉刀	

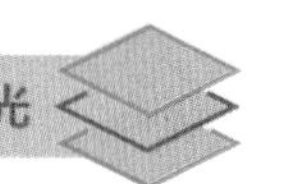

5）锉削 3D 打印塑料产品时，应边锉边观察产品表面，保证锉削纹路一致，避免用力过大而损坏产品形状，改变锉削方向是检查锉削面是否平整的最好方式。

（2）锉削加工的注意事项

1）锉刀在使用前要检查其是否处于良好状态，严禁使用无柄锉刀，以免把手刺伤。在使用过程中要轻拿轻放，严禁将锉刀当锤子用。

2）锉削时，要保持锉刀面平稳地与锉削面接触，不可左右晃动，避免产生过大且过深的锉刀痕。

3）锉削时，注意调整锉刀的运行方向，交叉锉削产品的不同位置，以免因反复锉削同一个地方而造成加工缺陷。

4）锉刀推进的行程应参照需锉削面积的大小而定，在满足质量要求的同时，应尽量选择较小的锉削面积。

5）锉刀锉削几次后，要对锉刀上的碎屑进行清除。可以轻轻敲击锉刀，或者使用毛刷、抹布等辅助工具将碎屑去除掉，禁止用手直接清除或用嘴吹碎屑。

3. 用砂纸打磨产品表面

锉削加工结束后，产品表面通常会留有锉削纹路，表面残余量约为 0.1 mm，需要使用砂纸进行打磨，进一步提高产品的表面质量。使用砂纸打磨 3D 打印产品是后处理的主要手段之一，虽然砂纸打磨的加工效率一般，但使用高目数砂纸可获得较好的表面质量。

在打磨过程中，根据产品表面现状选取型号合适的砂纸。应先选择低型号砂纸，将打印产品表面大致打磨平整，再选择高型号的砂纸进行精修，砂纸型号越高，打磨后表面粗糙度值越低，产品表面越细腻。在每次更换砂纸型号后，相应地改变打磨方向，打磨痕迹也会随打磨方向而改变，当看不到上一个型号砂纸的打磨痕迹后，即可更换高一级型号的砂纸，具体操作方法如下：

（1）用砂纸打磨的操作方法

1）打磨前，操作者需要戴指套或手套，以减轻手指在打磨过程中受到的伤害，如图 1-43 所示。

2）打磨时，可先选取 320 ~ 400 目砂纸，将产品打磨到无明显形状差异，再选取 600 ~ 800 目砂纸进行精修，在换砂纸型号后打磨方向也应变换 45° ~ 90°，以确保打磨的准确性。

3）在打磨大而平的表面时，可以将砂纸粘贴在打磨棒上进行打磨，也可以在砂纸内包一个平板，这样可以更好地控制打磨部位，防止打磨掉细小的形状，可避免将一个平面打磨成高低不同的大小面，如图 1-44 所示。

4）在打磨小而平的表面时，可以将砂纸粘贴在打磨板上进行打磨。如图 1-45 所示，砂纸可以选择与打磨板相匹配的型号，也可以选用大张砂纸自行裁切，使用双面胶粘贴，粘贴时砂纸应与打磨板对齐，并按压平整，即可用于打磨。砂纸磨损后，可以重新粘贴砂纸，打磨板可重复使用。

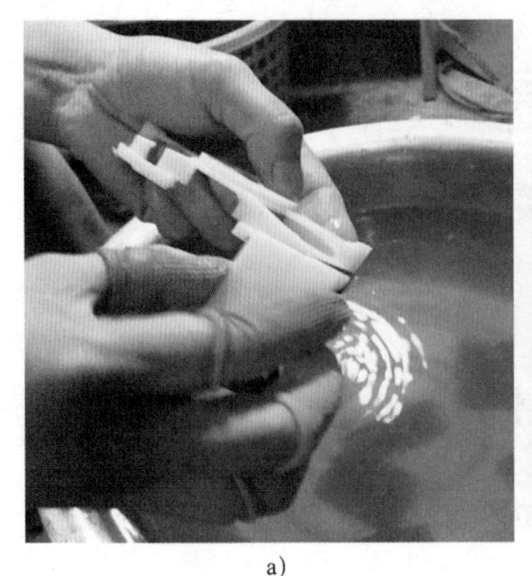
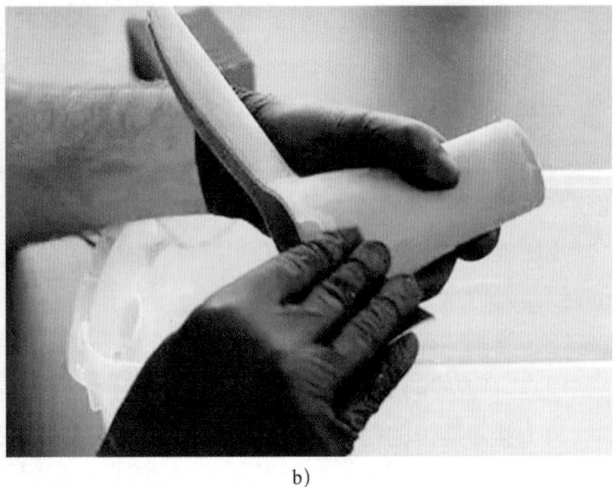

a)　　　　b)

图 1-43　打磨产品
a）操作者戴指套打磨产品　b）操作者戴手套打磨产品

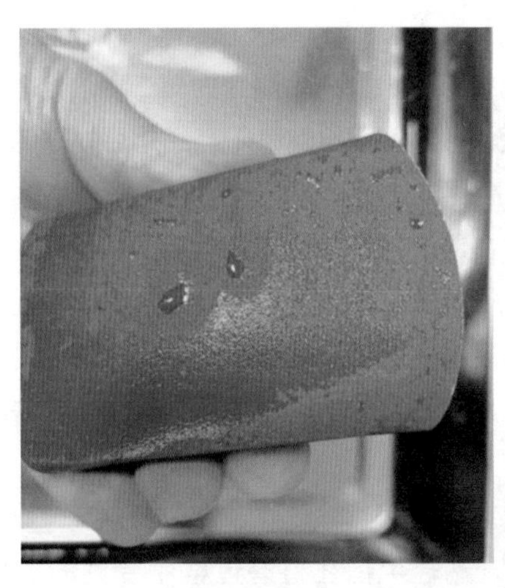
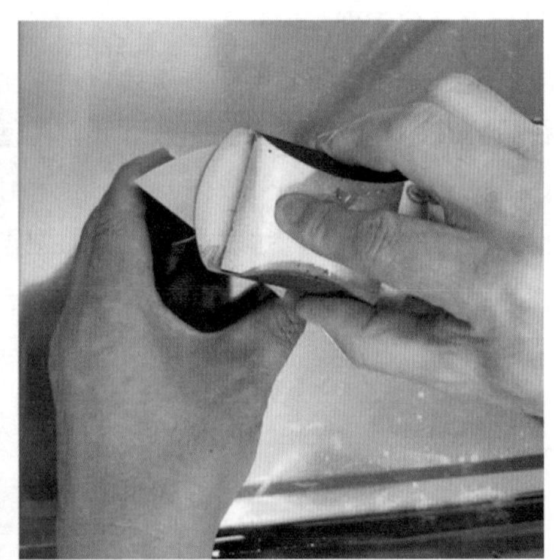

图 1-44　在砂纸内包平板打磨产品

5）如果采用干磨砂纸打磨，应边打磨边用毛刷或空气喷枪清理 3D 打印产品表面的灰尘。如果采用水磨砂纸打磨，则需要边蘸水边打磨 3D 打印产品表面，也可以将 3D 打印产品放在水池中打磨，如图 1-46 所示，并用风扇或吹风机吹干产品。

6）边打磨边观察打磨表面的打磨痕迹，如果还有上一个型号砂纸的打磨痕迹，应继续打磨；如没有但未达到打磨技术要求，应更换更高一级型号的砂纸继续打磨，直至符合技术要求。

（2）用砂纸打磨的注意事项

1）靠人手和机械的往复运动进行打磨具有不确定性，操作者应熟练掌握打磨技术，这是目前影响打磨质量的主要因素。

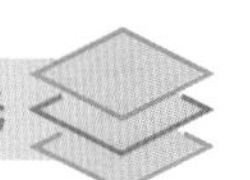

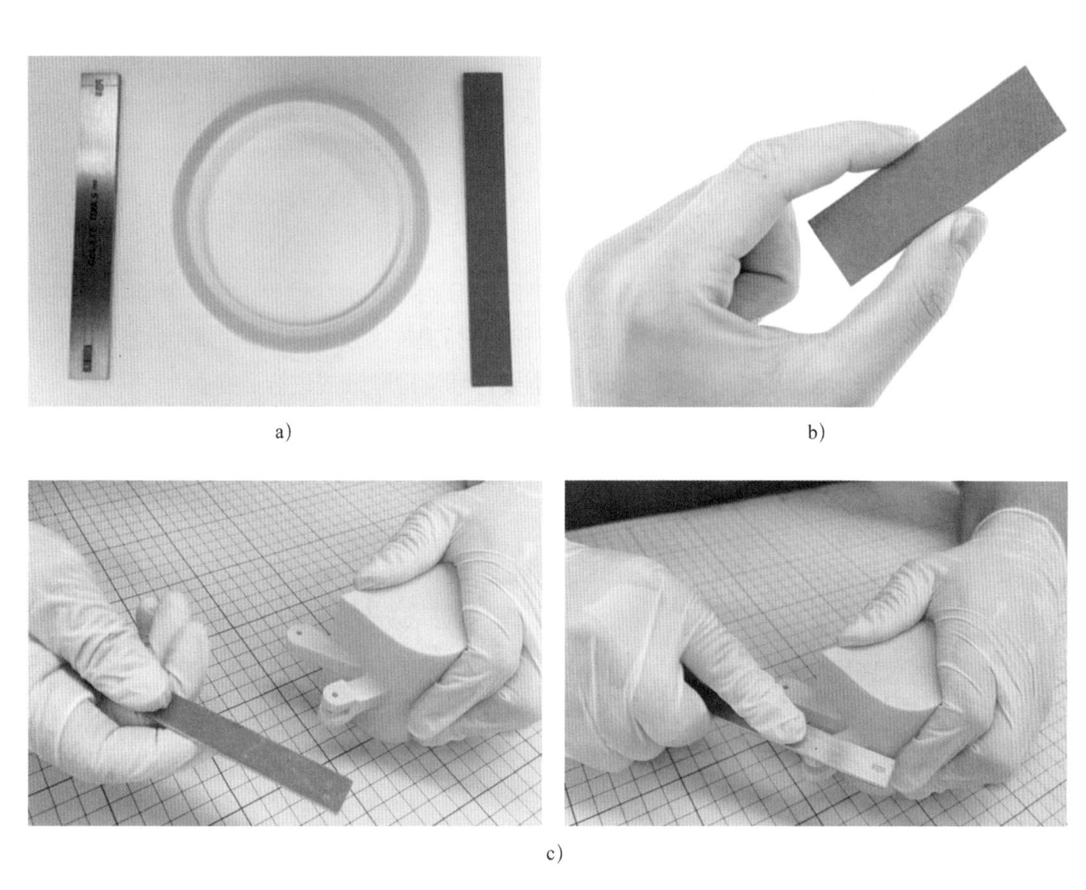

a)　　b)

c)

图 1-45　用打磨板打磨产品

a）打磨板、双面胶、砂纸　b）粘贴砂纸的打磨板　c）用打磨板打磨产品小平面

图 1-46　在水池中打磨 3D 打印产品

2）在处理比较微小的形状时用砂纸打磨有一定的困难，有些产品不适合直接打磨，需要先对产品喷底漆，将其各部分形状都明显呈现出来，再开始打磨，以防打磨掉产品的细节。

3）如果产品有精度和耐用性的最低要求，一定不要过度打磨，要提前计算好打磨余量；否则，过度打磨会影响产品的尺寸精度和使用寿命。

4）使用的水磨砂纸目数高到一定程度（如 2 000 目、5 000 目等）后，就要随时观察砂纸的打磨状况。砂纸被磨屑堵住后是无法进行有效打磨的，反而有可能因局部过热而导致磨屑和砂纸粘连；一旦出现堵砂纸的情况，就需要仔细清理砂纸或进行更换。

5）在打磨过程中使用水磨砂纸会减少很多粉尘，但对水质也会造成污染，建议每天工作结束后静置放水容器，不把容器下方的沉淀物倒入排水管道，以减少对环境的污染。

4. 精细抛光产品表面

使用砂纸打磨通常可以满足大部分产品后处理的打磨要求，但打磨完成的产品呈现亚光状态，如需要恢复产品光泽，应对其进行抛光处理。选择抛光剂的型号时应保证磨料从粗到细，顺次更换，在更换抛光剂时需彻底清洗产品，且每个抛光工具只能用同一种粒度的抛光剂。

抛光时应先从边缘处或较难抛光的部位开始，手工抛光时，选用专业抛光布或者干净的眼镜布进行抛光，将抛光剂涂在抛光布上。机械抛光时，可直接将抛光膏涂在产品表面。在抛光过程中，应根据抛光工具的硬度和抛光剂粒度施加适当的抛光压力，随着抛光的进行，作用于抛光工具上的压力应逐渐减小，采用的抛光剂磨料也应逐渐减小。

虽然 SLA① 打印产品有层纹，但其表面质量比 FDM 打印产品细腻得多，经过砂纸的打磨后，产品失去光泽，可以选择抛光膏进行抛光，以增加产品的光泽感，如图 1-47 所示为 SLA 工艺打印产品的打磨及抛光流程。

七、打磨及抛光个人防护用品穿戴和操作注意事项

1. 打磨及抛光前，应开启现场通风和除尘装置，穿戴好个人防护用品（如工作服、护目镜、防尘口罩、手套等）。

2. 机械打磨及抛光前，必须对打磨设备、临时电源控制箱进行安全检查，确保机械防护装置、电气保护装置完好无损，使用气动磨光机时，应检查压缩空气管和接头处有无泄漏。

3. 严禁在与动火作业相抵触的场所进行打磨作业。

4. 打磨时不得用力过猛，打磨头不得对准他人或易燃、易爆物体。

5. 打磨及抛光时严禁嬉戏或打闹，正在转动的电动打磨设备不得随意放在地上，待电动打磨设备停稳后，将其放入工具箱中。

---

① 立体光固化成形（stereo lithography apparatus，SLA）。

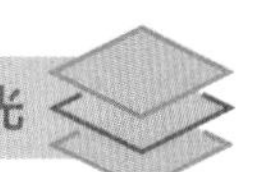

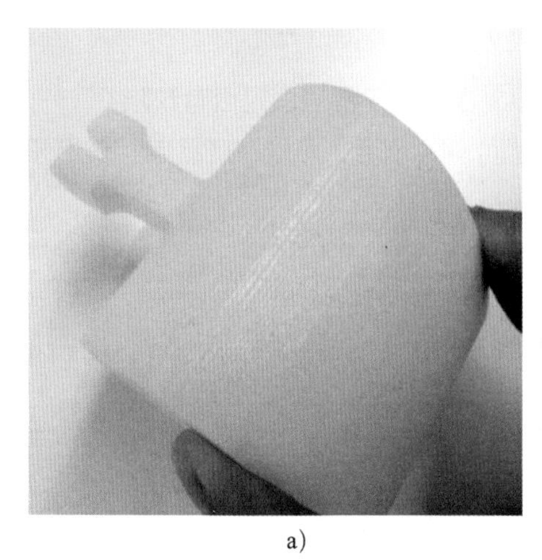

a）

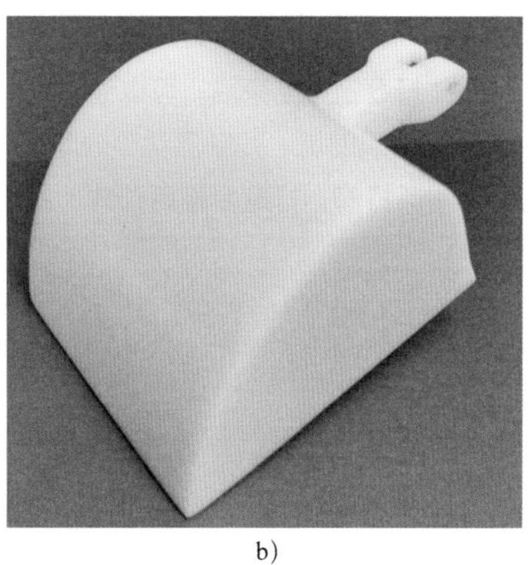

b）

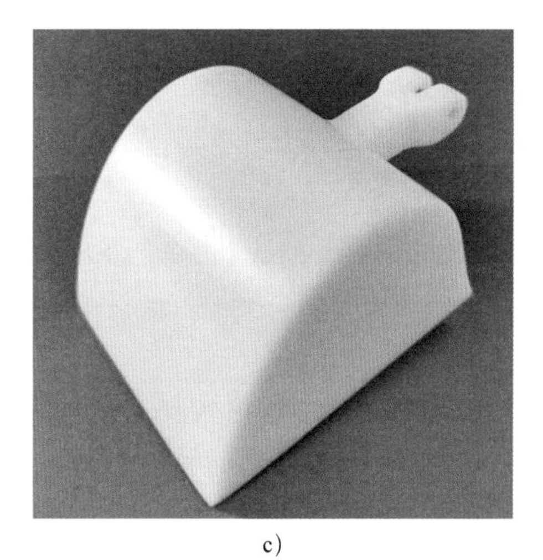

c）

图 1-47　3D 打印产品（SLA 工艺）打磨及抛光流程

a）刚打印完成的产品，层纹明显

b）用砂纸打磨后的产品，层纹消失，但失去光泽

c）用抛光膏抛光后的产品，恢复光泽

6. 机械设备打磨时若遇到突然停电，必须及时关闭打磨设备的启动按钮，防止送电后设备突然转动伤人。

7. 发现电源线缠绕打结时，严禁手提电源线或电动打磨设备强行拉扯。

8. 打磨设备停止使用时，应及时关闭启动按钮，工作结束后应切断电源。打磨设备要存放在干燥处，严禁放在潮湿的地方。

9. 在局限空间作业时，应保持良好的通风、照明条件，采用安全电压，做好现场专人监护工作。

八、打磨及抛光中常见缺陷与处理方法

产品整体打磨工作结束后，可以通过喷涂水补土检查产品表面是否有缺陷。

1. 若产品出现凹坑、残缺形状等缺陷，如图 1-48 所示，可以在产品表面采用牙膏补土补缺陷，再重新打磨，打磨合格后整体上色。

图 1-48　产品出现凹坑、残缺形状等缺陷

2. 若产品出现凸点等打磨不足现象，如图 1-49 所示，继续选用合适的砂纸，砂纸型号由低到高，重新进行打磨。

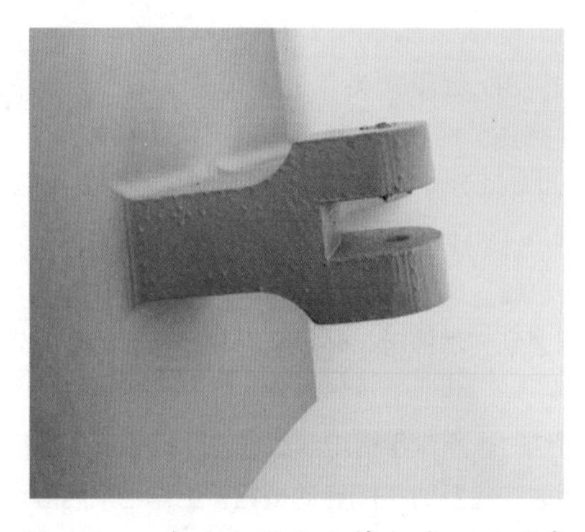

图 1-49　产品出现凸点等打磨不足现象

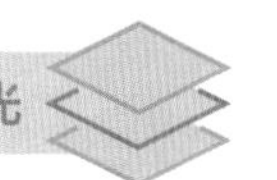

任务实施

一、任务准备

用铲刀将 FDM 打印的挖斗从打印平台上铲下，如图 1-50 所示。FDM 工艺使用同样的参数在不同的设备上打印会有不同的效果，针对太尔时代 UP BOX 等打印设备，图 1-50 所示的摆放位置为最优摆放位置，虽然支撑结构较多，但可以确保产品外观良好。

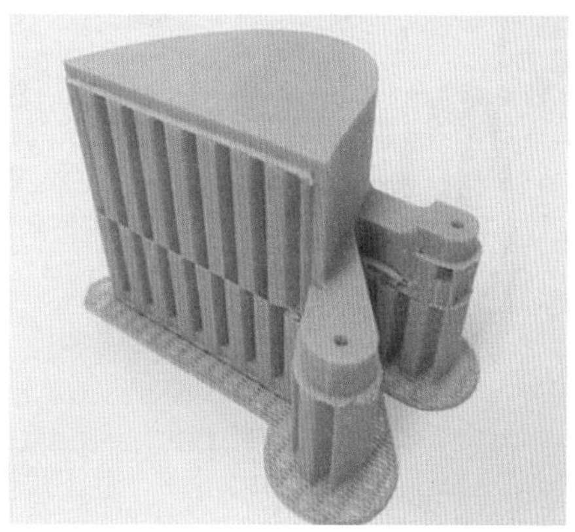

图 1-50　未去除支撑结构的挖斗

小提示

本书中所涉及零件的打印文件可到技工教育网（http://jg.class.com.cn）进行下载。

根据任务要求提前准备相应的工具、材料和劳动保护用品等，见表 1-5，其图样如图 1-51 所示。

表 1-5　工具、材料和劳动保护用品清单

序号	类别	准备内容
1	工具	剪钳、雕刻笔刀、扁锉、整形锉（圆锉、方锉、扁锉、椭圆锉）、刮刀、打磨棒、毛刷
2	材料	水、水磨砂纸（600 目、800 目、1 000 目）、海绵砂纸、水补土、牙膏补土、双面胶
3	劳动保护用品	工作服、手套、口罩、护目镜

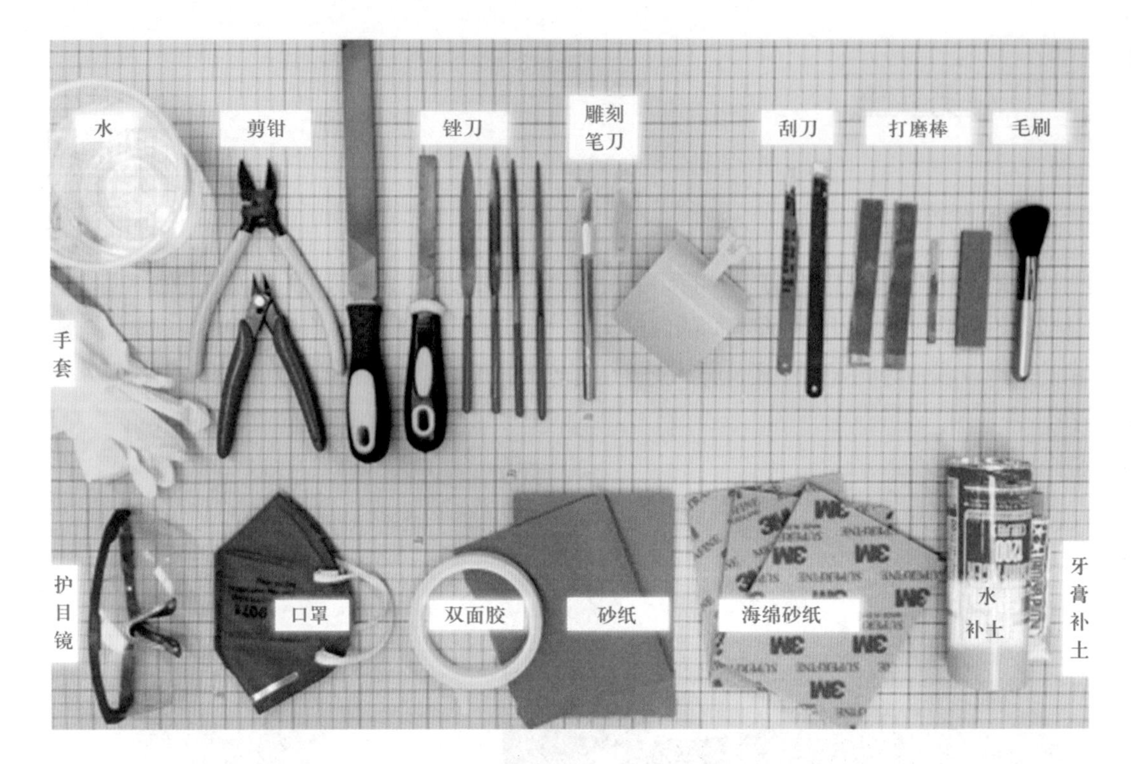

图 1-51　工具、材料和劳动保护用品图样示例

二、挖斗模型的打磨与抛光工艺安排

1. 去除支撑结构和基底层

使用剪钳、雕刻笔刀剪除及清理支撑结构和基底层。

2. 用锉刀修型

准备锉刀、毛刷等工具，依次选择 200 mm、150 mm 扁锉和 ϕ5 mm 的整形锉（扁锉、圆锉、方锉、椭圆锉）锉削产品表面。锉削平面时，注意调整锉刀的运行方向，通过改变锉削方向，采用交叉锉削保证产品表面平整，避免反复锉削同一个位置，导致过度锉削而损坏产品表面。边锉削边用毛刷清扫产品表面，同时注意观察产品，当产品锉削纹路一致，没有凸凹点时，锉削工作即可结束。

3. 用砂纸粗打磨

准备打磨平台、打磨棒、双面胶、水磨砂纸、水、320 目和 600 目砂纸等。这一阶段的打磨为用砂纸粗打磨，先用 320 目砂纸进行打磨，直到表面的打磨纹路一致，再用 600 目的砂纸打磨 320 目砂纸留下的打磨痕迹。打磨时需要注意，用水磨砂纸蘸水打磨产品表面，边打磨边清洗产品表面，同时仔细观察，以防过度打磨。

4. 检查及修补缺陷

准备水补土、牙膏补土、刮刀、口罩、护目镜等。水补土可以用来检查产品表面瑕疵，如细小缝隙、划痕、砂纸打磨后的纹路等；牙膏补土则用来填补打磨缺陷。先喷涂水补土，找到产品缺陷，再用牙膏补土进行填补，注意牙膏补土具有一定的收缩性，待牙膏补土干透后再进行打磨。

5. 用砂纸精打磨

用砂纸精打磨与用砂纸粗打磨类似，每一种型号的砂纸打磨到产品表面打磨纹路一致即可，依次选择 600 目、800 目、1 000 目砂纸进行打磨，直到表面的打磨纹路一致即可。

6. 喷涂水补土

再次喷涂水补土，检查产品表面是否有缺陷。若有缺陷，重新进行上述打磨步骤；若没有缺陷，则整体打磨工作结束，可以进行后续处理。

三、挖斗模型打磨及抛光操作步骤

穿戴好个人防护用品，按照表 1-6 所列的操作步骤完成挖斗模型的打磨及抛光工作。操作时需注意个人防护和环境保护。

▼ 表 1-6　挖斗模型的打磨及抛光操作步骤

操作步骤		图示	操作内容
取下产品	铲取产品		1. 打印结束后，拆下多孔板 2. 将多孔板放在平台上，一只手按压产品，另一只手轻轻从周边铲取产品 3. 把多孔板放回打印平台上，确保加热板上的螺钉全部进入多孔板的孔洞中 4. 清理打印机，做好设备“6S”管理工作

续表

操作步骤		图示	操作内容
去除支撑结构	用剪钳剪除支撑结构	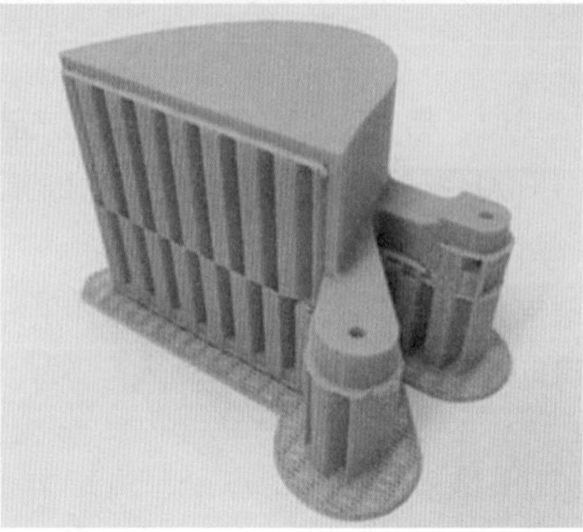 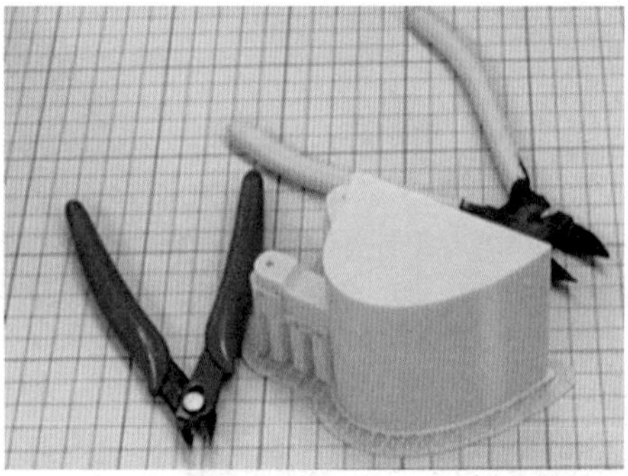 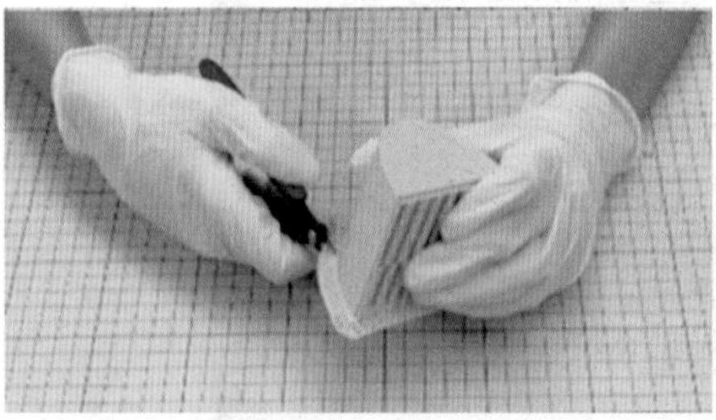	1. 剪除支撑结构前，仔细观察产品实物与三维模型数据，避免误伤细小形状 2. 剪除支撑结构时，一只手拿稳产品，另一只手握住剪钳，以防剪钳打滑，误伤手指 3. 对于大平面的支撑结构，先从边缘剪起，再慢慢剥落整片支撑结构 4. 对于挖斗内部深槽处的支撑结构，选用大口径剪钳，先将多个位置剪松，再从边上连根拔起 5. 最后使用剪钳将小面积的支撑结构和大毛刺依次清除
	用雕刻笔刀清理支撑结构		1. 用雕刻笔刀清理前仔细观察产品实物与三维模型数据，避免误伤细小形状 2. 将刀刃压在产品表面，刀刃朝外，沿平行于表面的方向修整产品毛刺 3. 注意刀锋应压在毛刺根部，禁止隔空清理毛刺；否则，容易误伤产品和操作者

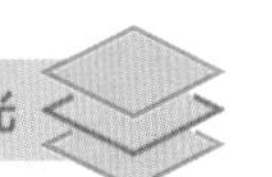

续表

操作步骤		图示	操作内容
用锉刀修型	锉大面		选择 200 mm 扁锉锉削大平面，锉削时锉刀与表面完全贴合，用力均匀平推，不能上下翘动。锉刀向前运动时，还要有向下的压力才能切削产品，返回时应悬空不加力，不切削
	锉圆弧面		选择 200 mm 扁锉锉削外圆弧面，锉销时锉刀顺着圆弧面往前推，同时绕圆弧面中心转动，保证锉出圆弧形状
	锉小面		1. 选用 150 mm 扁锉修整产品小平面 2. 边锉削边用毛刷清扫产品表面，仔细观察产品表面，避免过度锉削

续表

操作步骤		图示	操作内容
用锉刀修型	用整形锉修整细节	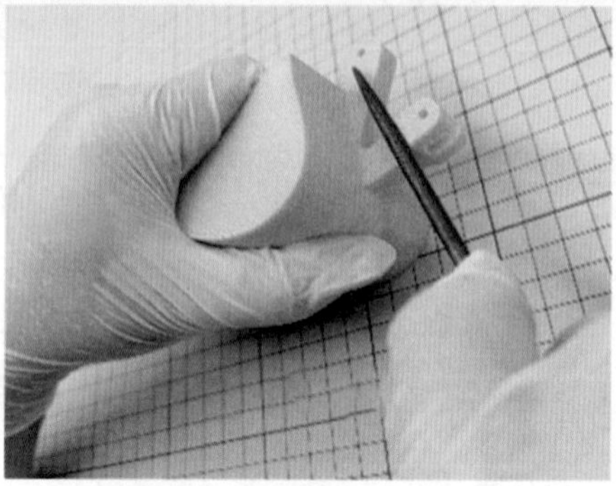 圆锉 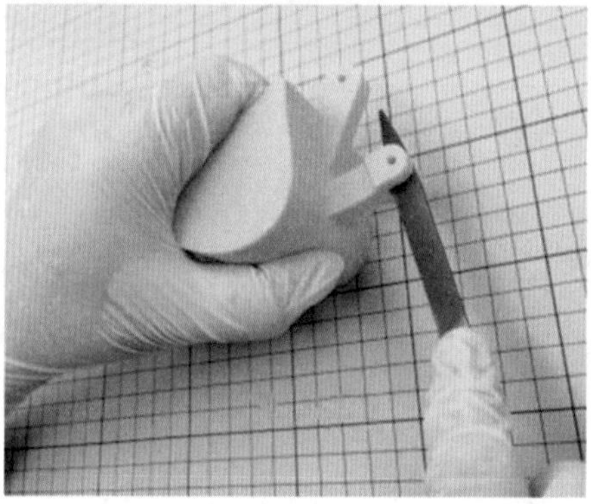 扁锉 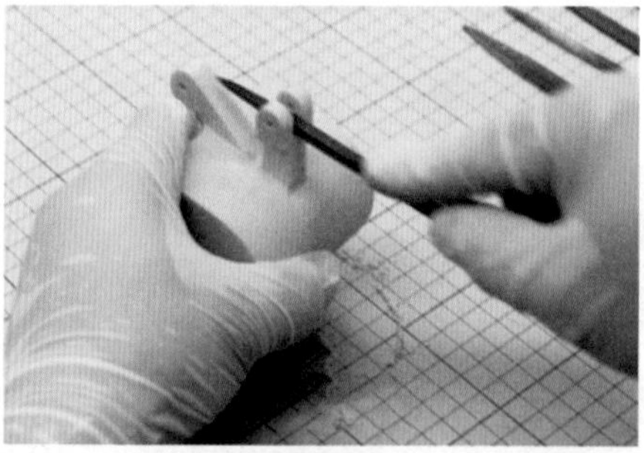 方锉	1. 整形锉的断面形状应根据被锉削形状来选择，使两者的形状相适应 2. 用圆锉锉削内圆弧面，扁锉锉削平面，方锉锉削方孔，三角锉锉削内表面 3. 锉削到最佳状态时，作用在锉刀上的力要逐渐减轻，使锉削面的锉痕越细越好
	锉削相邻处及圆弧面	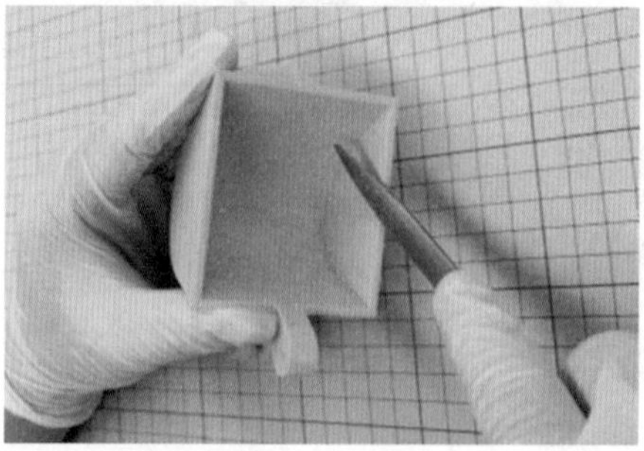	1. 使用椭圆锉锉削相邻面的棱角或圆角 2. 整个锉削过程都需要一边锉削一边用毛刷清扫产品

续表

操作步骤		图示	操作内容
用锉刀修型	锉削相邻处及圆弧面		3. 最后整体观察产品，保证锉削纹路一致，没有凸凹点，锉削工作即可结束
用砂纸粗打磨	用 320 目砂纸打磨	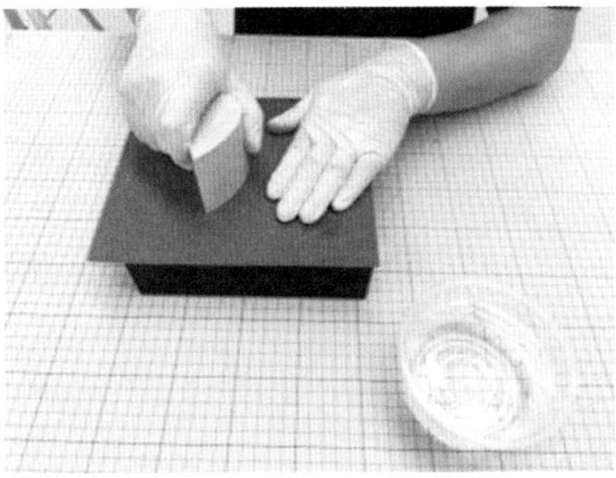	使用砂纸打磨开放式大平面时，可以将砂纸放在打磨平台上进行操作
		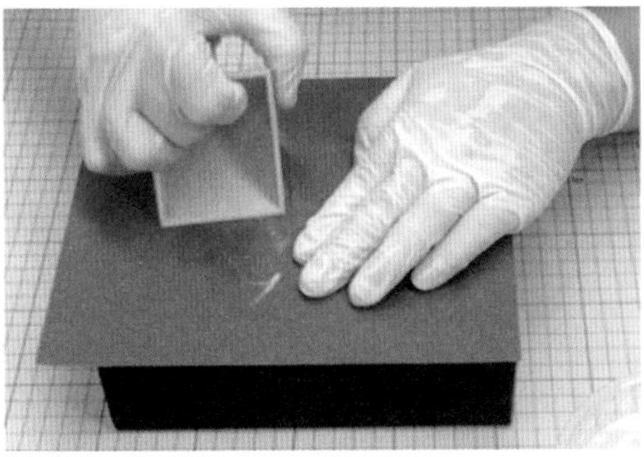	打磨外圆弧面时，产品要顺着圆弧面往前推，用力要均匀
		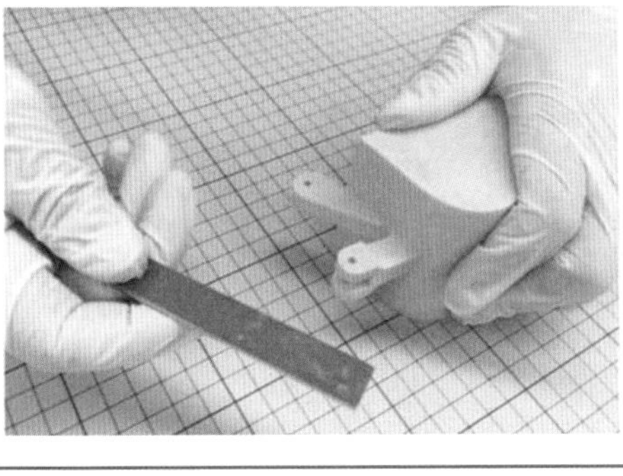	可以将砂纸用双面胶粘贴在打磨棒上进行打磨

续表

操作步骤		图示	操作内容
用砂纸粗打磨	用 320 目砂纸打磨	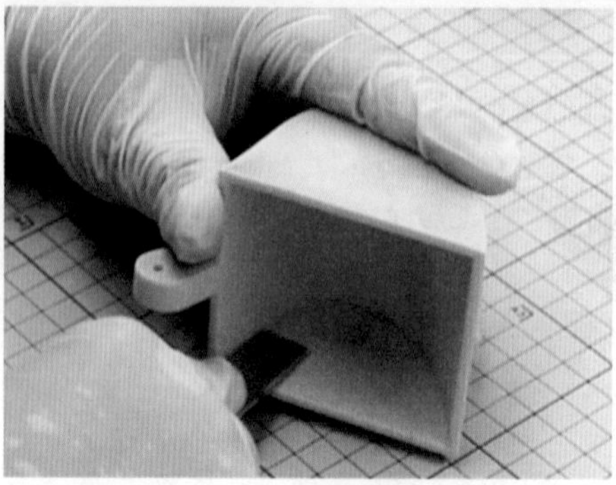	打磨产品内平面特别是内壁棱角处时，要边打磨边仔细观察
		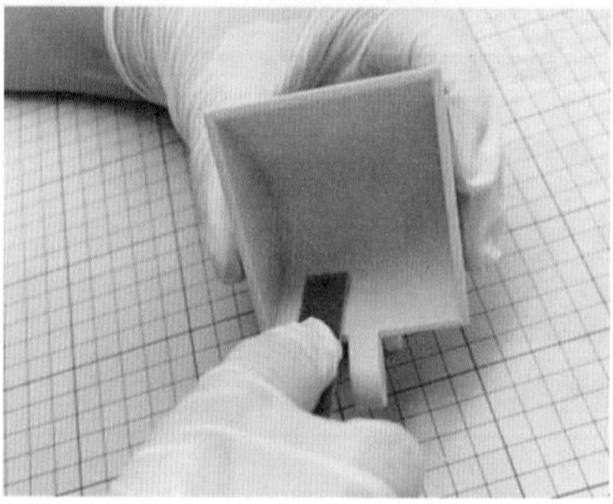	打磨产品内圆弧面时，打磨棒在往前推的过程中要左右移动，并沿着内圆弧面转动
		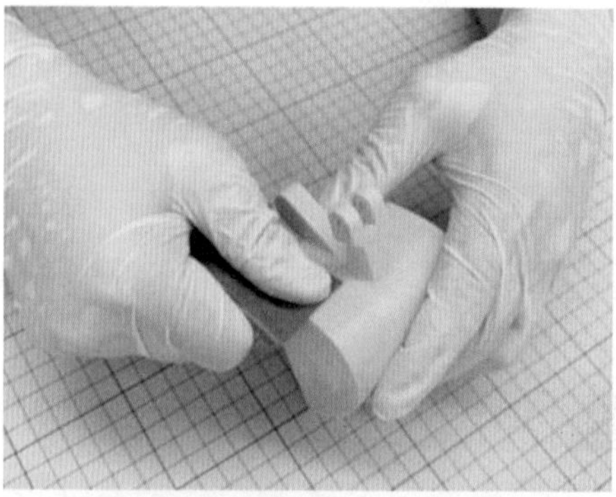	也可以将砂纸裁剪成小块进行自由打磨，直到表面的打磨纹路一致
	用 600 目砂纸打磨	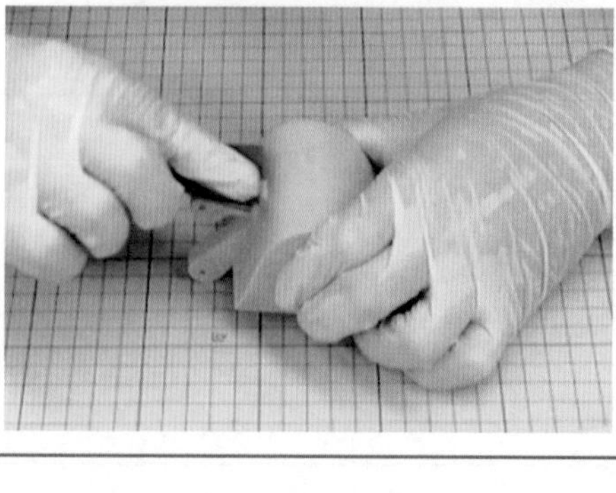	用 600 目的砂纸打磨 320 目砂纸留下的打磨痕迹，直到产品表面的打磨纹路一致

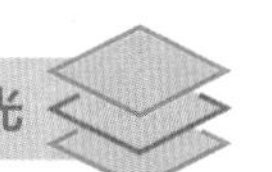

续表

操作步骤		图示	操作内容
补土	水补土	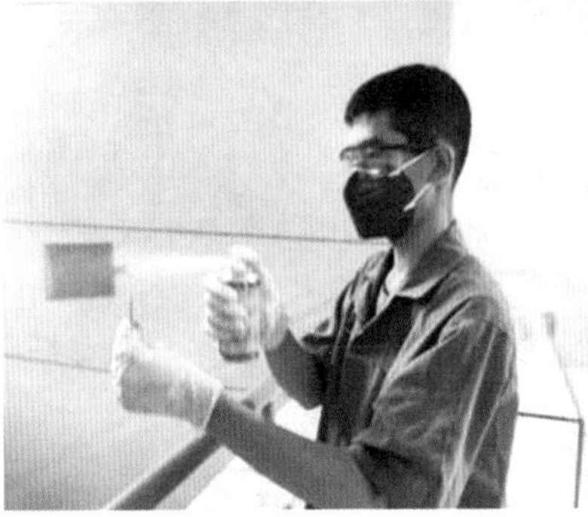	1. 穿好工作服，戴好护目镜、口罩等 2. 喷涂水补土前应充分摇匀 1 ~ 2 min，先在白纸上试喷，再喷涂产品，喷涂距离约为 20 cm。边喷边观察，保证产品表面被均匀涂覆 3. 喷涂结束后，自然干燥 30 ~ 60 min
	牙膏补土	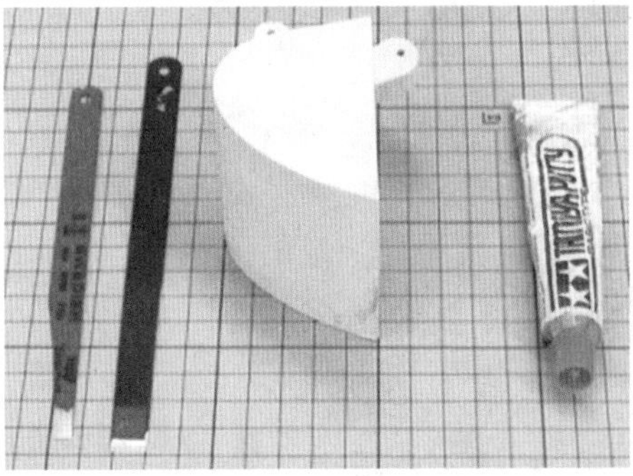 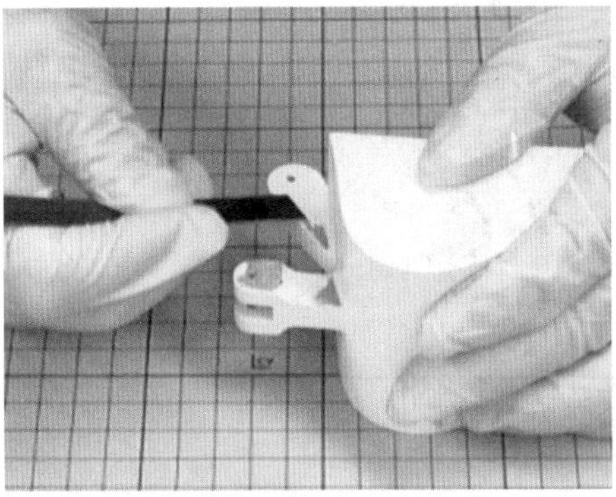	1. 仔细观察产品，找到缺陷部位 2. 将牙膏补土挤在刮刀上，依次对产品表面的小缝隙或缺陷进行填补 3. 自然干燥时间约为 30 min 4. 待牙膏补土干透后再进行打磨
用砂纸精打磨	用高型号砂纸打磨	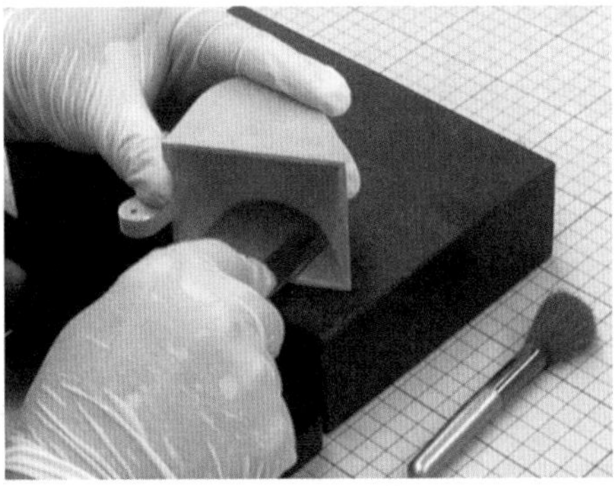	依次选择 600 目、800 目、1 000 目砂纸进行打磨。打磨方法与用砂纸粗打磨类似，使用高型号砂纸打磨掉前一型号砂纸的打磨痕迹，直到表面的打磨纹路一致，最后选用 1 000 目砂纸进行打磨

续表

操作步骤		图示	操作内容
用砂纸精打磨	用海绵砂纸打磨		打磨曲面时，也可以选用海绵砂纸手工打磨
喷涂水补土			1. 再次喷涂水补土，检查产品表面是否有缺陷 2. 若没有缺陷，整体打磨工作结束，可以进行后续工艺，如上色等

小提示

SLA 打印产品的打磨及抛光操作步骤与 FDM 打印产品类似，其产品表面质量更好。扫描右侧二维码可了解 SLA 打印挖斗模型的打磨及抛光操作。

四、质量检验

1. 产品检验

产品打磨及抛光结束后整体喷涂一次水补土，对照表 1-7 检查模型的打磨及抛光质量和安全文明生产情况，并做好记录。

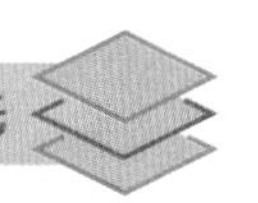

▼ 表 1-7　挖斗打磨及抛光检验表

序号	检验内容	检验标准	配分	得分
1	支撑结构	去除支撑结构后，经过打磨及抛光，该面无缺陷	10	
2	基底部位	去除基底层后，经过打磨及抛光，该面无缺陷	10	
3	打磨和锉削痕迹	模型无打磨和锉削痕迹	15	
4	模型变形和塌陷情况	模型表面打磨良好，无变形、塌陷	15	
5	尺寸	模型尺寸在公差要求范围内	30	
6	环境保护	打磨及抛光后能正确清理工具和场地，做好“6S”管理工作	10	
7	物料保管	打磨及抛光后能正确归还物料	10	
总分			100	

2. 打磨常见缺陷分析和处理

发现产品有图 1-52 所示的凹陷，属于打印缺陷，需要再次使用牙膏补土，并用 600 目、800 目、1 000 目砂纸依次打磨，每换一次砂纸，都需要打磨掉上一个型号砂纸的打磨纹路。用砂纸打磨结束后，再喷涂水补土检验质量。

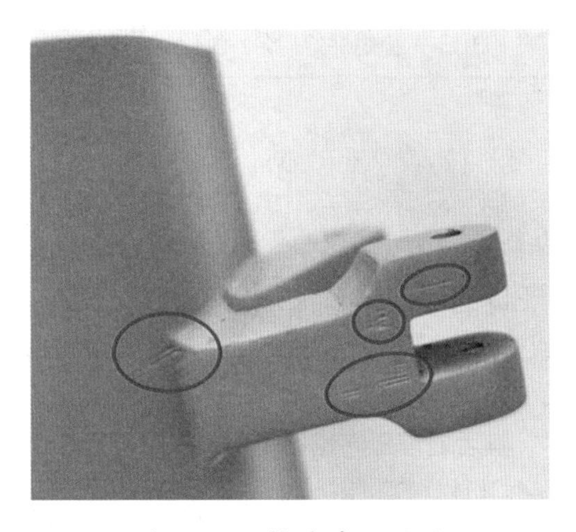

图 1-52　挖斗产品缺陷

任务测评

按表 1-8 所列评分标准进行测评，并做好记录。

▼ 表 1-8　实训评分标准

序号	考核内容	考核标准	配分	得分		
				自我评价	小组评价	教师评价
1	职业素养	1. 认真、细致、按时完成学习和工作任务	10			
		2. 能按要求穿戴好个人防护用品	5			
		3. 遵守实训室管理规定和“6S”管理要求	5			
2	专业技能	1. 能正确选择并使用打磨及抛光工具和材料	10			
		2. 能独立使用手动工具对产品进行打磨及抛光	20			
		3. 打磨及抛光中能注意个人防护和环境保护	10			
		4. 能独立完成 3D 打印产品打磨及抛光后的质量检验与缺陷修复工作	20			
3	创新能力	1. 能尝试使用新手段进行打磨及抛光	10			
		2. 工作过程中能经常提出问题并尝试解决	10			
小计			100			
总分 =0.15× 自我评价得分 +0.15× 小组评价得分 +0.7× 教师评价得分						

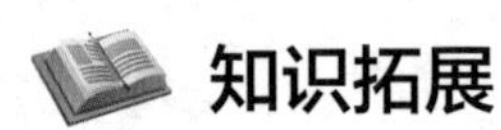

知识拓展

3D 打印金属产品的打磨及抛光工艺

3D 打印金属产品的支撑结构相对塑料产品而言，更难去除。后处理工艺更为复杂。

一、3D 打印金属产品的打磨及抛光流程

根据产品的不同需求，其后处理工序也不相同。主要包括热处理（退火、淬火等）、线切割、去除支撑结构、打磨、机械精密加工、抛光等步骤。

1. 线切割

选择线切割机床将产品从基板上分离下来，无线切割机床的，也可以用钳子将产品与基板之间的支撑结构钳断，这种方法比较费力，如图 1-53 所示。

2. 去除支撑结构

使用钳子等工具将产品上的支撑结构拆除，如图 1-54 所示。

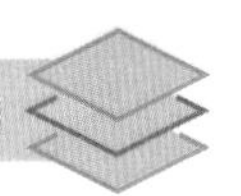

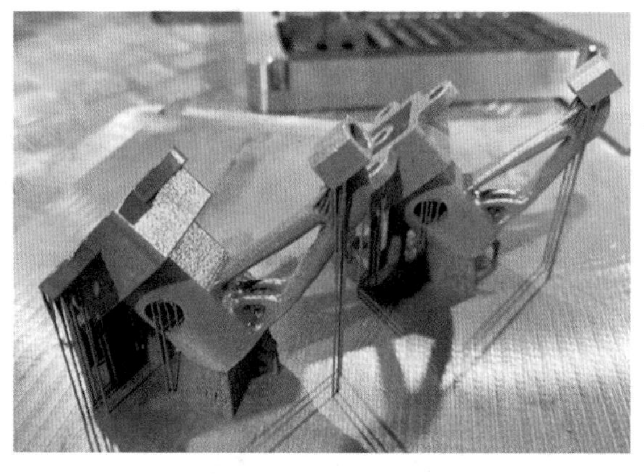

图 1-53 基板上的 3D 打印金属产品

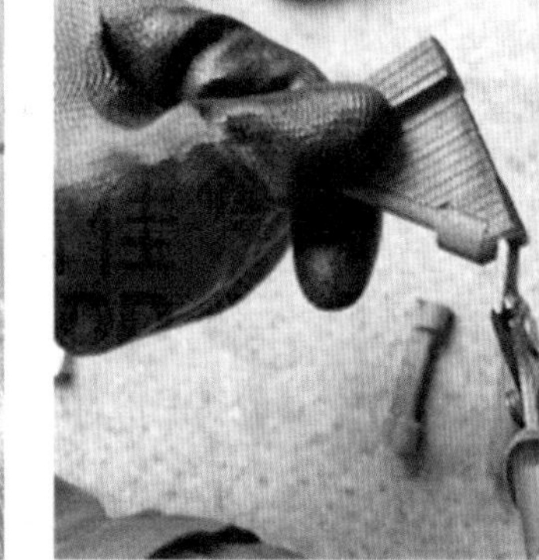

图 1-54 拆除支撑结构

3. 打磨

支撑结构去除后，产品上会留下许多支撑痕迹，可用锉刀或电动打磨工具打磨残留的支撑痕迹。打磨过程中有以下注意事项：

（1）针对 3D 打印金属产品，后处理时需要将其放置在台虎钳或夹具上进行锉削，锉削速度一般为 30 ~ 60 次 /min。速度太快，操作者容易疲劳，且锉齿易磨钝；速度太慢，切削效率低。

在使用锉刀时，根据锉刀大小不同，握法也不相同，如图 1-55 所示。

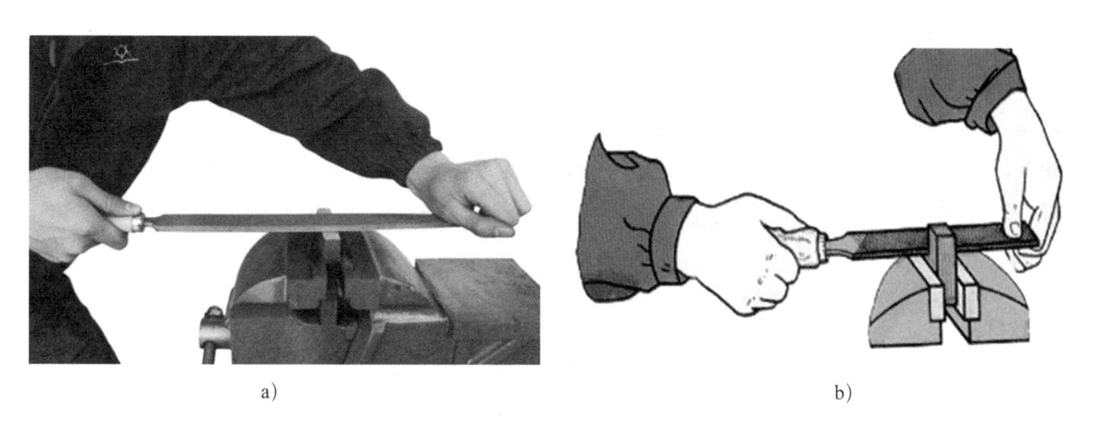

a) b)

图 1-55 锉刀的握法

a）大型锉刀握法 b）中型锉刀握法

（2）锉削时，利用锉刀的有效长度进行切削加工，不能只用锉刀的局部进行锉削；否则，容易导致锉刀局部磨损过重，使用寿命缩短。

（3）锉削时不可用手摸被锉过的零件表面，因手有油污，会使锉削时锉刀打滑而造成事故。

（4）锉刀齿面堆积锉屑后，可用钢丝刷顺着锉纹方向刷去锉屑。

（5）选择电动打磨工具时，打磨工具要来回运动，如图 1-56 所示，不能在某个位置停留太久，将产品上凸出的支撑痕迹去除即可；否则，切削量大的磨头容易将产品磨出缺口。

图 1-56　用电动打磨工具去除支撑痕迹

4. 机械精密加工

因为 3D 打印金属产品表面相对粗糙，去除支撑结构后表面残余量很大，对于表面质量要求高的产品需要经机械精密加工，如数控铣削、电火花加工等。

5. 抛光

产品在机械精密加工后表面质量已经很高，但产品表面不可避免地会留下打磨痕迹等，而且不同的产品仍然有不同的需求，例如，有些产品需要满足零件外观的需求，达到一定的技术要求，还需要进行镜面抛光，此时抛光一般要经过粗抛、半精抛、精抛、镜面抛光等流程。

（1）手工抛光流程

1）抛光应从产品的角部、凸台、边等较难抛的部位开始，对于要求比较尖锐的边缘和角，应采用较硬的抛光工具。

2）抛光可分为粗抛、半精抛和精抛三个阶段，根据零件表面的实际情况，每个阶段可选择 2 ~ 3 种型号的工具（油石或砂纸），按由粗到细的顺序进行加工。粗抛一般用油石或砂纸，油石磨削速度与砂纸接近，但是不如砂纸灵活。半精抛一般采用砂纸，磨削速度比较慢，但是灵活，可以磨削内孔、圆柱等。精抛一般用抛光膏，型号可依次选择 W10、W5、W3。

3）磨料粒度应由粗到细，按顺序更换。

4）手工抛光往复运动速度应以 40 ~ 60 次 /min 为宜，半精抛、精抛以 20 ~ 40 次 /min 为宜。

5）金属模具的最终抛光方向应与塑件的脱模方向或金属塑性成形过程中金属的流动方向一致。

6）油石、砂纸更换原则如下：改变抛光方向时，抛光痕迹会随抛光方向迅速改变，且看不到与打磨方向垂直的任何痕迹，此时即可更换细一级的砂纸或油石。

（2）手工抛光注意事项

1）使用油石、砂纸抛光时，可以使用煤油作为抛光剂，煤油起清洗、冷却、润滑、防锈作用。

2）抛光时要注意卫生：产品在抛光前要擦洗干净，每换一次砂纸，要用煤油或专用清洗剂对产品、夹具做一次彻底清洗；清洗时应向一个方向擦拭，并要及时更换新棉布；不同目数的砂纸不能混放；每次更换砂纸时，手都要清洗干净；不能用手摸精抛光后的产品表面。

（3）用抛光轮抛光

用抛光轮抛光主要适用于金属打印产品的表面处理，配合抛光膏、抛光机械一起使用。用抛光轮抛光是通过抛光轮的高速转动，使加入抛光剂的抛光轮与打印产品发生较强烈的摩擦，从而使打印产品表面产生塑性变形，逐渐将产品的细微凸出处磨掉，直至表面平整、光滑。抛光轮是一种压合式平面轮，它由若干抛光轮片压合而成。抛光轮的材料由弹性更好的尼龙、毛毡、羊毛、棉布等制成，如图 1-57 所示。

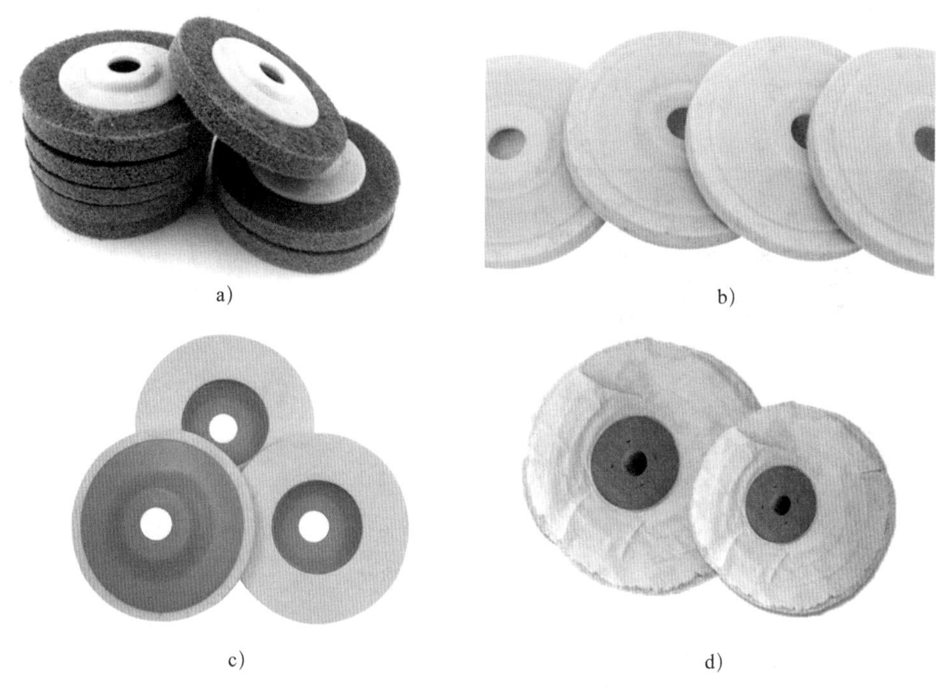

图 1-57　不同材质的抛光轮

a）尼龙抛光轮　b）毛毡抛光轮　c）羊毛抛光轮　d）棉布抛光轮

正确选用抛光机械、抛光轮和抛光膏，可大大提高抛光效率和产品表面质量。不同材质的抛光轮有不同的应用场合，例如，棉布抛光轮配合抛光膏适用于半精抛、精抛和镜面抛光；尼龙抛光轮多用于粗抛、半精抛，因其自身含有磨料，一般不用抛光膏。不同结构的抛光轮有不同的应用场合，如图 1-58 所示，缝合式抛光轮用于粗磨或者简单形状产品的抛光，具有高去除率；非缝合式的整布抛光轮柔韧，宜用于抛光形状复杂的产品，或用于小型产品的精抛光。

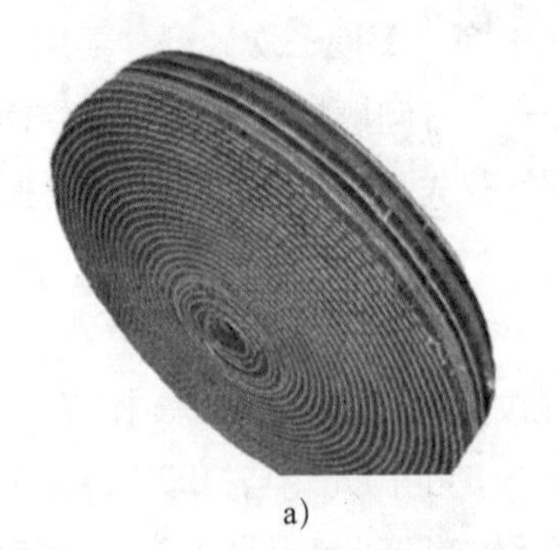

a)

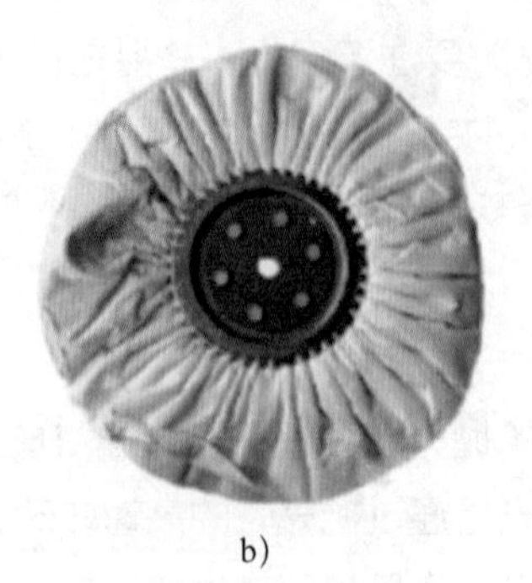

b)

图 1-58　不同结构的抛光轮

a）缝合式抛光轮　b）非缝合式抛光轮

二、打磨及抛光中常见缺陷和处理方法

机械抛光时经常会出现抛光过度的现象，表现出来的结果是抛光时间越长，表面反而越粗糙，产生“橘皮纹”和“针孔状”这两种缺陷，如图 1-59 所示。

a)

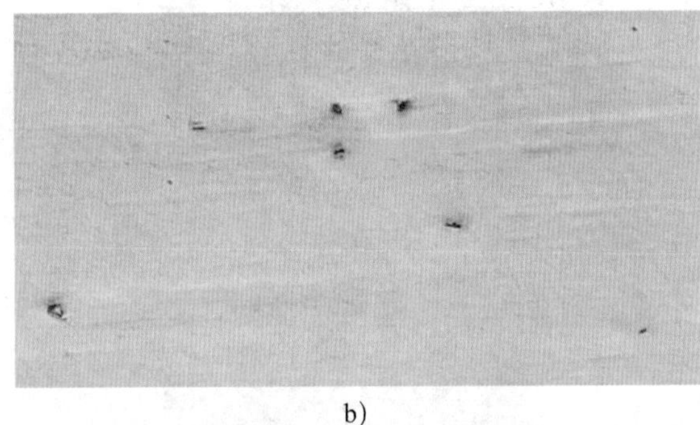

b)

图 1-59　打磨及抛光常见缺陷

a）“橘皮纹”缺陷　b）“针孔状”缺陷

1.“橘皮纹”缺陷

抛光压力过大，抛光时间过长时，金属表面过热，会产生微小的塑性变形。由于金相组织分布不均匀，金属表面受力时，耐磨削的程度不同，去除率不同，产生了所谓的“橘皮纹”缺陷，较软的材料更容易产生“橘皮纹”缺陷。

其解决方法如下：

（1）采用砂纸重新抛光，选择略粗一级的砂纸，以保证切削力可以将“橘皮纹”去除，抛光前，再选用最细的砂纸进行研磨，直到达到满意的效果，然后选择较轻的力度进行抛光。

（2）通过氮化或其他热处理方式提高材料表面的硬度。

（3）针对较软的材料，采用软质抛光工具。

2.“针孔状”缺陷

由于材料中含有杂质，而杂质通常硬而脆，在抛光过程中，这些杂质从金属组织中剥离下来，形成针孔状小坑。

其解决方法如下：

（1）小心地将表面重新打磨及抛光。

（2）选用优质合金钢，保证金属的纯净度。

（3）选用最短的抛光时间和最小的抛光力度。

项目二

SLA 打印产品的清洗

学习目标

1. 了解 3D 打印产品清洗的原理和分类。
2. 了解 SLA 打印产品的二次固化原理。
3. 了解超声波清洗机的工作原理和操作步骤。
4. 掌握 SLA 打印产品清洗的工艺流程。
5. 掌握 SLA 打印产品二次固化的工艺流程。
6. 能熟练使用工具从打印平台取下零件并去除支撑结构。
7. 能独立完成 3D 打印产品的清洗和干燥工作。
8. 能独立完成 3D 打印产品的二次固化，并对其进行质量检验。
9. 能独立完成相关化学品的安全处理工作。

任务描述

3D 打印产品按照打印原理不同，可分为 FDM 打印产品、SLA 打印产品、LCD[①] 打印产品和 SLS[②] 打印产品等；按照打印材料不同，可分为卷料打印产品、光固化树脂打印产品和粉末打印产品。所有打印产品都需要进行后处理，对于 FDM 和 SLS 打印成形的产品可以直接进行打磨及抛光，而 SLA 和 LCD 打印成形的产品因表面附着黏液，需要在打磨及抛光前进行清洗。

本任务就是将 SLA 打印机上打印完的挖掘机零件从打印平台取下，并进行清洗，然后完成模型的二次固化，如图 2-1 所示为挖掘机零件清洗前后对照图。挖掘机零件较多，形状各异，在清洗过程中需要注意操作方法，合理利用手中的工具和材料，穿戴好个人防护用品，注意化学品的使用安全。

① 激光熔覆沉积（laser cladding deposition，LCD）。

② 选择性激光烧结（selective laser sintering，SLS）。

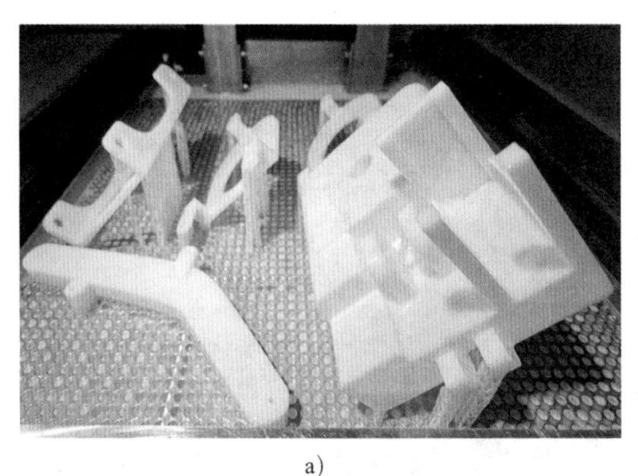

a)

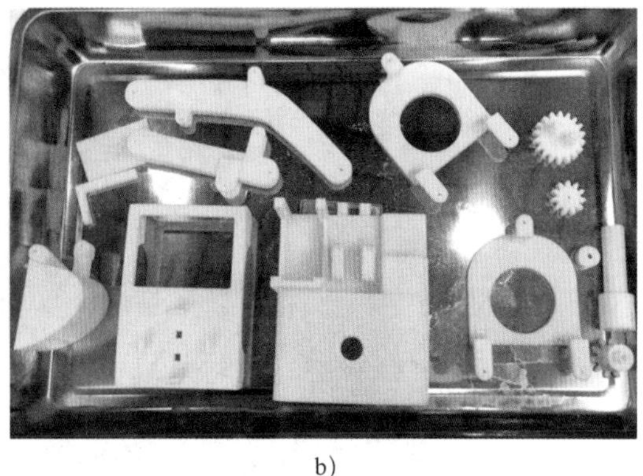

b)

图 2-1　挖掘机零件清洗前后对照图
a）清洗前　b）清洗后

相关知识

一、清洗的原理

3D 打印产品清洗就是利用水、空气和溶剂等介质，对 3D 打印产品表面的杂质、灰尘、污渍和黏液进行分离的过程。

一般 3D 打印产品完成后都要进行后处理，其中 FDM 产品打印完成后，需要去除支撑结构，进行打磨及抛光，在该操作过程中会污染产品表面。若 FDM 产品在打磨及抛光后表面存有打磨粉末，可采用清水进行冲洗，冲洗前后的对照图如图 2-2 所示。

在 3D 打印工艺中，SLA 打印产品表面质量较高，但是在打印完成后，表面会附着一层光敏树脂，它具有很高的黏度，影响后续产品的抛光、上色，因此需要先进行清洗。如图 2-3 所示为 SLA 成形产品清洗前后对照图。

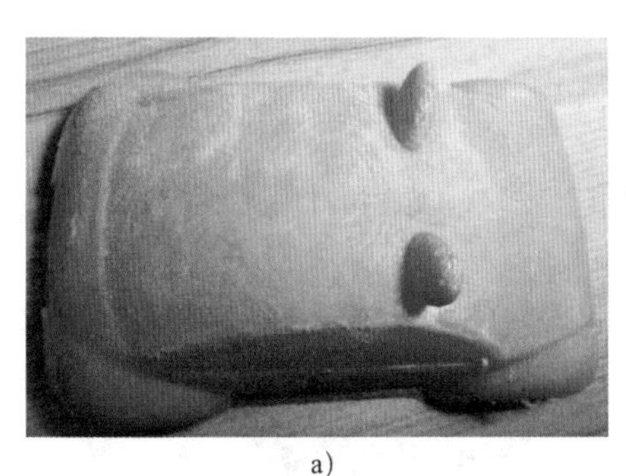

a)

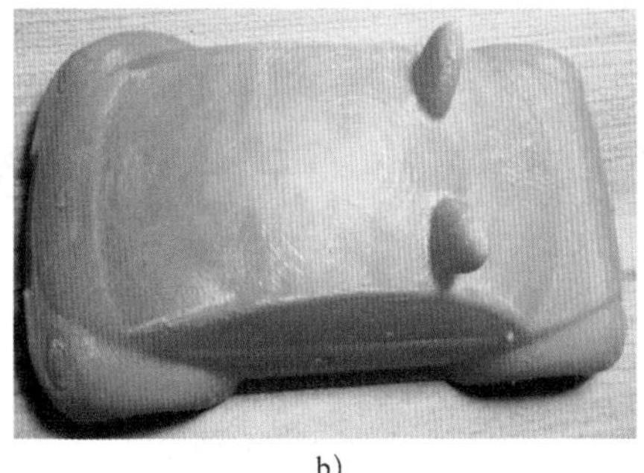

b)

图 2-2　FDM 成形产品清洗前后对照图
a）清洗前　b）清洗后

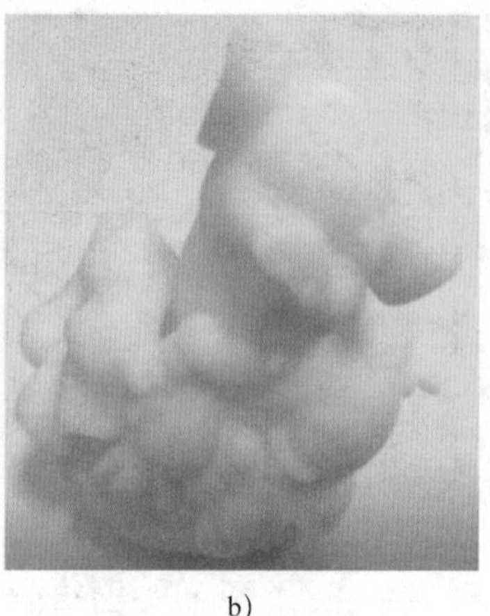
a)　　b)

图 2-3　SLA 成形产品清洗前后对照图
a）清洗前　b）清洗后

二、清洗的分类

根据清洗时使用的介质不同，3D 打印产品的清洗方法分为以下几类：

1. 压缩空气清洗法

压缩空气清洗法是指利用高速流动的压缩空气使 3D 打印产品表面的粉尘脱离产品，如图 2-4 所示。主要应用于 3D 打印产品后处理的清洗，同时也可以利用高速流动的气体使成形产品的表面快速干燥。

2. 液体清洗法

根据液体的属性不同，可细分为以下几类：

（1）用清水冲洗

3D 打印产品在后处理过程中可能会黏附其他污渍，此时可以用清水将其冲掉，如图 2-5 所示。通常 FDM 打印产品后处理过程中黏附的污渍都可以用清水清洗。注意：冲洗后的产品一定要进行干燥处理。

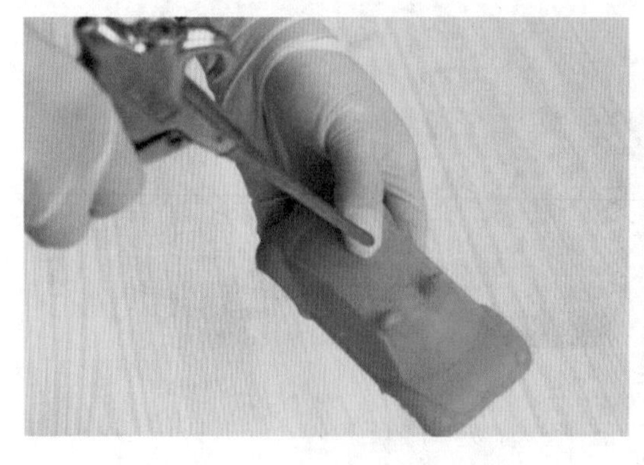
图 2-4　压缩空气清洗法

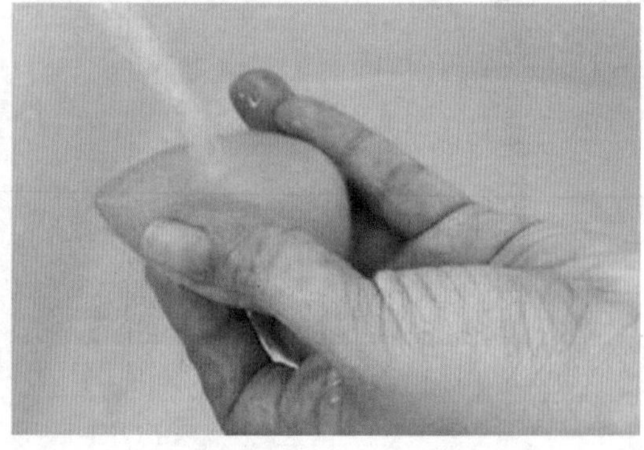
图 2-5　清水冲洗法

（2）用清洗液清洗

清洗液一般采用洗涤灵或去污粉和水按一定比例调制而成，温度控制为 30 ~ 40 ℃，主要用于清理脱模剂、汗渍、油污等。清洗前，先将产品在清洗液中浸泡约 5 min，然后使用毛刷或牙刷清洗产品表面。

（3）用酒精清洗

用酒精清洗是指使用浓度不低于 75% 的酒精进行产品表面的清洗，主要用于清洗 SLA 打印产品，如图 2-6 所示，使用毛刷清洗产品表面，清洗完成后需要用吸水纸擦拭产品表面。操作过程中要注意佩戴防护器具，遵守安全操作规程。

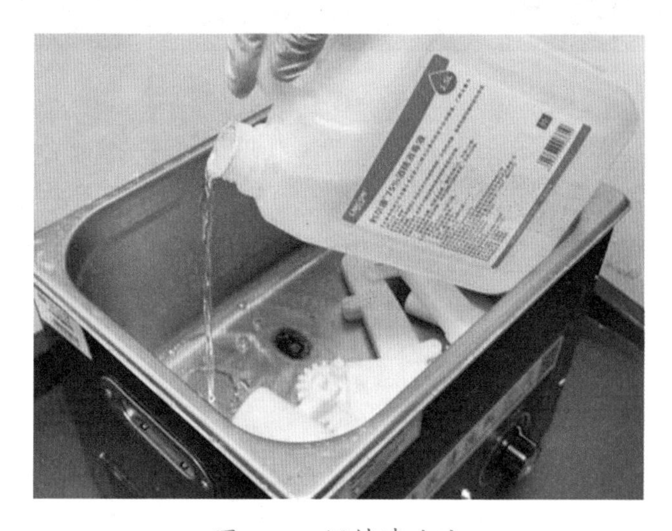

图 2-6　酒精清洗法

3. 用超声波清洗机清洗

光敏树脂成形的产品表面黏附有树脂，对于结构复杂的成形产品，使用手动清洗很难将产品内部一些隐蔽的地方清洗干净，就需要使用超声波清洗机进行清洗，如图 2-7 所示。

图 2-7　用超声波清洗机清洗产品

三、SLA 打印产品取件

1. 取件及去除支撑结构的工具

使用 SLA 设备打印产品时，产品和打印平台之间采用支撑结构固定，当产品打印完成后，需要将产品从打印机的打印平台上取出，在取件过程中需要用到表 2-1 所列的工具，其用途见表 2-1。

▼ 表 2-1　取件及去除支撑结构相关工具及其用途

名称	图示	用途
铲刀		铲刀是将模型从打印平台上分离的主要工具，材质为不锈钢，有大小之分。一般铲刀的刀口为平面，没有刀刃，不方便分离模型，需要二次开刃
镊子		镊子主要用于夹取模型狭窄区域的支撑结构，同时可以在黏合时固定细小的物体，还可用于贴水贴纸和遮盖胶带，主要有直头和弯头两种
剪钳		剪钳是去除 3D 打印产品支撑结构的主要工具，同时可以剪除模型的毛刺，或者剪断一些结构。使用剪钳时应戴护目镜，以防止飞溅的碎屑伤及眼睛
毛刷		毛刷主要用于在产品表面刷涂酒精，进行清洗

续表

名称	图示	用途
托盘		托盘主要用于存放打印产品，防止产品上的黏液污染其他物体，建议采用不锈钢材质的托盘，以防止生锈
口罩		口罩主要用于过滤空气中的异味和粉尘，建议选用防尘口罩
护目镜		护目镜主要用于防止产品在打磨、研磨、切、铲和吹扫等过程中产生的冲击物进入眼睛，建议使用防冲击、防液体飞溅的护目镜
丁腈手套		丁腈手套的特点是耐穿刺，耐油和溶剂；具有高抗拉强度，可避免穿戴时的撕裂；进行无粉处理后，易于穿戴，可有效避免皮肤过敏
工业擦拭纸		工业擦拭纸由原生木浆和长纤维材料配以特殊工艺而制成，其质地纯净，结实而不易碎烂，可高效吸水、吸油。常用于上色过程中擦拭产品和涂色后产品的清理

2. 取件的操作流程

SLA 产品打印完成后，打印平台会自动抬起，这时产品表面附着了很多光敏树脂，一般不要马上取件，需要等待 5 min 左右，让光敏树脂自动掉落一部分。取件前需要准备好铲刀、镊子、剪钳、托盘等工具；同时要做好防护工作，戴好手套、口罩、护目镜等个人防护用品。

（1）铲取产品

在铲取产品前，先观察产品的摆放位置和支撑结构的位置，确定铲取的方向和位置。一般从最高支撑结构往最低支撑结构的方向铲取，如图 2-8 所示；铲取位置为支撑结构与平台接触的部位。铲取产品时，一只手扶住产品，另一只手将铲刀倾斜紧贴着平台，将产品铲取后放入托盘中。

图 2-8 SLA 打印产品铲取方向和位置

（2）清理平台

在铲取产品的过程中，会有一些支撑结构没有铲除干净，仍留在打印平台上，或者一些支撑结构掉落在打印平台上，这时需要清理掉打印平台上的支撑结构。使用铲刀铲除打印平台上的支撑结构，对于掉落的支撑结构使用镊子将其取出，以防止影响下次打印的质量。

（3）注意事项

1）在铲取产品的过程中需要控制好力度，以防止将平台划伤。

2）在铲取细小产品时应注意保护产品的完整性，并防止零件掉落。

3）在取件时，防止液体滴落在设备平台以外的地方，如有滴落应及时清洗。

3. 去除支撑结构的方法

（1）手工去除支撑结构

SLA 打印产品的支撑结构与产品的连接较松散，对于一些在产品表面的细长支撑结构，可以直接用手将其去掉，如图 2-9 所示。手工去除支撑结构主要用于初期快速去除支撑结构。

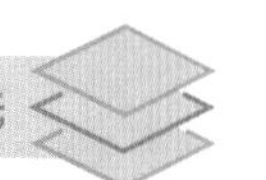

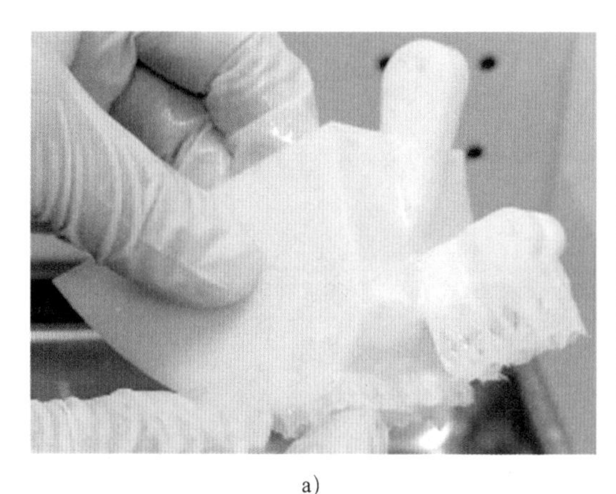

a)

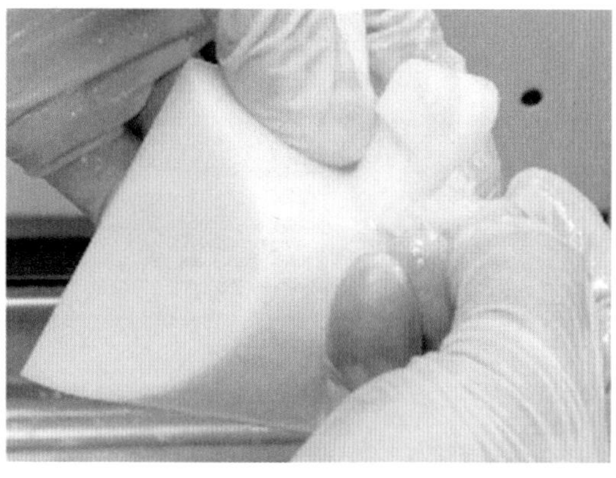

b)

图 2-9　手工去除 SLA 产品支撑结构

a）产品支撑结构的位置　b）手工去除支撑结构

（2）用工具去除支撑结构

1）用铲刀去除支撑结构。SLA 打印产品时，需要将产品与平台连接在一起，即需要加底层支撑结构。产品的表面为平面时，就会产生很规整的支撑结构，这种情况下很适合用铲刀快速去除支撑结构，如图 2-10 所示。

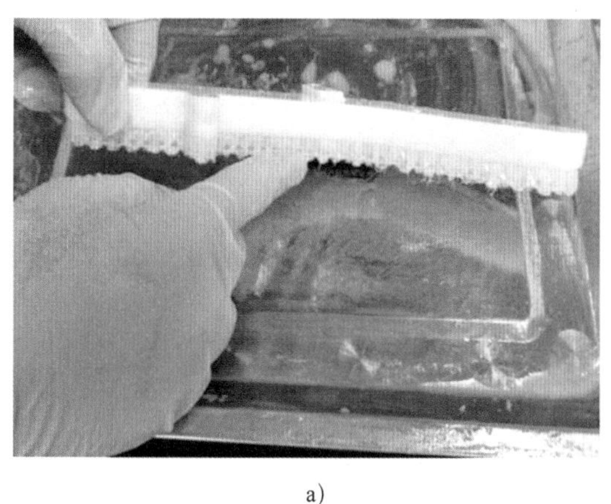

a)

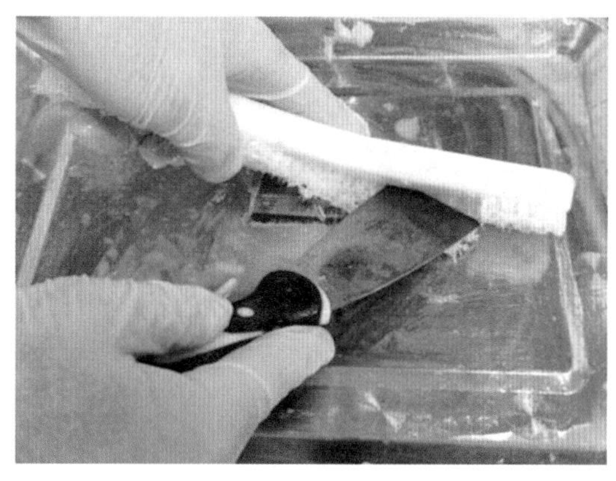

b)

图 2-10　用铲刀去除 SLA 产品支撑结构

a）产品支撑结构的位置　b）用铲刀去除支撑结构

2）用剪钳去除支撑结构。支撑结构位于产品两凸起形状之间，或者支撑结构所在面为异形面的，适合用剪钳去除，如图 2-11 所示。

3）用镊子去除支撑结构。镊子主要用于去除产品内部较深的一些支撑结构，如图 2-12 所示。

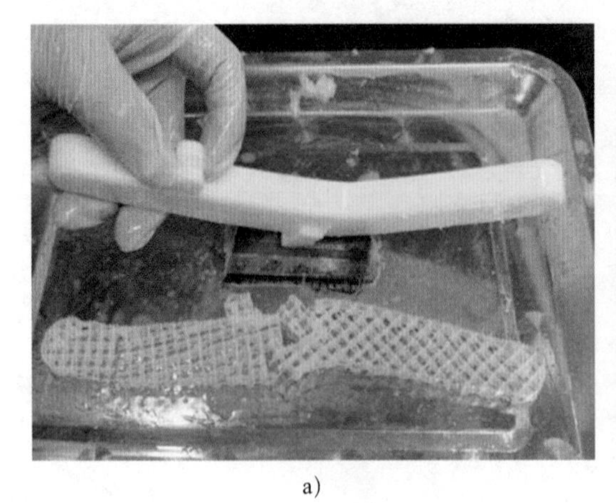

a)

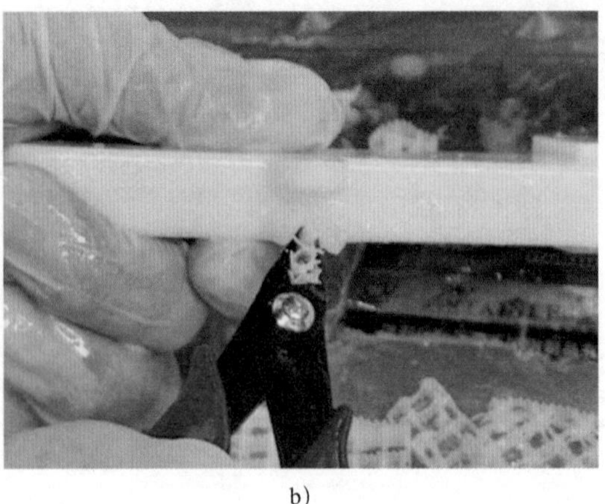

b)

图 2-11　用剪钳去除 SLA 产品支撑结构

a）产品支撑结构的位置　b）用剪钳去除支撑结构

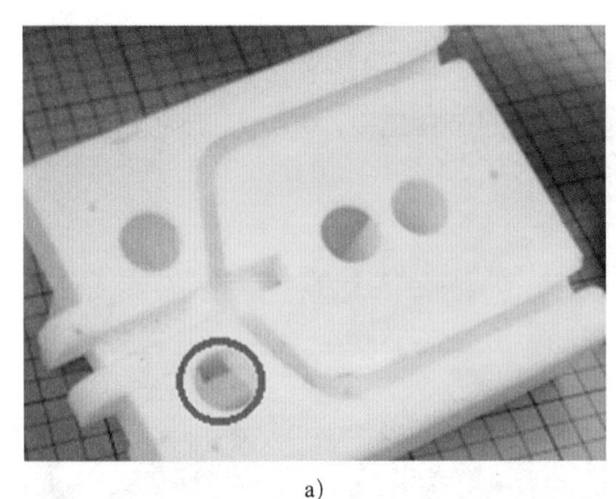

a)

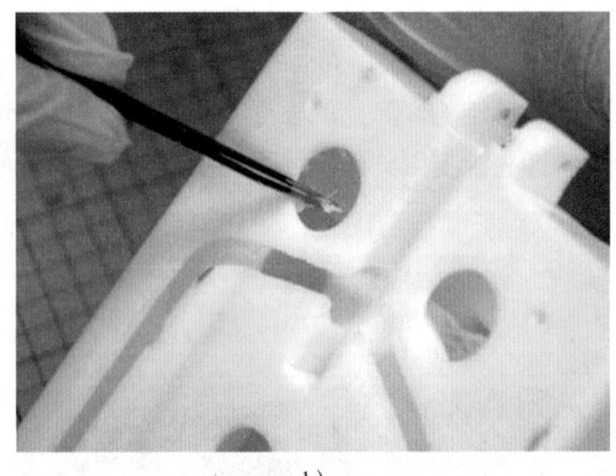

b)

图 2-12　用镊子去除 SLA 产品支撑结构

a）产品支撑结构的位置　b）用镊子去除支撑结构

四、手工清洗 SLA 打印产品

1. 酒精的特性

SLA 打印完成的产品表面有光敏树脂黏液，当将产品从打印平台上取出后，必须将表面残留的光敏树脂清洗掉，以防止其见光固化，影响产品精度。光敏树脂只能使用有机溶剂溶解，而乙醇是比较普遍的有机溶剂，所以 SLA 打印产品一般采用乙醇进行清洗。

乙醇是一种有机化合物，俗称酒精，其在常温、常压下是一种易燃、易挥发的无色透明液体，低毒，纯液体不可直接饮用，具有特殊香味，易燃，其蒸气能与空气形成爆炸性混合物，能与水以任意比例互溶，也能与氯仿、乙醚、甲醇、丙酮和其他多数有机溶剂混溶。

酒精的用途很广泛，可用于制造醋酸、饮料、香精、燃料等，医疗上常用体积分数为 70% ~ 75% 的酒精作消毒剂。

酒精属于易燃、易爆物品，存放时要注意以下三点：

（1）存放酒精处要保持通风，温度不能太高，更不能有明火，同时存放地点要配备灭火器，并与一些容易混淆的胺类、酸类等分区存放。

（2）分装酒精时要注意通风良好且操作人员需具备专业知识，防止静电积聚等。

（3）散装酒精存放管理时，未经培训的人员不得随意取用，存放区域要远离明火作业。

2. 手工清洗 SLA 打印产品的操作流程

对于结构简单、表面平滑的 SLA 打印产品，采用手工清洗即可。

（1）SLA 打印产品的预处理

SLA 打印产品去除支撑结构后，表面会残留一些支撑结构和黏液，可以先喷淋酒精，再用毛刷对产品表面进行预处理，如图 2-13 所示。

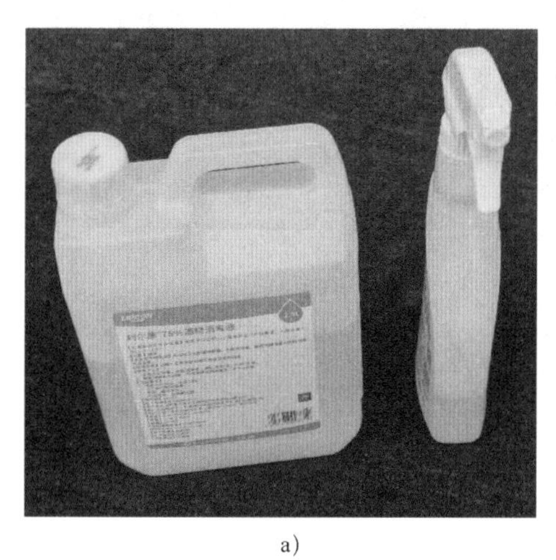
a)

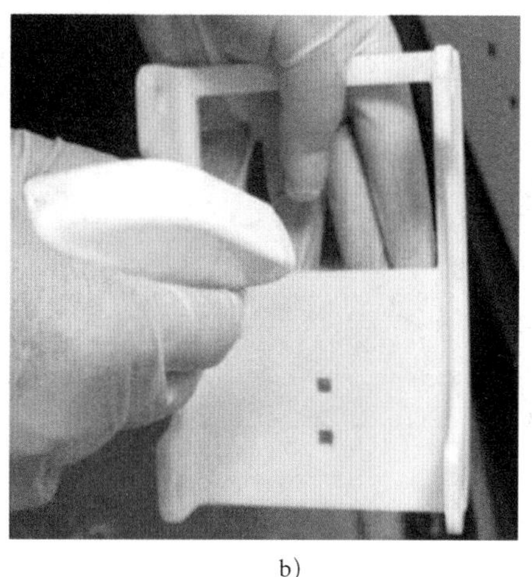
b)

图 2-13　SLA 打印产品的预处理

a）75% 医用酒精　b）喷淋酒精

（2）粗洗 SLA 打印产品

预处理完成后，要对 SLA 打印产品进行粗洗。准备一个带盖的容器，开盖后倒入酒精，将 SLA 打印产品没入其中，使用毛刷对其表面进行刷洗，然后用工业擦拭纸将其表面的酒精擦拭干净，如图 2-14 所示。

（3）精洗 SLA 打印产品

粗洗完成后，由于酒精中已经有了光固化树脂，酒精已被污染，不宜继续对 SLA 打印产品进行精洗。可再准备一个容器，倒入酒精将 SLA 打印产品没入其中，使用毛刷对其表面进行刷洗，然后用工业擦拭纸将其表面的酒精擦拭干净，如图 2-15 所示。

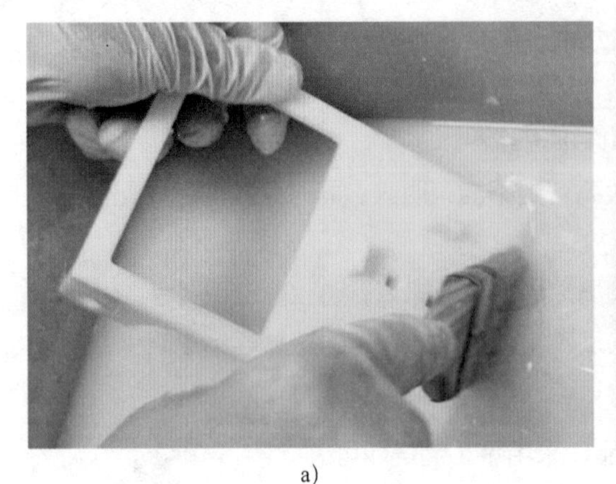

a)

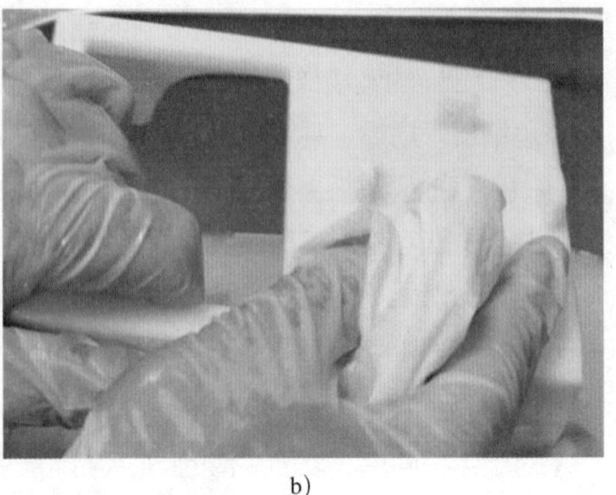

b)

图 2-14 SLA 打印产品手工粗洗

a）用毛刷刷洗 b）用工业擦拭纸擦拭

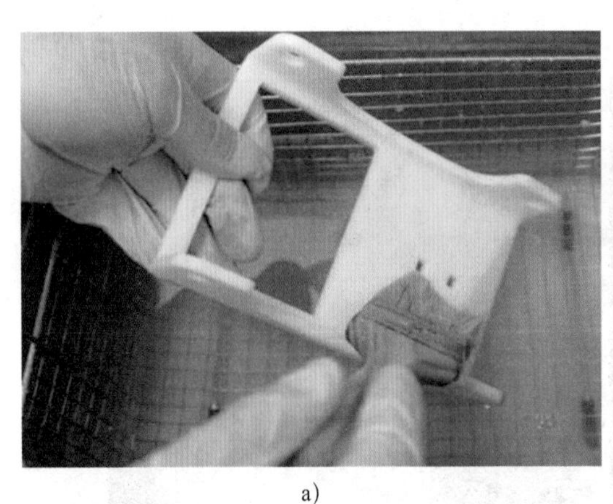

a)

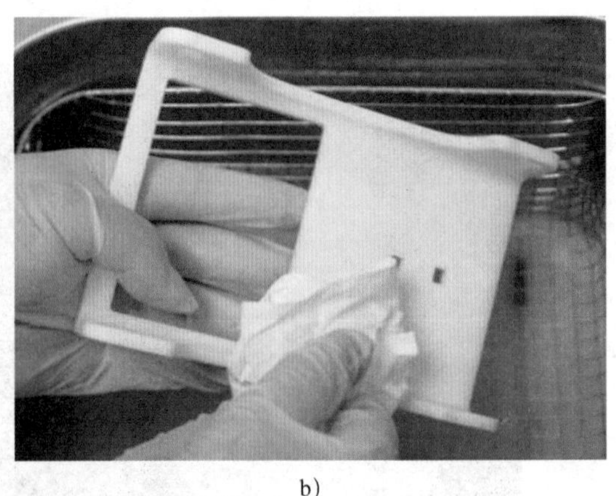

b)

图 2-15 SLA 打印产品手工精洗

a）用毛刷刷洗 b）用工业擦拭纸擦拭

3. 注意事项

（1）在整个清洗过程中要做好防护，戴好手套、口罩和护目镜。

（2）需要准备两个存放酒精的带盖容器，一个用于粗洗，一个用于精洗。

（3）建议使用 75% 的医用酒精。

五、超声波清洗机

1. 超声波清洗机的工作原理

如图 2-16 所示，超声波清洗机的工作原理主要是通过换能器，将高频电气振荡转换成机械振动，通过清洗槽的槽壁使槽中的清洗液振动，槽内液体中的微气泡能在声波的作用下保持振动，当声压或者声强受到压力到达一定程度时，气泡就会迅速膨胀，然后又突然破

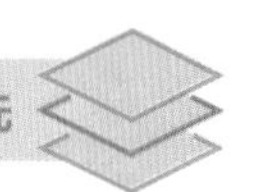

碎。这种“空化效应”一方面破坏污物与清洗件表面的吸附效果，另一方面能引起污物层的疲劳破坏而将其剥离。由此可见，凡是液体能浸到且声场存在的地方都有清洗作用，超声波清洗机的特点使其适用于表面形状非常复杂的零件的清洗。尤其是采用这一技术后，可减少化学溶剂的用量，从而大大降低环境污染。目前超声波清洗机在清洗光敏树脂成形产品时应用较多。

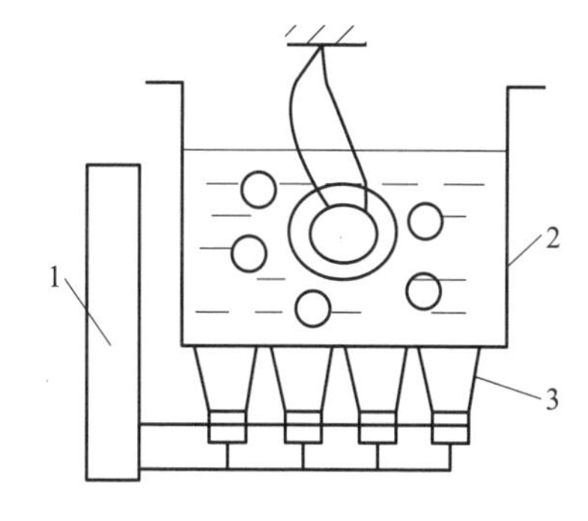

图 2-16　超声波清洗机的工作原理

1—电源　2—清洗槽　3—换能器

2. 超声波清洗机的结构

（1）清洗槽

清洗槽用于盛放待洗零件，由不锈钢制成，可安装加热及控温装置。清洗槽底部粘接超声波换能器。

（2）换能器

换能器将电能转换成机械能，压电陶瓷换能器的频率、功率视具体机型而不同。

（3）电源

电源为换能器提供所需电能，主要包括逆变电源、IGBT 元件和过流保护线路等。

3. 超声波清洗机的操作流程

（1）准备

在清洗槽内加入清洗液，要求达到预定水位（2/3 容积），放入已去除支撑结构的 SLA 打印产品。

（2）设置清洗时间

超声波清洗机操作面板如图 2-17 所示。旋转时间旋钮到需要的清洗时间，一般设置 10 ~ 20 min。当清洗时间递减为 0 时，蜂鸣器报警，表示清洗结束。

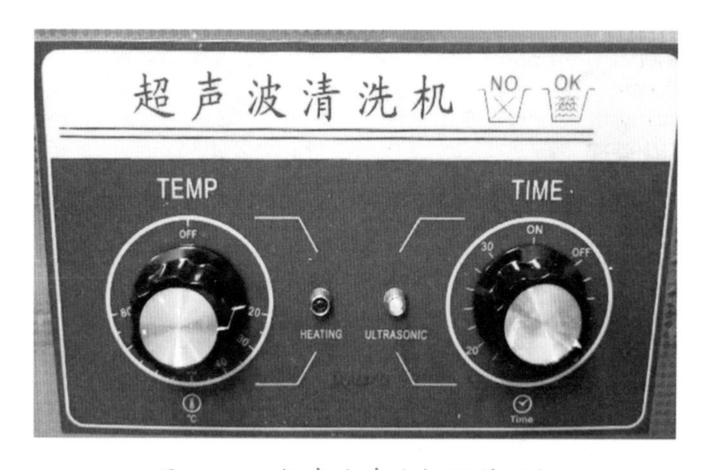

图 2-17　超声波清洗机操作面板

（3）设置加热温度

使用加热功能时，清洗槽液位必须达到容积的 2/3 处，然后转动加热旋钮到需要的温度，加热温度指示灯闪烁，当清洗槽温度达到设定温度值时则自动停止加热，一般温度设置为 25 ~ 30 ℃，以提高清洗效果。若清洗液选用酒精，则不可加热，以防止引发事故。

（4）打开开关

将超声波清洗机电源插头插入 220 V 三相电源插座后，按动电源开关，设备启动，显示窗显示，同时激活其他各功能键。清洗完毕，按动电源开关，切断工作电源。

（5）回收清洗液

清洗完成后，如果长时间不需要使用清洗液，就需要将其回收。首先将设备静置一段时间，待已经溶解的树脂沉淀在清洗槽底部后，再使用排液阀将清洗液装回玻璃瓶，密封放置在防爆柜中，最后将剩下的树脂置于日光下暴晒使其固化，之后按塑料垃圾进行处理即可。

4. 超声波清洗的操作注意事项

（1）清洗时间要根据产品的形状确定，细小零件的清洗时间设置为 5 ~ 10 min，大型零件清洗时间设置为 10 ~ 20 min，并要防止在清洗过程中损坏零件。

（2）加热温度一般设置为 20 ~ 30 ℃，不要太高，以防止零件变形。

（3）在清洗过程中如果发现没有清洗干净，进行第二次清洗时，需要将零件位置进行调整，以确保清洗充分。

（4）注意酒精等易燃、易爆溶剂不能加热。

六、SLA 打印产品的二次固化

1. 光敏树脂的特性

光敏树脂即 UV 树脂，由聚合物单体与预聚体组成，其中加有光（紫外线）引发剂（又称光敏剂）。光敏树脂在一定波长的紫外线（250 ~ 300 nm）照射下会立刻引起聚合反应，完成固化。其符合 SLA 技术用材料的使用要求，具有黏度低、流平快、固化速度快且收缩小、溶胀小、无毒副作用等性能特点。但是光敏树脂对光线要求较高，室内应采用黄光灯，避免紫外线照射。

2. 光敏树脂二次固化原理

光敏树脂成形是利用紫外线（UV）激光束选择性地一层一层固化聚合树脂的成形方式。打印完成的产品虽然已经成形但并没有完全固化，成形体材质较软，表面覆盖光敏树脂，需要将清洗后的产品用紫外线进行照射，使产品二次固化。经紫外线二次固化后的产品，可改善其强度和稳定性，使产品表面更加坚硬与干燥，利于后续的打磨和喷涂处理。

3. 光敏树脂二次固化的操作流程

（1）准备产品

二次固化前，SLA 打印产品必须进行清洗，产品上不能残留树脂，以防止二次固化时

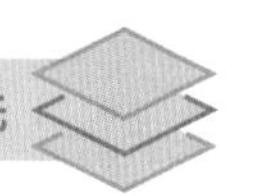

将这些残留的树脂固化，影响产品表面精度。

（2）设置固化箱的参数

设置固化时间，一般固化时间设置为 15 ~ 20 min，转盘转速设置为中速。固化箱的面板如图 2-18 所示。

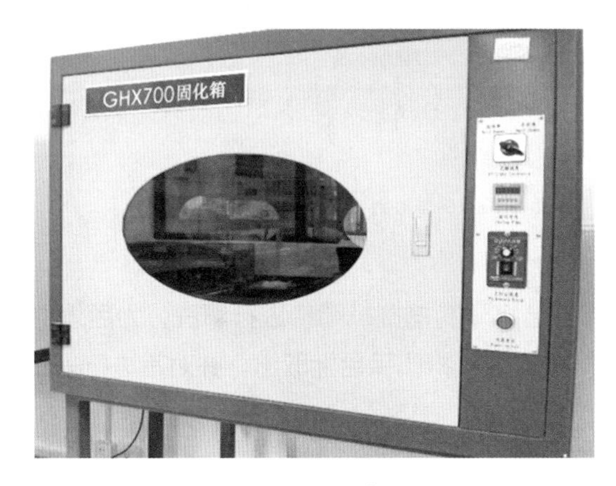

图 2-18 固化箱的面板

（3）产品固化

启动设备，达到固化时间后，打开固化箱，检查产品固化情况。由于与转盘接触的面无法固化，因此需要将产品颠倒放置，再固化一次，如图 2-19 所示。

图 2-19 SLA 打印产品固化

（4）检查固化效果

检查产品表面是否有黏性。

4. 光敏树脂二次固化操作注意事项

（1）工作环境温度合适，注意通风，以操作者不出汗为宜。

（2）操作者戴好个人防护用具，防止皮肤接触光固化液体涂料。如果皮肤接触涂料后过敏，可以每 2 h 用肥皂水清洗一次。

（3）紫外光源对人的眼睛和皮肤有危害，固化时不要直接看紫外光源，或者使其直接照射在皮肤上，看紫外光源时要戴好防护眼镜。

（4）固化前一定要先清洗 SLA 打印产品。

（5）固化时间不宜过长，防止因固化过度而使产品变脆或变形。

（6）固化后需要将产品放置在黑色密封箱中，防止阳光、灯光的紫外线长期照射。

任务实施

一、任务准备

本任务是将用 SLA 工艺打印的挖掘机零件进行清洗，为后续的打磨、抛光及喷涂做好准备。任务内容是将挖掘机零件从打印平台上取出，并对其进行去除支撑结构、清洗和二次固化处理，如图 2-20 所示。

a)

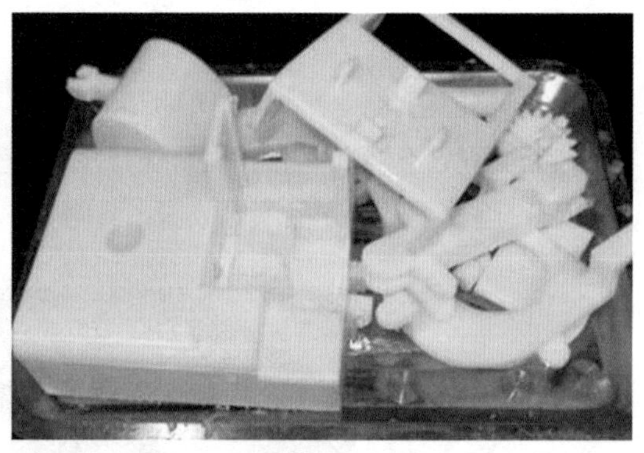

b)

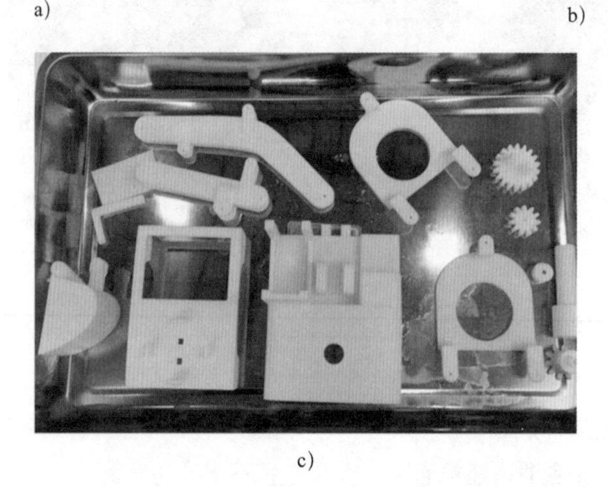

c)

图 2-20　挖掘机零件清洗任务

a）打印完成　b）去除支撑结构　c）清洗、二次固化完成

根据任务要求提前准备相应的工具、材料、设备和劳动保护用品等，见表 2-2。

▼ 表 2-2　工具、材料、设备和劳动保护用品清单

序号	类别	准备内容
1	工具	铲刀、剪钳、镊子、刷子、托盘、喷壶
2	材料	SLA 打印完成的挖掘机零件、酒精、工业擦拭纸
3	设备	超声波清洗机、紫外线固化箱
4	劳动保护用品	工作服、手套、口罩、护目镜

二、制定挖掘机零件清洗工艺

挖掘机零件数量较多，每个零件形状各异，尺寸不一。根据各零件特点分别采用不同的清洗工艺，结构简单且清洗时易于操作的零件采用手工清洗，如图 2-21 所示；结构复杂、尺寸较小的零件采用超声波清洗，如图 2-22 所示。挖掘机零件的清洗工艺为取件→去除支撑结构→手工清洗→超声波清洗→二次固化。

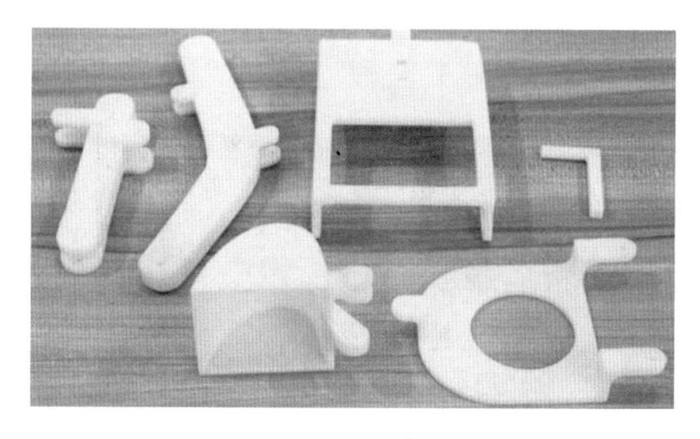

图 2-21　手工清洗零件

图 2-22　超声波清洗零件

三、挖掘机模型的清洗

穿戴好个人防护用品，按照表 2-3 所列操作步骤完成挖掘机模型的清洗工作。操作时需注意个人防护和环境保护，按照操作规范进行作业。

▼ 表 2-3　挖掘机模型清洗操作步骤

操作步骤		图示	操作内容
取件	准备取件工具	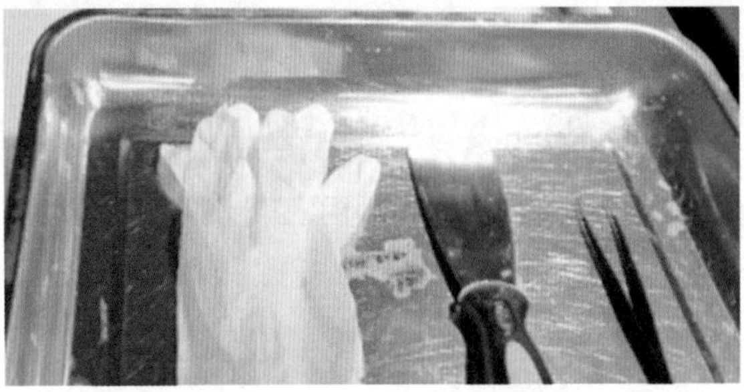	准备不锈钢托盘、手套、护目镜、口罩、铲刀、镊子、工业擦拭纸等工具
	铲取零件	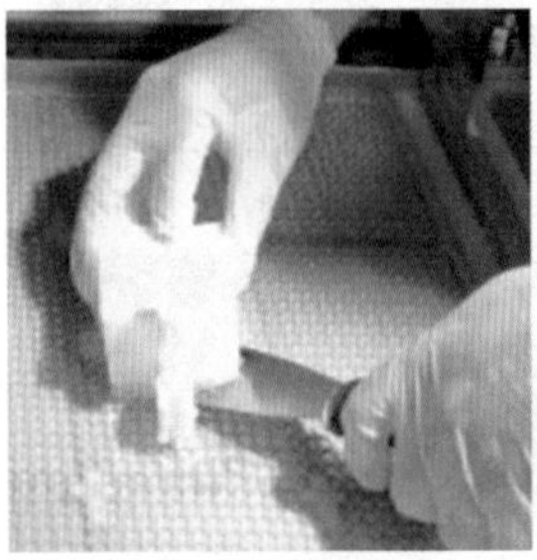 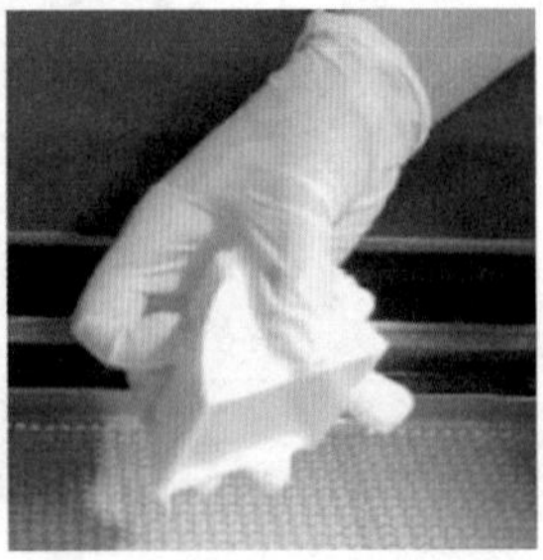	一只手扶住模型，另一只手拿铲刀，铲刀刀刃紧贴打印平台，铲刀与打印平台倾斜，将支撑结构、产品和打印平台分离，拿起模型让表面树脂滴落，然后放置于托盘中
	清洁工作平台	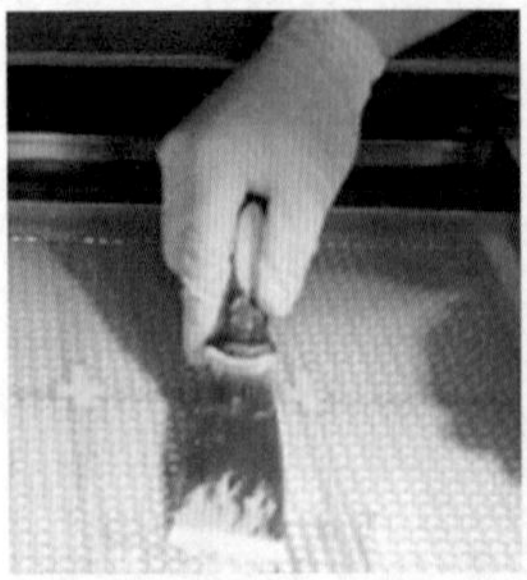 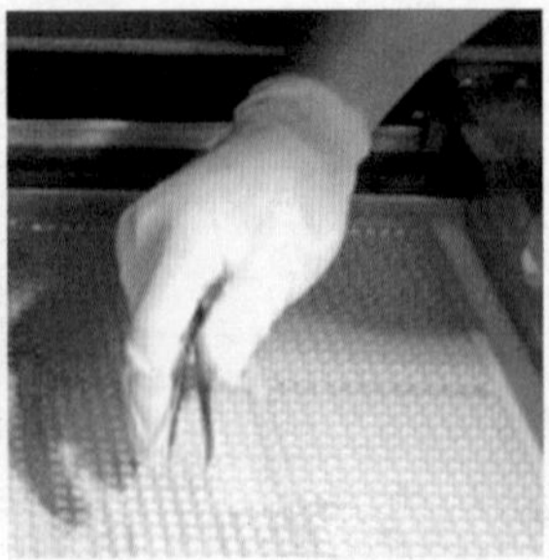	用铲刀将支撑结构和平台接触面再轻轻铲除一次，然后用镊子捡起掉落在打印平台上的支撑结构，用工业擦拭纸清洁滴落在导轨上的树脂

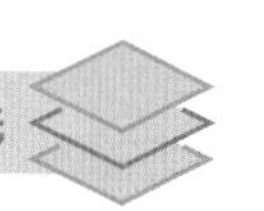

续表

操作步骤		图示	操作内容
去除支撑结构	准备去除支撑结构的用品		准备不锈钢托盘、SLA 打印产品、手套、护目镜、口罩、铲刀、剪钳、镊子、毛刷、酒精、喷壶和工业擦拭纸等
	手工去除支撑结构		拿到 SLA 打印模型后，观察模型的形状和支撑结构的位置，先用手将产品表面的支撑结构去除
	用工具去除支撑结构		根据模型形状，选择合适的工具去除用手工无法去除的支撑结构。产品表面为平面时选择铲刀，轻轻地铲除剩余的支撑结构；产品表面为曲面时则采用剪钳剪掉剩余的支撑结构；支撑结构在狭小的缝隙或者较深的产品内部时，则用镊子夹取剩余的支撑结构

续表

操作步骤		图示	操作内容
去除支撑结构	清洗工具	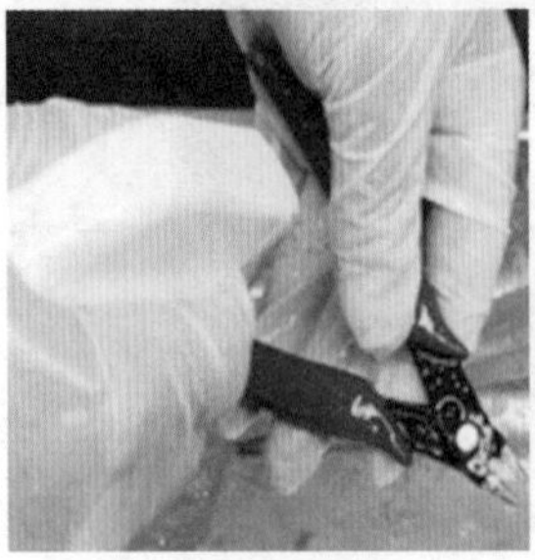 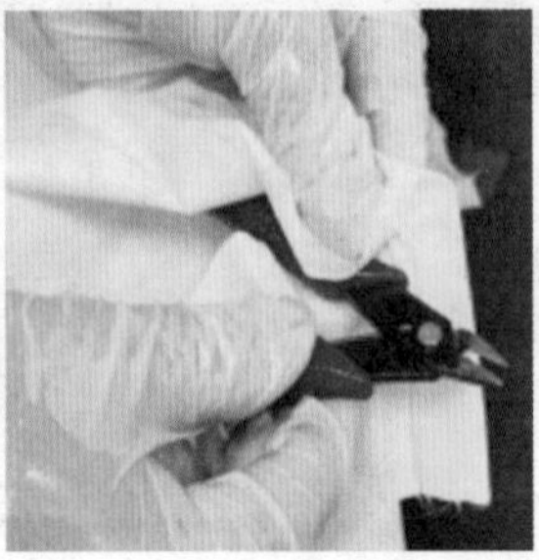	使用喷壶将酒精喷洒在工具表面，然后用工业擦拭纸将其擦拭干净，放回工具存放处
手工清洗	准备手工清洗用品		准备两个装酒精的容器、去除完支撑结构的SLA打印产品、手套、护目镜、口罩、镊子、毛刷、酒精、喷壶和工业擦拭纸等
	清除支撑结构	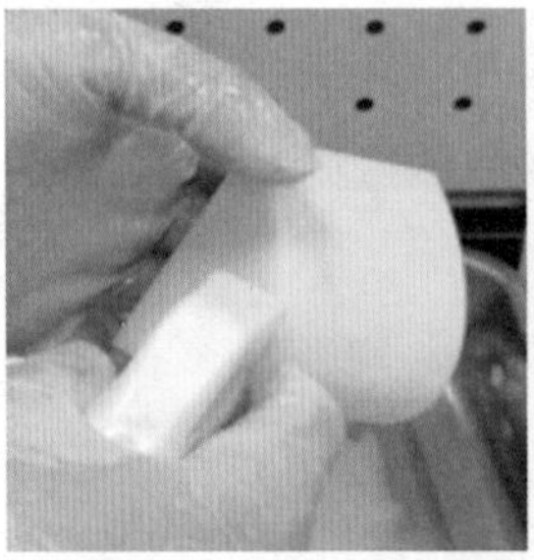 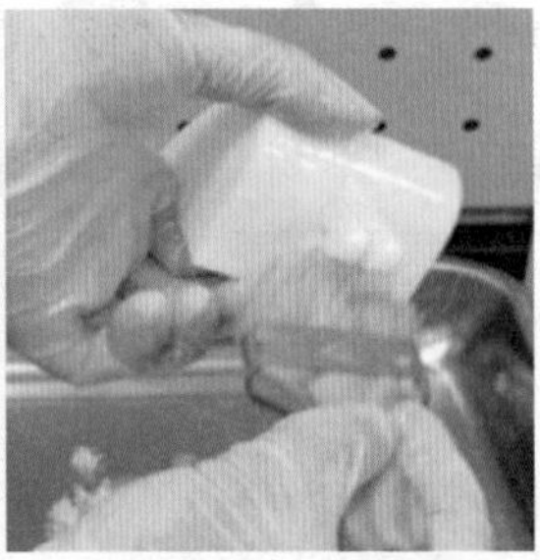	使用喷壶将酒精喷淋到初步去除完支撑结构的产品表面，用毛刷刷掉黏附在产品表面的支撑结构，最后用工业擦拭纸擦干模型
	粗洗	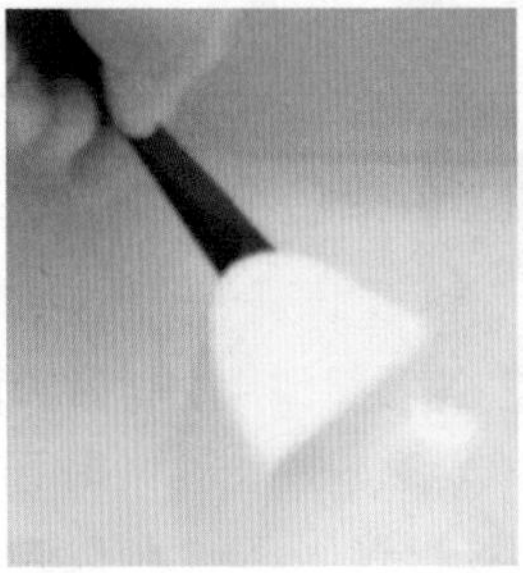 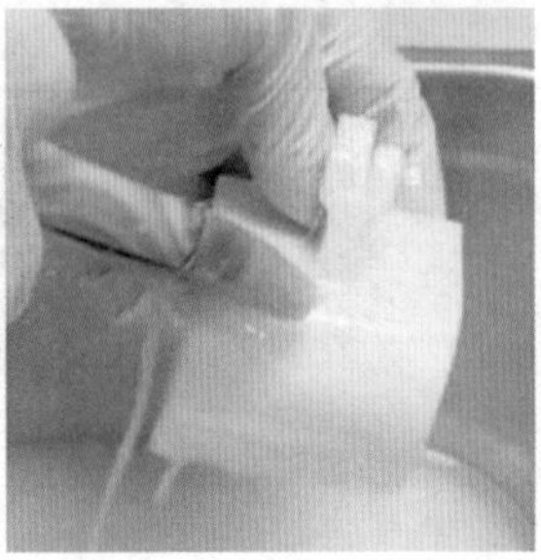	在一个容器内装入酒精，将产品完全浸泡在酒精中，用毛刷反复刷洗各表面5 ~ 10次，用工业擦拭纸擦拭干净

续表

操作步骤		图示	操作内容
手工清洗	精洗		在另一个容器内装入酒精，将产品完全浸泡在酒精中，用毛刷反复刷洗各表面 5 ~ 10 次，用工业擦拭纸擦拭干净。
超声波清洗	准备设备		准备超声波清洗机，超声波清洗机主要用于清洗产品的细小部位以及手工清洗无法完成的部位
	设置参数		不打开温度旋钮，清洗时间设置为 10 min
	粗洗		在一个容器内装入酒精，将产品完全浸泡在酒精中，用毛刷反复刷洗各表面 5 ~ 10 次，用工业擦拭纸擦拭干净

续表

操作步骤		图示	操作内容
超声波清洗	精洗	 	将模型放入清洗槽，加入酒精浸没模型，启动超声波清洗机。模型较大时需要多次翻转清洗
	清洗工具	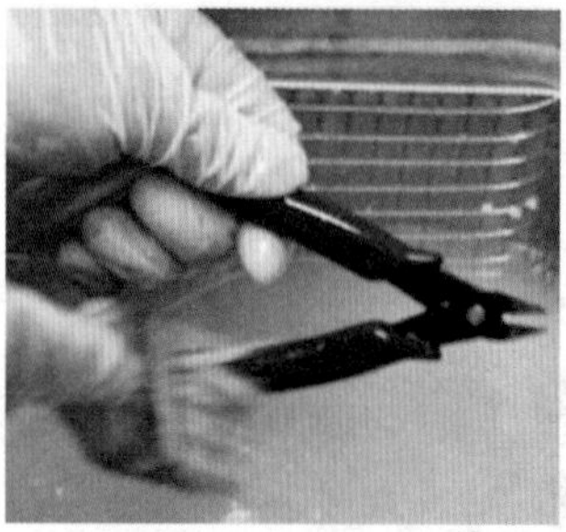 	使用酒精刷洗工具，并将其放入相应的位置。将超声波清洗机的酒精排放入酒精瓶，将酒精瓶放置在防爆柜中。废料应放入专用的存放箱
二次固化	准备设备		准备紫外线固化箱。固化箱主要用于对光敏树脂成形产品进行二次固化
	设置参数	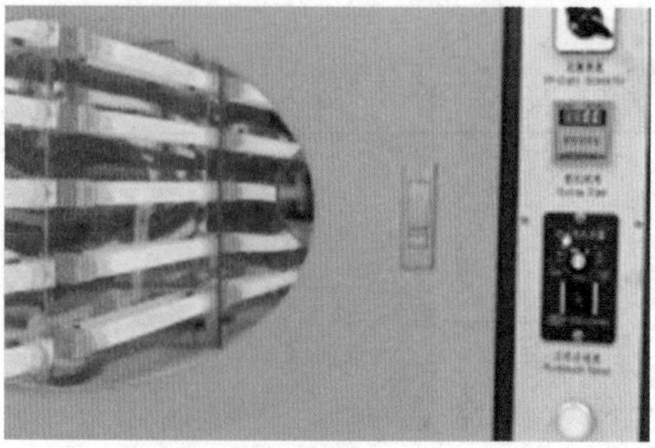	设置固化时间为20 min，设置转盘旋转速度为中速

续表

操作步骤		图示	操作内容
二次固化	固化		将 SLA 打印产品放置在转盘中央，启动固化箱
	保养设备		检查紫外线灯管，关闭电源，使用酒精擦拭转盘上的光敏树脂
清理场地			关闭电源，清洁及保养设备。清理场地，整理工具和量具

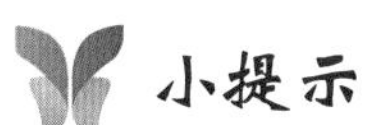

小提示

完成挖掘机模型的清洗及二次固化后，即可按照项目一的要求对挖掘机模型进行打磨及抛光，为后续的上色做好准备。

四、质量检验

1. 产品检验

对照表 2-4 检查模型的清洗质量和安全文明生产情况，并做好记录。

▼ 表 2-4　挖掘机模型清洗检验表

序号	检验内容	检验标准	配分	得分
1	取出模型	取出工具合理，没有破坏模型和打印平台	10	
2	清理平台	平台表面没有残留物，平台网孔中没有残留物	10	
3	去除支撑结构	支撑结构去除完全，工具选择正确，没有破坏模型	15	
4	清洗模型	模型清洗方法正确，清洗流程正确	10	
5	清洗质量	表面没有残留树脂，清洗完全	15	
6	二次固化	表面没有黏着感，模型没有变形	20	
7	环境保护	清洗后能正确清理工具和场地，清洗中能注意个人防护和环境保护	10	
8	物料保管	清洗前能正确取用物料，清洗后能正确保管及储存物料	10	
总分			100	

2. 产品缺陷和质量分析

参照表 2-5 所列清洗 SLA 打印产品常见缺陷的产生原因、预防措施和解决方法，对存在缺陷的产品进行修复及处理。

▼ 表 2-5　清洗 SLA 打印产品常见缺陷的产生原因、预防措施和解决方法

缺陷	产生原因	预防措施	解决方法
产品缺失	1. 去除支撑结构时将产品破坏 2. 超声波清洗时间过长	1. 熟悉产品形状 2. 掌握超声波清洗机操作方法	1. 缺失严重时需要重新打印 2. 缺失不严重则采用喷涂补土法解决
表面有黏着感	1. 清洗不干净，附着光敏树脂过多 2. 固化时间不够 3. 固化时放置位置不合理	1. 掌握 SLA 打印产品的清洗方法 2. 掌握二次固化箱的使用方法 3. 采用多种摆放位置进行固化	1. 重新清洗和二次固化 2. 对于已固化的表面黏液采用打磨法清除 3. 将有黏着感的表面朝上，再固化一次
产品变形	1. 超声波清洗时间太长 2. 光固化时间过长	1. 掌握超声波清洗机操作方法 2. 掌握二次固化箱使用方法	1. 进行机械校正后再固化 2. 薄壁零件设计时增加加强肋，防止其变形
产品开裂	光固化时间太长	掌握二次固化箱的使用方法	使用黏结剂修复

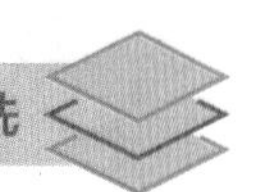

任务测评

按表 2-6 所列评分标准进行测评，并做好记录。

▼ 表 2-6　实训评分标准

<table>
<tr><th rowspan="2">序号</th><th rowspan="2">考核内容</th><th rowspan="2">考核标准</th><th rowspan="2">配分</th><th colspan="3">得分</th></tr>
<tr><th>自我评价</th><th>小组评价</th><th>教师评价</th></tr>
<tr><td rowspan="3">1</td><td rowspan="3">职业素养</td><td>1. 认真、细致、按时完成学习和工作任务</td><td>10</td><td></td><td></td><td></td></tr>
<tr><td>2. 能按要求穿戴好个人防护用品</td><td>5</td><td></td><td></td><td></td></tr>
<tr><td>3. 遵守实训室管理规定和“6S”管理要求</td><td>5</td><td></td><td></td><td></td></tr>
<tr><td rowspan="3">2</td><td rowspan="3">专业技能</td><td>1. 能正确选择并使用清洗工具和材料</td><td>20</td><td></td><td></td><td></td></tr>
<tr><td>2. 能独立使用工具对 SLA 打印产品进行清洗</td><td>20</td><td></td><td></td><td></td></tr>
<tr><td>3. 能独立完成 SLA 打印产品清洗后的质量检验与缺陷修复工作</td><td>20</td><td></td><td></td><td></td></tr>
<tr><td rowspan="2">3</td><td rowspan="2">创新能力</td><td>1. 能尝试使用新手段进行清洗</td><td>10</td><td></td><td></td><td></td></tr>
<tr><td>2. 工作过程中能经常提出问题并尝试解决</td><td>10</td><td></td><td></td><td></td></tr>
<tr><td colspan="3">小计</td><td>100</td><td></td><td></td><td></td></tr>
<tr><td colspan="4">总分 =0.15× 自我评价得分 +0.15× 小组评价得分 +0.7× 教师评价得分</td><td colspan="3"></td></tr>
</table>

项目三

3D 打印产品的上色

任务 1　3D 打印产品的自喷漆上色

学习目标

1. 了解 3D 打印产品上色的概念、用途和分类。
2. 了解涂料的组成和 3D 打印产品上色常用涂料。
3. 熟悉 3D 打印产品上色的常用工具、设备及个人防护用品。
4. 了解 3D 打印产品自喷漆上色的工艺流程。
5. 掌握 3D 打印产品自喷漆上色的特点。
6. 能独立完成 3D 打印产品的自喷漆上色，并进行质量检验与缺陷修复工作。
7. 能独立完成涂料的安全使用与管理工作。

任务描述

在前面的任务中已经完成挖掘机模型的打磨及抛光处理，通过打磨及抛光处理可以获得一个尺寸合格、表面质量较好的模型，但打印出来的模型通常颜色固定，距离美观还有一定的距离。本任务将对挖掘机模型进行上色处理，并喷涂保护层，进一步提升模型的表面质量和色彩表现力，如图 3-1-1 所示。挖掘机模型主要由规则表面构成，上色区域大多数为平面，遮盖胶带的粘贴较为简单，注意将胶带边缘贴紧、压实，自喷漆上色时需要注意操作方法，应采取少量多次的方式进行喷涂。

图 3-1-1　挖掘机模型渲染图

相关知识

3D 打印成形后得到的通常是单一颜色的模型，在外观展示上不够丰富多彩，而 3D 打印产品常用于呈现产品外观效果、展示产品设计结构、复刻古董艺术品等领域，这就需要对 3D 打印模型进行上色处理，如图 3-1-2 所示。

图 3-1-2　3D 打印产品的上色

一、上色的概念

上色是指用化学的或其他方法改变物质本身的固有色而使其上色的技术手段。通过上色可以使物体呈现出所需的各种颜色，也可以通过不同颜色的搭配呈现出所需的图案和图形。而人类之所以能看到各种绚丽多彩的颜色，主要是由于光的照射。当光线照射于物体上时，物体吸收与其颜色不同的光线，只将与其颜色相同的光线反射到人的视网膜上，作用于视觉神经中枢，从而使人的视觉产生光线明暗和色彩的变化。可以说物体本身是不带色彩的，它只是反射了各种颜色的光线，而人们看到的其实是物体反射后的色彩，如图 3-1-3 所示。

图 3-1-3　眼睛观察颜色的原理

二、上色的用途

改变物体的颜色除了能获得较好的视觉效果外，还可以用来传递情感和表达一定的含义。例如，红色被用来表达有活力、积极、热诚、温暖，也常用作警告、危险、禁止、防火等标识；橙色被用来传达欢快、丰收、富足、幸福的情绪，而且橙色可视性好，在工业安全中也常用于警戒色；黄色被用来表达辉煌、智慧、财富、骄傲，而在工业用色中，黄色常用来警告危险或提醒注意，如交通标志上的黄灯、工程用的大型机器等；绿色被用来传达清爽、理想、希望、生长的意象，符合服务业、卫生保健业的诉求，因此一般的医疗机构场所常用绿色来标示医疗用品，而在企业中为了避免眼睛疲劳，许多工作平台会采用绿色，如图 3-1-4 所示。

图 3-1-4　颜色的含义和应用

3D 打印产品受打印材料和加工工艺的限制，制作出的产品颜色比较单一，难以满足产品的外观要求，这就需要通过后期上色处理达到产品的外观要求。通过上色处理，可以使产品获得以下效果：

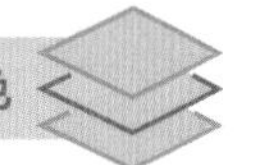

1. 改变 3D 打印产品的颜色，并通过颜色搭配、套色等获得理想的外观要求。
2. 改善 3D 打印产品的性能，提高表面硬度、耐磨性、防潮性、耐高温性等。
3. 遮盖 3D 打印产品的表面缺陷，获得理想的表面质量。
4. 通过色彩表达设计理念，传递作品情感。

三、上色的分类

3D 打印产品多以高分子材料为主，以金属、陶瓷、砂石、纸张为辅。目前，虽然已经开发出塑料的多彩打印技术，但其色彩种类有限，对打印产品颜色的处理主要还是通过后处理阶段的上色来实现的。3D 打印产品后处理阶段的上色根据上色工艺的不同，主要分为以下三大类：

1. 涂覆上色

涂覆上色是指在零件表面覆盖一层涂料以改变其颜色的方法，常用的有浸涂、喷涂、刷涂等方法。

（1）浸涂

浸涂上色是指将物体全部浸没在涂料中，待各部位都粘上涂料后再将物体取出，经控液干燥后使涂料在物体表面形成涂膜的方法。常规的浸涂操作容易产生涂层不均匀、流挂等问题，一般适用于十几克的小零件，不适合大型零件的上色处理。但浸涂法在汽车制造行业应用广泛，在浸涂过程中为了保证浸涂效果，会对被上色物体通电，以达到均匀上色的目的，称为电泳涂装，如图 3-1-5 所示。

图 3-1-5　汽车外壳的浸涂上色

（2）喷涂

喷涂上色是通过喷枪或雾化器，借助压力或离心力将涂覆材料均匀覆盖于零件表面的涂装方法。喷涂时，涂覆材料均匀地覆盖待上色物体表面，填补了零件因成形造成的台阶效应，如图 3-1-6 所示。

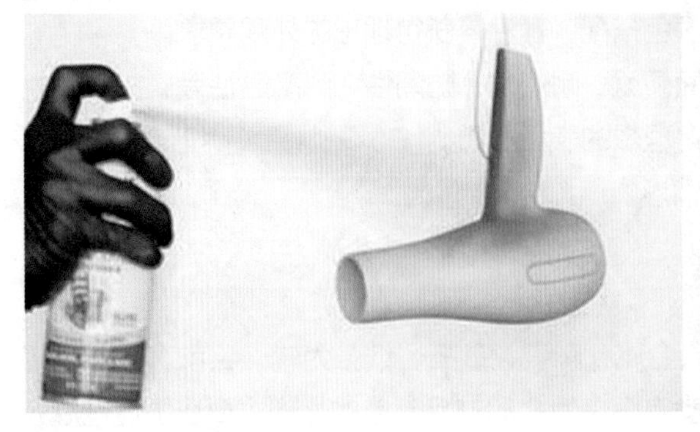

图 3-1-6　喷涂上色

进行上色处理时，应根据产品的尺寸、批量、材质等选择合适的涂覆工艺，可以使用一种工艺，也可以多种工艺一起使用。涂覆前，待上色零件表面应干净，无油脂，表面封闭且无缺陷、粉尘和杂质。

（3）刷涂

刷涂上色是指用涂色笔或刷子蘸取涂料给物体表面手工上色的方法。这种方法主要应用于细节处理及图案复杂、单件小批量产品的涂装，如图 3-1-7 所示。刷涂上色的优点是工具简单，施工方便，应用广泛，节省涂料，操作灵活且易掌握；缺点是对于速干和流动性差的涂料，刷涂不容易达到良好的平整度和装饰效果。

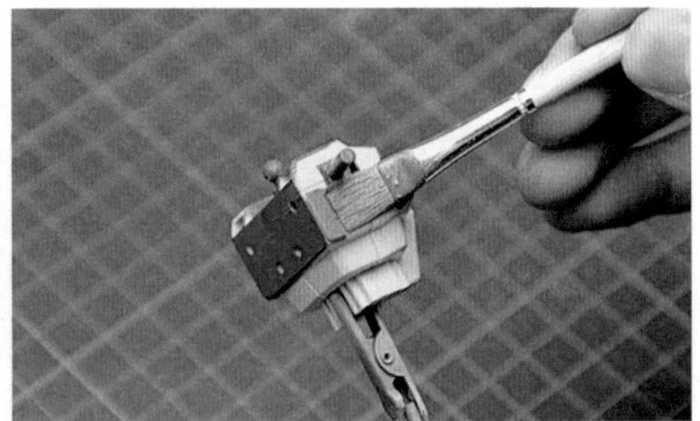

图 3-1-7　手工刷涂上色

涂覆时选择合适的涂覆材料，可以在减少零件表面台阶效应的同时满足零件的使用要求，例如，表面涂色可改善零件表面的力学性能，提高零件耐热性和耐腐蚀性，延长零件的使用寿命等。涂覆工艺并不复杂，但根据零件结构、技术要求、环境因素的不同，具体操作工艺往往会有较大调整，需要在正式操作前经多次试验以确定合适的工艺。

2. 电镀

电镀通常用于对银、不锈钢、铜等金属材料制成的 3D 打印产品进行上色，如图 3-1-8 所示。在银电镀形成的化合物中，碳酸银、氯化银为白色，溴化银为淡黄色，碘化银、磷酸银为黄色，铁氰化银为橙色，重铬酸银为红褐色，砷酸银为红色，氧化银为棕色，硫化银为灰黑色。在铜电镀形成的化合物中，硫化铜为黑色，碳酸铜为蓝绿色，氧化亚铜为红色，氧化铜为黑色，氢氧化铜为蓝色，氯化铜为棕色等。

图 3-1-8 3D 打印产品的电镀

3. 其他化学方法上色

（1）化学显色法

化学显色法是指利用溶液与金属产品表面产生的化学反应生成氧化物、硫化物等来改变产品表面颜色。如铜使用氢氧化钠变成黑色，使用硫化钾变成古铜色；铝使用硫酸变成金绿色或浅黄色等，如图 3-1-9 所示。

（2）氧化上色法

氧化上色法是指使用一定的方法让金属产品表面形成具有适当结构和色彩的氧化膜后，再对氧化膜进行上色处理，以形成多彩膜层的方法。如图 3-1-10 所示为钛合金打印轮毂氧化上色。

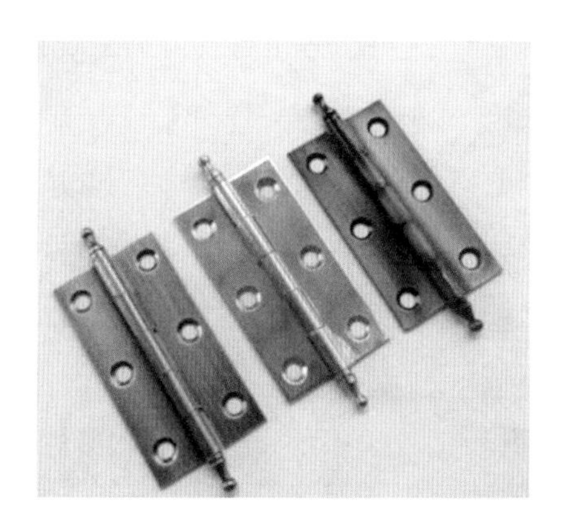

图 3-1-9 铜合页的化学显色

图 3-1-10 钛合金打印轮毂氧化上色

（3）纳米喷涂

纳米喷涂是目前世界上最先进的高科技喷涂技术之一。它采用专用设备和先进材料，利用化学原理直接喷涂，使被涂物体表面呈现金、银、铬等多种金属颜色的镜面高光，如图 3-1-11 所示。纳米喷涂可选择多种颜色，适用于各种材料，而且不受体积和形状的限制，可以同时使用多种颜色，色彩过渡非常自然。镜面光泽和电镀效果具有可比性，同一产品成本低，效果好。

图 3-1-11　纳米喷涂上色模型

四、常用上色工艺的对比和适用场合

产品的上色工艺有很多，分别适用于不同的场合、材质和大小。下面就常见上色工艺的适用场合进行简单的对比，见表 3-1-1。

▼ 表 3-1-1　常用 3D 打印产品上色工艺的对比

项目	浸涂	刷涂	喷涂	电镀	纳米喷涂
环保性	有“三废”排放	无“三废”排放	有“三废”排放	有“三废”和重金属排放	有“三废”排放
设备投资	可大可小	小	可大可小	价格较高	可大可小
颜色选择	各种颜色	各种颜色	各种颜色	金属色为主	各种颜色
适用范围	尼龙	各种材料	各种材料	金属、塑料	各种材料
待上色物体形状和体积	不受限制	受一些限制	受局部限制	受一些限制	不受限制
局部加工或颜色穿插	可以	可以	可以	不可以	可以
制作周期	1 h	3 ~ 4 h	3 ~ 4 h	电镀层厚度不同，时间不同	2 ~ 3 h
回收再利用	可以	不可以	不可以	不可以	可以
前期特殊处理	不需要	不需要	不需要	需要导电层	不需要

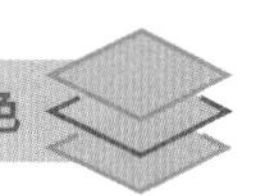

五、涂覆上色

1. 涂料的组成

涂料是指涂覆在被保护或被装饰物体表面，并能与被涂物形成牢固黏着的连续薄膜的黏稠液体。涂料通常以树脂、油、乳液为主，添加或不添加颜料、填料，添加相应助剂，用有机溶剂或水配制而成。

涂料主要由树脂、颜料、溶剂、固化剂和助剂等组成，如图 3-1-12 所示。

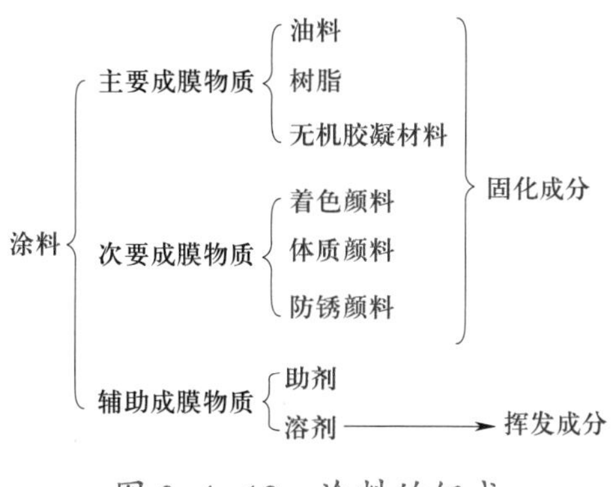

图 3-1-12　涂料的组成

（1）树脂

树脂是主要成膜物质，是涂料最基本的组成部分，因此又称基料、漆料或漆基。涂料中如果没有树脂，就不能形成具备牢固附着力的涂膜。涂料的许多特性主要取决于树脂的性能。按树脂的成膜方式不同，涂料可分为溶剂挥发型、氧化聚合型、烘烤聚合型和双组分聚合型。

（2）颜料

颜料多为细粉状，主要包括天然矿物、金属粉、化学合成的无机化合物、有机染料。将颜料掺在涂料中，能赋予涂料一定的遮盖力和颜色，并能增加涂膜的厚度，提高涂膜的耐磨性、耐热性、防锈性等。

（3）溶剂

溶剂是涂料的挥发成分，是液态涂料制造和涂装过程中不可缺少的组分之一，其作用是将涂料调整到施工所需的黏度，以改善涂料的施工性能，提高涂膜的物理性能，如展平性、光泽、致密性等。溶剂包括真溶剂、助溶剂和稀释剂，是按涂料所需要的溶解性能和挥发速度配制而成的混合物，在涂装和成膜过程中会挥发掉，留下涂料中的不挥发成分（如树脂和颜料等）形成坚固的涂膜。

（4）固化剂

固化剂主要应用于双组分涂料中，能与合成树脂发生化学反应而使其干结成膜，通常有胺类、异氰酸酯类、有机过氧化物等。

（5）添加剂（助剂）

为了满足现代工业对涂料高质量、高标准的性能要求，在涂料工业中，添加剂已经成为涂料，特别是高档涂料里不可缺少的组成部分。涂料添加剂的作用是改进涂料的生产工艺，提高涂料的质量并赋予涂料特殊功能，改善涂料的施工性能，包括光泽、耐候性、遮盖力、鲜艳性和流动性等。

2. 涂料的种类

涂料的分类方法有很多，可以按用途、层次、性状、使用对象等进行分类。对于 3D 打印后处理来说，常用的上色涂料见表 3-1-2。

▼ 表 3-1-2　3D 打印产品常用上色涂料

名称	图示	说明
硝基漆		硝基漆具有干燥快、装饰性好、户外耐候性好等优点，并可打磨、擦蜡上光；其缺点是需要较多的施工道数才能达到较好的效果，保护作用不好，不耐有机溶剂，不耐热，不耐腐蚀。硝基漆主要用于木器及家具的涂装、家庭装修、一般装饰涂装等
紫外光固化涂料		紫外光固化涂料是以涂料的固化方式命名的，它是一种在紫外线照射下能在几秒内迅速固化成膜的涂料。紫外光固化涂料是绿色环保涂料，不含任何挥发物质，是近些年发展较快的涂料
聚氨酯涂料		聚氨酯涂料具有良好的力学性能和较高的固体含量，各方面性能都比较好；缺点是施工工序复杂，对施工环境要求很高，干燥速度慢，硬度较低，涂膜容易产生缺陷。多用作地板涂料、防腐涂料、预卷材涂料等

续表

名称	图示	说明
不饱和聚酯树脂涂料		不饱和聚酯树脂涂料具有强度高、密度低、耐腐蚀和绝缘性能好等优点；缺点是有毒性，存放不安全，容易出现火灾，操作难度大（其比例成分控制极为严格）。其主要用于钢琴烤漆
自喷漆		自喷漆的特点是手摇自喷，方便，环保，流平性好，喷出率高，干燥迅速，毒性较低，味道小，消散快，可以轻松遮盖 3D 打印模型的底色，因此是 3D 打印模型喷涂的首选
丙烯颜料		丙烯颜料价格较低，用水即可调和，除了用作刷涂，也可以与喷笔配合在 3D 打印模型上使用，其特点是颜色艳丽，操作简单，速干且防水，漆面持久性好，基本无毒性

3. 涂覆上色常用工具、材料、设备和个人防护用品

（1）常用工具、材料和设备

3D 打印产品上色过程中需要使用相关工具、材料和设备，表 3-1-3 所列为涂覆上色常用工具、材料和设备的名称和用途。

▼ 表 3-1-3 常用工具、材料和设备的名称和用途

名称	图示	用途
调色皿	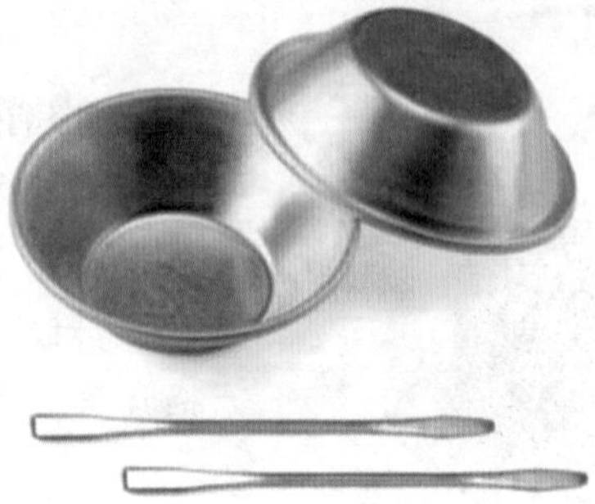	模型上色时用于调色的小器皿。使用时，将涂料和溶剂按比例在调色皿中混合，因为溶剂是腐蚀性化学制剂，所以必须在金属皿中进行混合
涂色笔		手工刷涂多采用油画笔，一般笔杆为木制，笔毛为猪鬃。油画笔用完后需将笔上的颜色彻底清洗干净，挤净溶剂，并用报纸按笔形包好备用
取色吸管	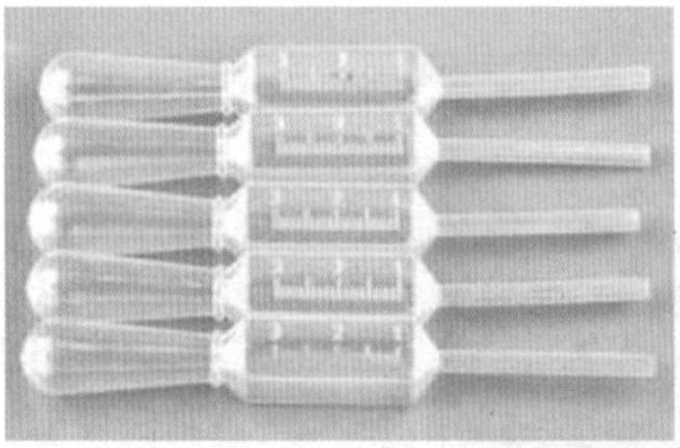	用于颜料的转移、稀释和调色时的取色
喷笔	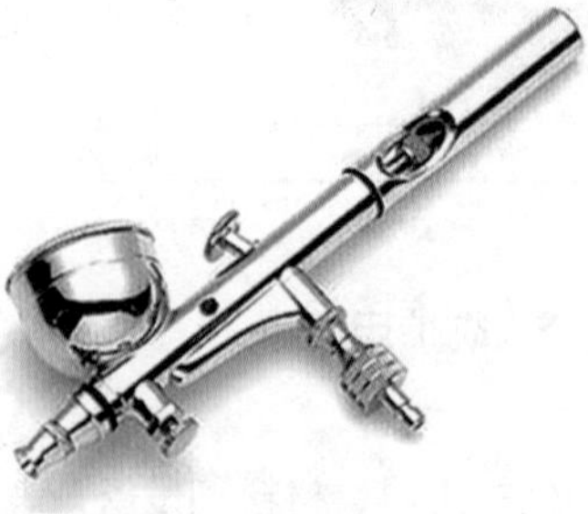	喷笔是一种精密仪器，能产生十分细致的线条及柔和的渐变效果。与手涂上色相比，可以更均匀地喷涂涂料，容易实现大面积上色而无色差；与喷罐喷涂相比，色彩丰富，任意可调

续表

名称	图示	用途
空气压缩机		可作为喷笔和气动打磨工具的动力源。空气压缩机启动时噪声较高，建议单独放置
上色夹		用于小件上色时夹持被上色物体，方便模型上色。在涂膜干燥过程中可将上色夹插入泡沫板，以方便上色物体涂膜的干燥
泡沫板		在涂膜干燥过程中可将上色夹插入其中，以方便上色物体涂膜的干燥
旋转上色台		用于大件上色，上色时应在旋转上色台上覆盖纸张等，以防止污染旋转上色台

续表

名称	图示	用途
遮盖胶带		遮盖胶带是模型上色中不可缺少的工具，可以帮助遮盖不必上色的区域，让模型拥有清晰的色区边缘
擦拭棒	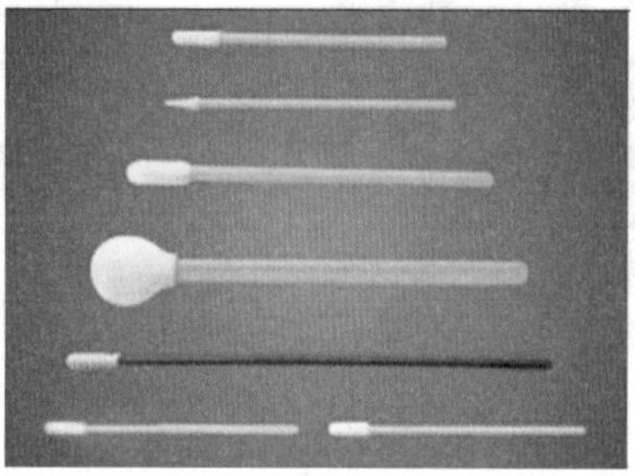	擦拭棒是工业上使用的一种无尘擦拭耗材，用于上色过程中的擦拭
工业擦拭纸		工业擦拭纸是由原生木浆和长纤维材料经特殊加工而制成的，其质地纯净，结实而不易碎烂，可高效吸水、吸油。常用于上色过程中擦拭和涂色后的清理

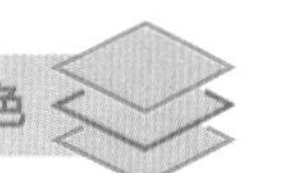

（2）辅助设备

涂覆上色常用的辅助设备有气滤箱、水幕机和烤箱等，其名称和用途见表 3-1-4。

▼ 表 3-1-4　常用的辅助设备名称和用途

名称	图示	用途
气滤箱		利用排风过滤系统捕捉扩散的漆雾
水幕机		利用水流捕捉扩散的漆雾，比气滤箱占地面积大，造价高
烤箱		用于在喷涂上色后加速涂膜干燥

（3）个人防护用品

1）口罩。口罩是一种卫生用品，一般戴在口鼻部位，用于过滤进入口鼻的空气，以阻挡有害气体、气味、飞沫等进入佩戴者口鼻，口罩常用纱布、无纺布和熔喷布等制成，如图 3-1-13a 所示。口罩对进入肺部的空气有一定的过滤作用，在呼吸道传染病流行时，在粉尘等污染的环境中作业时，戴口罩具有非常好的过滤作用。

2）丁腈手套。丁腈手套主要由丁腈乳胶制成，如图 3-1-13b 所示。其特点是耐穿刺、耐油和耐有机溶剂；其表面进行了麻状处理，可避免使用时手中的器具滑落；具有高抗拉强度，可避免穿戴时的撕裂；进行无粉处理后，易于穿戴，可有效防止皮肤过敏。

3）防护眼镜。防护眼镜（见图 3-1-13c）是一种起特殊作用的眼镜，使用的场合不同，对防护眼镜的需求也不同，如医院用的手术眼镜、焊接时用的焊接护目镜、激光雕刻中用的激光防护眼镜等。防护眼镜在工业生产中又称劳保眼镜，其作用主要是使眼睛和面部免受紫外线、红外线和微波等的辐射，以及粉尘、烟尘、金属和砂石碎屑及化学溶液溅射的损伤。

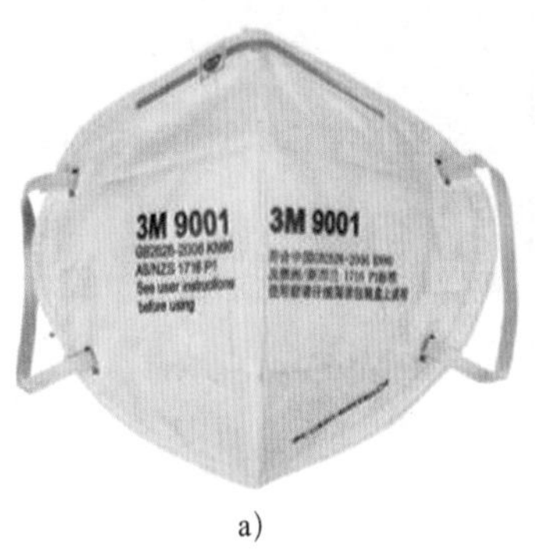

a)

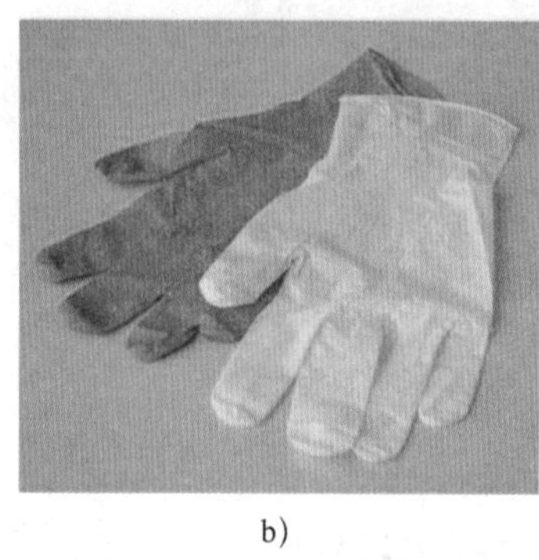
b)

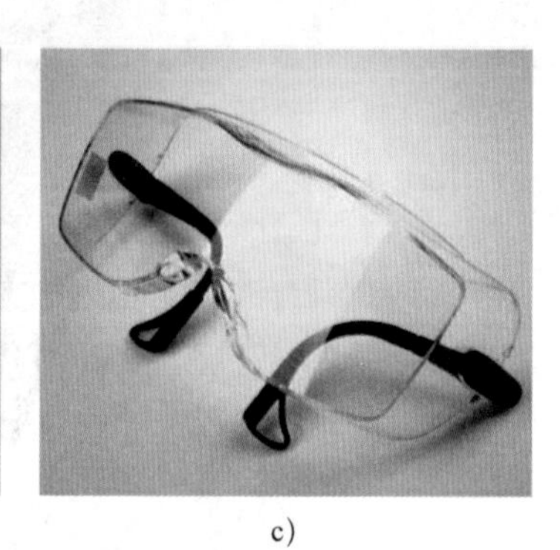
c)

图 3-1-13　个人防护用品
a）口罩　b）丁腈手套　c）防护眼镜

4. 涂覆上色的环境要求

为保证涂覆材料良好的附着效果，无论采用哪种操作方法，都必须满足以下环境要求：

（1）照明

喷涂环境要求宽敞、明亮，光线应接近自然光，以便于观察涂覆效果。

（2）防尘

应安装空气滤清系统，防止零件二次污染，保证涂层质量。

（3）换气

换气系统要求有双向气流过滤作用，防止双向污染。

（4）防火

喷涂过程中，往往会使用易燃、易挥发溶剂，喷涂时须禁止明火、抽烟等危险行为。

（5）防静电

零件带有静电会吸附微小尘埃，不利于涂料附着。应使用干净的棉布擦拭零件，以消除静电。

（6）环境湿度

湿度过高时，漆面附着力降低，容易掉漆，漆面还可能出现泛白的情况。应增加除湿装置，确保喷漆环境的湿度在 60% 以下。

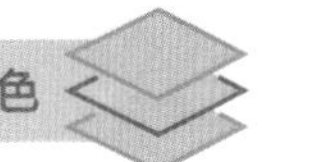

六、自喷漆上色

自喷漆即气雾漆，是把涂料通过特殊的方法处理后采用高压灌装，方便喷涂的一种涂料，如图 3-1-14 所示。自喷漆色彩丰富艳丽，装饰效果好，操作灵活方便，涂膜干燥迅速且有光泽，但对人体有一定的危害性。自喷漆上色广泛用于各种金属、木材、塑料、玻璃等材料的涂装。

图 3-1-14　自喷漆

自喷漆的分类方法较多，按成分不同可分为硝基漆类、醇酸类、热塑性丙烯酸类等几大类；按状态不同可分为油性漆和水性漆，水性漆是以水为稀释剂的一种涂料，无毒无味，且对人体危害小，是一种环保涂料。自喷漆的颜色非常丰富，其色卡如图 3-1-15 所示。

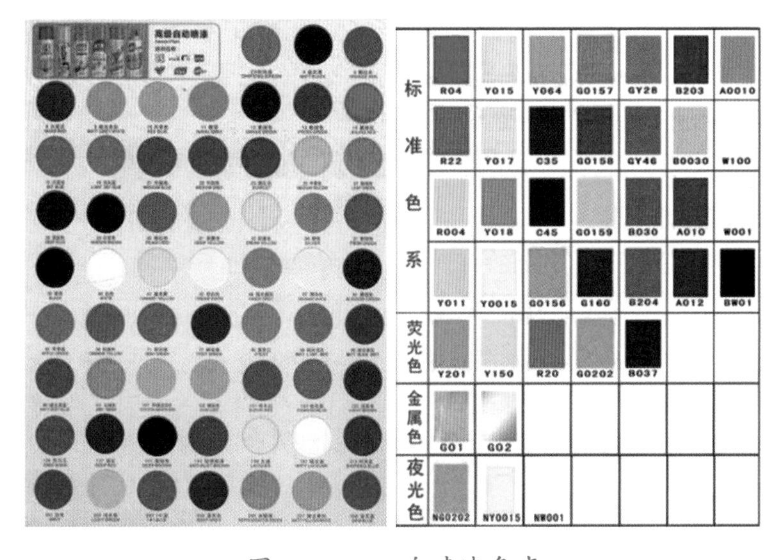

图 3-1-15　自喷漆色卡

1. 自喷漆上色的加工工艺

（1）模型预处理

产品在喷涂前需要进行一些预处理，以方便其上色，使涂膜更容易附着，增加涂膜的牢固程度，防止出现喷涂缺陷。通常可以用酒精擦拭模型的表面，对模型进行除油处理，对模型表面进行打磨，减小其台阶效应，避免后期上色遮盖不足或为了遮盖台阶效应而使涂膜过厚。

（2）遮盖处理

遮盖处理属于预处理的一部分，是指在喷涂前对不需要上色的位置进行遮盖。

（3）喷涂底漆

底漆是指直接涂在经过预处理的基材表面的涂料，是模型上的第一层漆。底漆能填补模型小凹坑，使模型平整，颜色统一，提高面漆的附着力，而且通过喷涂底漆也可以发现之前预处理的瑕疵。

（4）检查底漆

底漆每喷涂一层，在干燥后都需要进行检查，如漆面有喷涂缺陷，可以用高型号砂纸将漆面打磨平整后再喷涂底漆，直至底漆漆面平整、光滑为止。

（5）喷涂面漆

面漆是涂层中最外层的漆面，主要起装饰和保护作用，面漆的喷涂质量直接影响整个涂膜的质量。面漆与底漆的区别是两者的作用和喷涂顺序不同，在颜色选择上要恰当，以防止出现面漆不能遮盖底漆的情况。

（6）缺陷处理

如在面漆喷涂过程中出现喷涂缺陷，需及时进行处理，如需要用砂纸打磨，要选择 2 000 目以上的砂纸并且避免将漆面磨穿。

（7）喷涂光油

喷涂光油的作用是使漆面形成高光效果，同时形成保护层，使漆面不易氧化和脱落，延长漆面使用寿命。为使光油层亮度更高，效果更好，可以使用 2 000 目以上的砂纸进行打磨，打磨后可以使用抛光膏、水蜡继续进行处理，使漆面呈现镜面效果。

2. 自喷漆上色的使用方法

（1）上色前需清理模型表面的油污和粉尘，确保模型表面干燥。

（2）使用自喷漆喷涂前，应反复摇动罐体，使漆液充分混合。

（3）喷涂前应在试板上小面积喷涂，测试自喷漆的效果。

（4）喷涂时应保持罐体直立。

（5）喷涂时应保持自喷漆与模型距离约 20 cm，按下喷头并保持 30 ~ 60 cm/s 的速度均匀喷涂。

（6）可多次喷涂，每隔 5 ~ 10 min 喷涂一层，涂层要薄，多次喷涂直到满意为止。如果对喷涂后的效果不满意，可以使用高型号砂纸打磨后再次喷涂。

（7）自喷漆的喷涂手法是先从左到右薄喷第一层，覆盖整个面；再从上到下薄喷第二层，覆盖整个面；最后进行局部补喷。

任务实施

一、任务准备

根据挖掘机模型的涂装要求，各部分漆面颜色如下：整体主色为黄色，履带为黑色，驾驶员为彩色，漆面要求有光泽并覆盖原色，不能有喷涂缺陷，其效果图如图 3-1-16 所示。

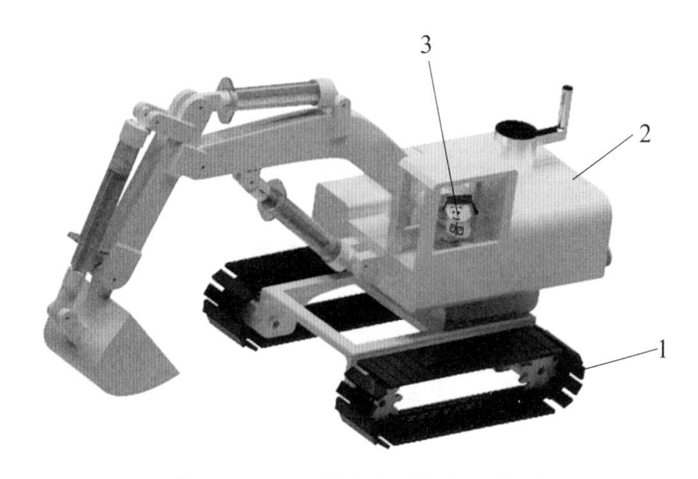

图 3-1-16　挖掘机模型效果图

1—履带　2—主体　3—驾驶员

根据任务要求提前准备相应的工具、材料和劳动保护用品等，见表 3-1-5。

▼ 表 3-1-5　工具、材料和劳动保护用品清单

序号	类别	准备内容
1	工具	剪刀、壁纸刀、上色夹、泡沫板、工业擦拭纸、擦拭棒、旋转上色台
2	材料	已完成打磨的挖掘机零件、酒精、灰白色底漆、黄色面漆、光油、遮盖胶带、海绵砂纸、试喷纸
3	劳动保护用品	工作服、手套、口罩、护目镜

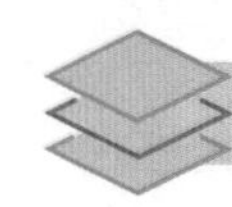

二、制定挖掘机模型上色工艺

根据挖掘机模型的上色任务要求，模型外形比较大，但是形状简单，为了提高上色效率，选择自喷漆上色工艺。上色前，要求模型已完成预处理。模型自喷漆上色的工艺如下：模型预处理→喷涂底漆→处理缺陷后喷涂面漆→喷涂光油。

三、挖掘机模型的自喷漆上色步骤

穿戴好个人防护用品，根据表 3-1-6 所列的操作步骤完成挖掘机模型的自喷漆上色工作。操作时需注意个人防护和环境保护，按照设备操作流程使用设备。如果没有喷涂防护设备，可穿戴好个人防护用品，在无风的户外进行喷涂操作。

▼ 表 3-1-6　挖掘机模型的自喷漆上色操作步骤

操作步骤		图示	操作内容
模型预处理	擦拭模型		使用工业擦拭纸或擦拭棒蘸酒精擦拭模型表面，去除模型表面的油渍、指纹、灰尘。在擦拭和干燥过程中要注意防火
	遮盖模型		使用遮盖胶带遮盖住不需要喷涂的位置
	制作喷涂夹具		准备木棒、模型、胶水，根据模型特征，在非喷涂面制作喷涂手持夹具

续表

操作步骤		图示	操作内容
喷涂底漆	喷涂水补土		检查无误后对模型各零件喷涂中灰色水补土。在喷涂小零件时，手持竹签或遮盖胶带位置，喷涂完成后，把竹签插入泡沫板中
	底漆干燥		设置干燥箱温度为 40 ~ 50 ℃，干燥时间为 5 ~ 10 min，提高干燥效率
	检查底漆		待底漆干燥后检查喷涂效果，底漆干燥前不得用手去接触漆面，干燥后须戴手套触摸和检查，防止手上的汗液和油脂污染漆面 底漆要完全遮盖基材，不得有喷涂缺陷，如有喷涂缺陷可使用砂纸进行打磨，再次喷涂白色底漆，底漆一般喷涂 2 ~ 3 次

续表

<table>
<tr><th colspan="2">操作步骤</th><th>图示</th><th>操作内容</th></tr>
<tr><td rowspan="3">喷涂面漆</td><td>试喷面漆</td><td>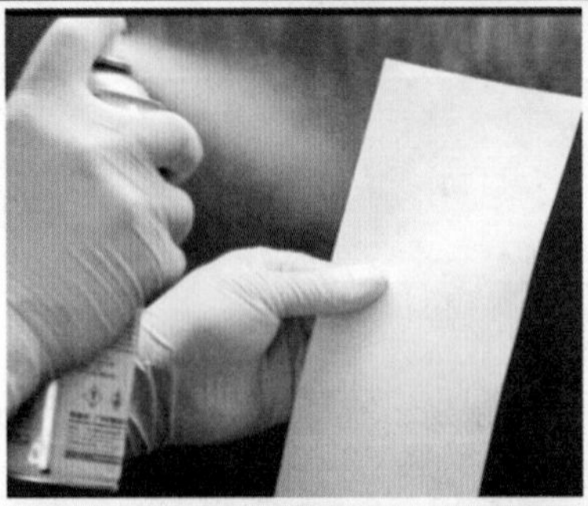</td><td>充分摇匀自喷漆罐中的漆液，然后在试喷纸上进行试喷，检查自喷漆的颜色、自喷漆罐的压力和喷嘴状态</td></tr>
<tr><td>实际喷涂</td><td></td><td>待底漆完全干燥后，喷涂黄色面漆，喷涂时采用薄喷和多次喷涂的方式，通常喷涂 2 ~ 3 次就可完全遮盖底漆</td></tr>
<tr><td>检查面漆</td><td>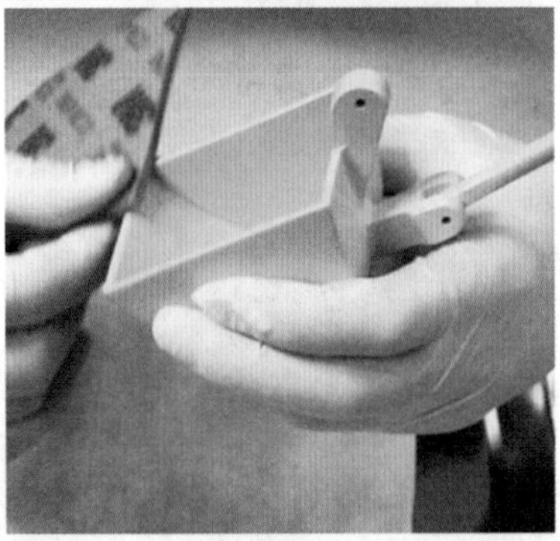</td><td>每喷涂一层面漆，就应检查一次喷涂效果，如有喷涂缺陷要及时处理后再进行喷涂</td></tr>
<tr><td colspan="2">喷涂光油</td><td>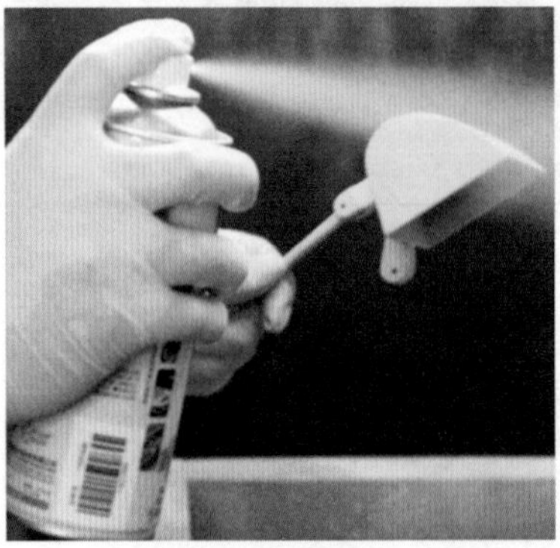</td><td>光油一般喷涂 2 ~ 3 层，光油的喷涂必须在面漆完全干燥后进行，喷涂光油是整个喷涂的最后操作，喷涂时要注意自喷漆罐的操作方法
如光油层需要进一步处理，应增加光油的喷涂层数，且必须等光油层彻底干燥后再进行处理，在打磨时操作要轻柔，以免将光油层磨穿</td></tr>
</table>

续表

操作步骤	图示	操作内容
清理场地		使用酒精或溶剂擦拭模型、工具及清扫场地时，现场禁止出现明火，并应开窗通风，清扫人员穿戴个人防护用品，蘸有酒精和溶剂的工业擦拭纸应丢弃在专用的垃圾桶中

采用自喷漆上色时，经常会遇到自喷漆罐堵嘴和喷涂压力下降等问题，其产生原因、预防措施和解决方法见表 3-1-7。

▼ 表 3-1-7　自喷漆操作常见问题的产生原因、预防措施和解决方法

问题	产生原因	预防措施	解决方法
堵嘴	1. 喷涂前漆液未充分摇匀，罐底沉积涂料堵塞喷嘴	1. 喷涂前充分摇匀漆液	1. 摇匀漆液后倒置漆罐喷涂 3 s，用气体冲开堵塞的喷嘴
	2. 喷涂前摇动漆液用力过猛，导致搅拌子（玻璃珠）破碎堵塞喷嘴	2. 掌握摇动漆液的正确方法，避免摇动漆液时用力过猛	2. 更换新喷头
	3. 喷涂后没有倒置漆罐清洗喷嘴，致使余漆堵塞喷嘴	3. 若一次喷涂后漆液用不完，应倒置漆罐喷涂 3 s，清除喷嘴余漆后再存放，以确保下次能正常使用	3. 更换新喷头
	4. 存放过程中倒置或侧倒	4. 存放过程中注意不要倒置或侧倒罐身	4. 增加摇匀漆液的次数
	5. 自喷漆过期	5. 定期检查自喷漆使用期限，避免使用过期自喷漆	5. 自喷漆过期后不能使用，按照自喷漆回收处理规定进行回收
喷涂压力下降	1. 喷涂时有倒喷现象	1. 掌握正确的喷涂技术，避免倒喷	1. 采用正喷的方法喷涂
	2. 喷涂时漆罐过度倾斜，倾斜角超过 45°	2. 喷涂时避免漆罐倾斜角超过 45°	2. 喷涂时倾斜角小于 45°
	3. 自喷漆过期	3. 定期检查自喷漆使用期限，避免使用过期自喷漆	3. 自喷漆过期后不能使用，按照自喷漆回收处理规定进行回收

四、质量检验

1. 产品检验

对照表 3-1-8 检查模型的自喷漆上色质量和安全生产情况，并做好记录。

▼ 表 3-1-8　挖掘机模型自喷漆上色质量检验表

序号	检验内容	检验标准	配分	得分
1	遮盖胶带	遮盖胶带粘贴紧密，喷涂后无漏漆现象	10	
2	底漆质量	底漆喷涂良好，无细节遮盖、流挂等喷涂缺陷	15	
3	打磨质量	无打磨缺陷、锉削痕迹、零件尺寸错误	10	
4	面漆质量	面漆喷涂良好，无未遮盖、露底漆现象	15	
5	喷涂质量	模型整体喷涂良好，无喷涂缺陷	30	
6	环境保护	喷涂后能正确清理工具和场地，喷涂中能注意个人防护和环境保护	10	
7	物料保管	喷涂前能正确取用物料，喷涂后能正确保管及储存物料	10	
总分			100	

2. 喷涂常见缺陷分析和处理

参照表 3-1-9 所列喷涂常见缺陷的产生原因、预防措施和解决方法，对存在缺陷的产品进行修复及处理。

▼ 表 3-1-9　喷涂常见缺陷的产生原因、预防措施和解决方法

缺陷	产生原因	预防措施	解决方法
遮盖不足	1. 喷涂前漆液未充分摇匀 2. 喷涂时漆罐倾斜角过大，使喷出物中气体含量高，漆液被稀释	1. 喷涂前先试喷 2. 掌握正确的喷涂技术，避免倒喷、斜喷	1. 喷涂前充分摇匀漆液 2. 重复喷涂一次
	3. 喷涂场地温度过低	3. 避免在阴雨、寒冷的天气施工	3. 在室温环境下施工或将喷涂完的零件放入 50 ~ 60 ℃加热设备中
	4. 一次性喷涂过厚	4. 调整喷涂距离，进行多次喷涂	4. 用海绵砂纸打磨过厚的部位后重新喷涂

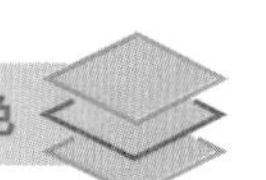

续表

缺陷	产生原因	预防措施	解决方法
流挂	1. 喷嘴离被涂面太近 2. 喷嘴移动速度太慢 3. 喷涂环境通风不良 4. 喷涂时各层间干燥时间不足 5. 喷涂表面受污染	1. 采用正确的喷涂距离（15 ~ 25 cm） 2. 保持正常的喷嘴移动速度（30 ~ 60 cm/s） 3. 保持喷涂环境通风良好 4. 视气温高低设定相应层间干燥时间（3 ~ 10 min） 5. 喷涂前确保被涂面完全清洁	1. 轻微流挂待涂膜彻底干固（室温 16 h）后用 1 500 目以上的砂纸打磨平整，再打蜡及抛光即可 2. 严重流挂待其充分干燥后用 800 目以上的砂纸打磨平整后重喷 3. 安装通风系统 4. 使用烘干机，确保干燥时间 5. 用海绵砂纸打磨被污染部位后再喷涂一次
咬底	1. 底漆和面漆不配套，面漆溶剂对底漆有溶解性 2. 底漆层未干透即施喷面漆 3. 面漆一次施喷过厚	1. 在不配套的底漆和面漆间加喷灰色中涂漆 2. 确保底漆层干透 3. 施工时宜薄喷数遍，每遍间留足干燥时间	1. 待涂膜彻底干燥后，使用海绵砂纸打磨掉咬底部位，填补底灰，待其干燥、平整后加喷中涂漆，干燥后再喷涂面漆 2. 使用烘干机，确保干燥时间 3. 用海绵砂纸打磨掉过厚处后再喷涂一次
橘皮	1. 喷涂距离过远或过近 2. 漆液雾化不均匀 3. 一次喷涂过厚或过薄	1. 掌握正确的喷涂技术 2. 充分摇匀漆液或适当加热 3. 用食指按压喷头时用力均匀，保证出漆量均匀、恒定	轻度橘皮可待涂膜彻底干燥后用 1 500 目以上的砂纸打磨平整，再打蜡及抛光去除；严重橘皮待涂膜干燥后用 800 目以上的砂纸打磨后重喷
气泡、漆粒	1. 漆液未混合均匀 2. 用手指按压喷头用力不均匀，喷嘴出漆不畅，造成积漆 3. 涂膜喷涂过厚 4. 被涂物表面受污染	1. 喷涂前用力振动漆罐至漆液混合均匀 2. 匀速喷涂 3. 控制喷涂距离，由远到近喷涂 4. 喷涂前彻底清洁被涂物表面	轻微气泡、漆粒可待干燥后用干净棉布擦净后继续喷涂；严重气泡、漆粒待涂膜彻底干燥后用 1 000 目砂纸打磨平整后重喷

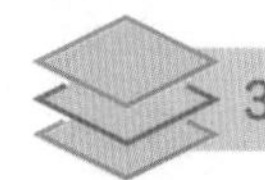

续表

缺陷	产生原因	预防措施	解决方法
漆面剥落	1. 底材有油污、水渍、锈蚀或灰尘等 2. 底材金属表面过分光滑或未加打磨 3. 旧底漆层老化、粉化、脆裂等所致	1. 确保被涂物表面完全清洁 2. 喷涂前用砂纸将金属表面磨粗 3. 清除老化涂层后再喷涂面漆	用海绵砂纸打磨剥落部位及周边附着不牢部分后重新喷涂

任务测评

按表 3-1-10 所列评分标准进行测评，并做好记录。

▼ 表 3-1-10　实训评分标准

序号	考核内容	考核标准	配分	得分		
				自我评价	小组评价	教师评价
1	职业素养	1. 认真、细致、按时完成学习和工作任务	10			
		2. 能按要求穿戴好个人防护用品	5			
		3. 遵守实训室管理规定和“6S”管理要求	5			
2	专业技能	1. 能正确选择并使用自喷漆上色工具和材料	20			
		2. 能独立使用自喷漆对 3D 打印产品进行上色处理	20			
		3. 能独立完成 3D 打印产品上色后的质量检验与缺陷修复工作	20			
3	创新能力	1. 能尝试使用新手段进行上色处理	10			
		2. 工作过程中能经常提出问题并尝试解决	10			
小计			100			
总分 =0.15× 自我评价得分 +0.15× 小组评价得分 +0.7× 教师评价得分						

任务 2 3D 打印产品的喷笔和笔涂上色

学习目标

1. 了解不同上色方法的特点和应用场合。
2. 了解喷笔的工作原理和结构。
3. 掌握 SLA 打印产品笔涂上色的特点和工艺流程。
4. 能熟练使用喷笔和笔涂上色工具与材料。
5. 能独立完成 3D 打印产品的笔涂上色，并进行质量检验与缺陷修复工作。
6. 能独立完成涂料的安全使用和管理工作。

任务描述

在前面的任务中已经完成了挖掘机模型的自喷漆上色处理，通过自喷漆上色可以改变挖掘机模型的颜色，将其处理成所需的样子，但对于图 3-2-1 所示的手办模型，自喷漆上色很大程度上限制了色彩的多样性，很难在一个模型上表现出多种色彩和复杂的图案，使用遮盖胶带和遮盖液进行自喷漆上色也比较烦琐。在接下来的任务中要对前面抛光后的驾驶员模型进行笔涂上色处理，也可以使用喷笔对模型进行上色处理，以进一步提升模型的表面质量和色彩表现力。

本任务就是通过笔涂上色将前面打磨好的挖掘机驾驶员模型进行上色处理，如图 3-2-2 所示。挖掘机驾驶员模型主要由曲面构成，无内部型腔。

图 3-2-1 手办模型

图 3-2-2 挖掘机驾驶员模型

相关知识

一、喷笔的工作原理、分类、结构和特点

1. 喷笔的工作原理

喷笔是一种利用高压气体将涂料雾化后喷出进行上色的工具，空气在喷嘴处与涂料混合，并使其雾化，漆雾可以通过相关旋钮进行调节。简单来说，按下阀门按钮，连带压下气阀，使高压空气喷出，并导向喷笔的喷口处，然后将喷针后拉，使喷嘴与喷针之间出现间隙，涂料在通过间隙时与喷出的高压空气相混合，通过喷嘴处的出气小孔后被吹成雾状，然后传输到喷嘴和喷针上，最后覆盖在待上色的物体表面。如图 3-2-3 所示为喷笔上色。

图 3-2-3 喷笔上色

2. 喷笔的分类

喷笔按照外形不同大致可分为马克笔喷笔、笔形喷笔和枪形喷笔。

（1）马克笔喷笔

马克笔喷笔只有单动的按钮，其构造与喷雾器近似，如图 3-2-4 所示。其优点是价格较低，颜色多，无污染，不用清洗喷枪；缺点是喷嘴与喷气口没有对准就无法喷出涂料，适用于细微图案的喷涂。

（2）笔形喷笔

笔形喷笔按照出气与出漆方式不同可分为单动型喷笔、双动型喷笔和可调气阀双动型喷笔。单动型喷笔按下按钮可同时控制出气与出漆，出漆量无法调整，只能通过气阀进行调整，如图 3-2-5 所示。其优点是结构简单，质量轻，操作简单，价格较低；缺点是浪费涂料，喷漆笔道的粗细无法调整，不适合喷涂复杂的模型。

双动型喷笔按下按钮只能出气，后拉按钮才能喷出涂料，尾部的喷针后拉调节阀可以控制出漆量，如图 3-2-6 所示。该类喷笔可以完成各种复杂的喷涂，是性价比很高的一款工具。其优点是喷涂范围广泛，效果好；缺点是结构复杂，操作难度大。

可调气阀双动型喷笔与双动型喷笔相比，主要是给喷笔增加了一个调节气体的旋钮，对出漆量可以进行微调，如图 3-2-7 所示。其优点是方便调节，喷涂效果好；缺点是价格较高，操作难度大。

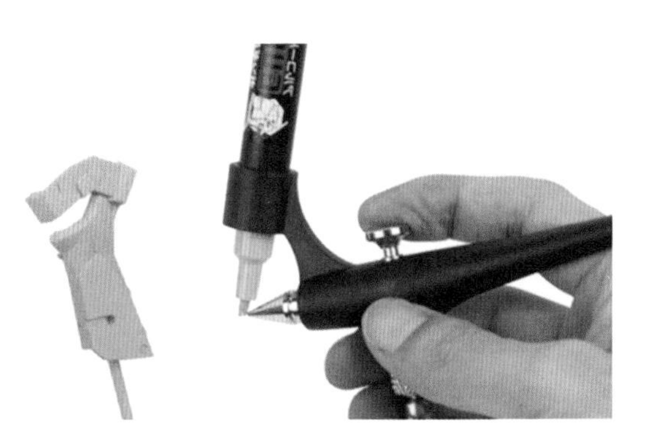

图 3-2-4　马克笔喷笔

图 3-2-5　单动型喷笔

图 3-2-6　双动型喷笔

图 3-2-7　可调气阀双动型喷笔

（3）枪形喷笔

枪形喷笔与可调气阀双动型喷笔原理一样，主要将按钮结构改成扳机结构，可以调整出漆量和出气量，如图 3-2-8 所示。其优点是操作感舒适，适合长时间、大面积喷涂；缺点是喷嘴口径较大，喷涂细微图案时无法精准控制。

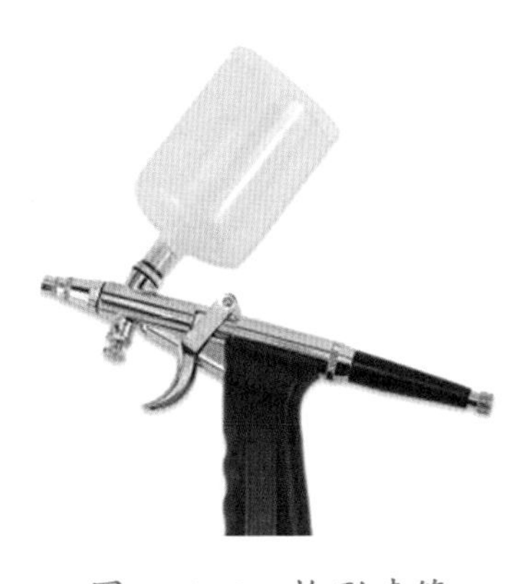

图 3-2-8　枪形喷笔

3. 双动型喷笔的结构

双动型喷笔使用范围广泛，是目前主流的喷笔，如图 3-2-9 所示为双动型喷笔的结构。

喷笔中最主要的是喷嘴，喷嘴内径为 0.2 ~ 0.8 mm。0.2 mm 内径的喷笔主要用于细微图案的喷涂，如迷彩图案、

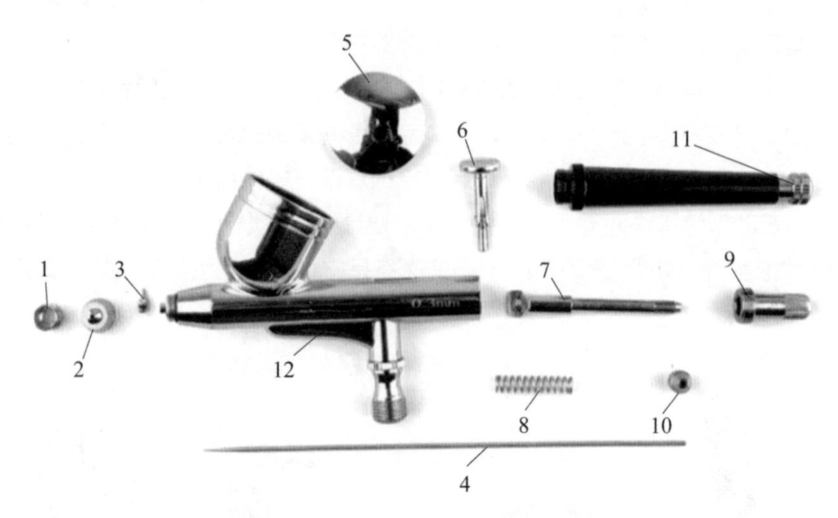

图 3-2-9　双动型喷笔的结构

1—喷帽　2—喷嘴帽座　3—喷嘴　4—喷针　5—壶盖　6—按钮　7—挡板、喷针管　8—弹簧　9—弹簧管　10—喷针固定螺母　11—尾部喷针后拉调节阀　12—出气本体

MAX 涂法①；0.3 mm 内径的喷笔主要用于正常模型的喷涂，如手办、军事模型、动画片角色模型面漆的喷涂；0.4 ~ 0.5 mm 内径的喷笔主要用于喷涂补土和底漆；0.8 mm 内径的喷笔主要为枪形喷笔，适用于喷涂一些大模型。

如图 3-2-10 所示，喷帽的形状也会影响喷漆效果，喷帽主要有平头型和皇冠型两种形状。平头型喷帽向外发散，让涂喷范围扩大，适合大面积薄喷；皇冠型喷帽前端如花瓣状，其功能与平头型一样，但在近距离喷涂时，可以让反弹的空气从四周散开，适合精细喷涂。

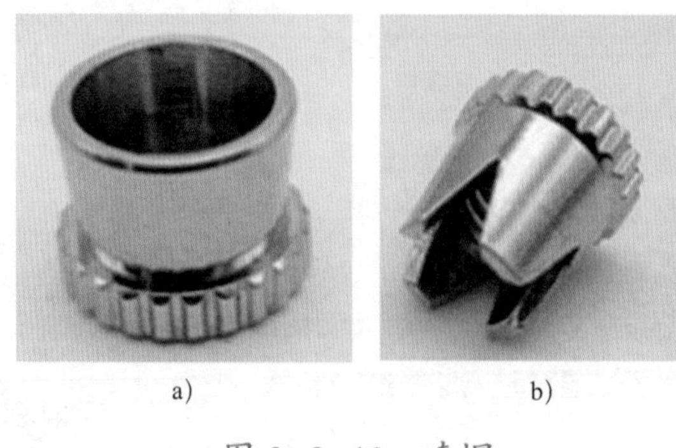

a)　　b)

图 3-2-10　喷帽

a）平头型　b）皇冠型

① MAX 涂法是指通过突出中心、高光、营造边缘阴影的上色方式，增强模型的立体感和层次感。

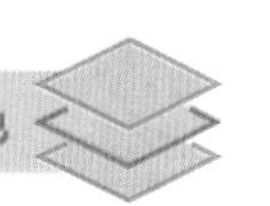

4. 喷笔上色的优缺点（见表 3-2-1）

▼ 表 3-2-1　喷笔上色的优缺点

优点	缺点
1. 上色均匀统一，过渡自然柔和，无笔触痕迹 2. 适用于各种颜色和类型的涂料 3. 喷涂面积从小到大，范围较广泛，特别是大面积的上色尤为突出 4. 涂料干燥速度快，多层上色时，下层的颜色透色	1. 呈雾状喷涂效果，喷涂范围比较大，没有笔涂上色容易控制 2. 稀释剂消耗量较大 3. 喷涂中需要使用空气压缩机，噪声较高，不建议在居民家中使用 4. 对细节的处理没有手涂上色效果好

二、喷笔上色的步骤

1. 工具的准备

喷笔是上色的主要工具，但是没有压缩空气是喷不出涂料的。而在喷笔上色过程中气压的稳定性是非常重要的，一般压缩空气选择范围为 1 ~ 2 bar（1 bar=100 kPa）。喷笔的供气设备主要有便携式气泵、小型空气压缩机和工业空气压缩机三种。

便携式气泵又称龟泵，其体积很小，有些可以使用电池供电，携带和使用方便，如图 3-2-11 所示；其缺点是气压不稳定，压力小，只适合一些小面积、简单模型的喷涂上色。

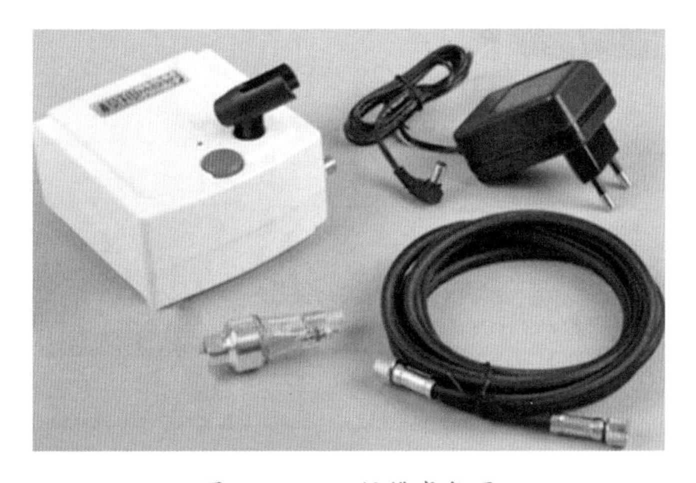

图 3-2-11　便携式气泵

小型空气压缩机体积小，供气量足，静音效果好，如图 3-2-12 所示，在居民家中或创客工作室使用比较好；其缺点是不适合长时间喷涂。

图 3-2-12 小型空气压缩机

1—启动 / 停止开关 2—压力调节旋钮 3—出气口 4—电动机散热口

工业空气压缩机一般配备储气罐和干燥机，出气量大，气压稳定，适合长时间不间断工作，主要在企业的车间使用，如图 3-2-13 所示；其缺点是占地面积大，噪声高。

图 3-2-13 工业空气压缩机

2. 涂料的准备

笔涂或者喷笔上色的涂料主要是模型漆（见图 3-2-14），按属性不同，基本上可以分为亚克力漆（水性漆）、珐琅漆、硝基漆三大类。这三种漆性质各不相同，了解它们的特点，对笔涂和喷笔上色将会有很大的帮助。

a)

b)

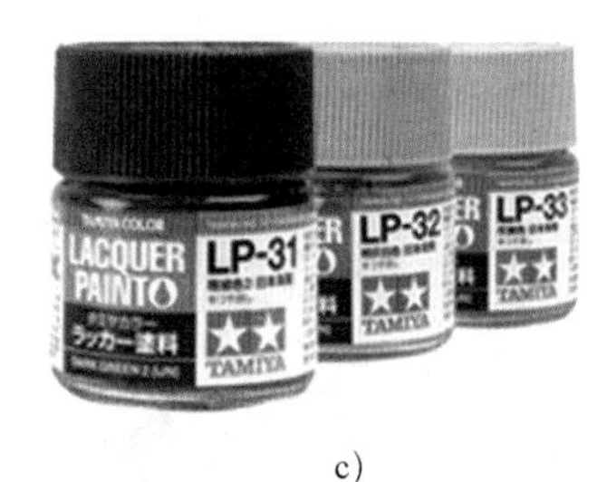

c)

图 3-2-14 模型漆的种类

a）亚克力漆 b）珐琅漆 c）硝基漆

（1）亚克力漆

因为亚克力漆是水溶性漆，所以毒性较小，使用安全，喷涂均匀性好，笔涂和喷涂适应性均较好，此漆在干燥前是可以用水清洗的，而漆面完全干燥后是耐水的。但是亚克力漆干燥速度较慢，且干燥后涂膜较脆弱，在未完全干燥时，手摸容易留下痕迹。这种漆不太适合在气候潮湿的地区使用，需要配合干燥箱使用。

（2）珐琅漆

珐琅漆毒性相对较小，可以放心使用，同时均匀性是最好的，考虑到气候的因素，要涂大面积时还是用此类漆比较好，而且色彩呈现度比较艳丽；同时，由于不会侵蚀水性漆或硝基漆的漆面，因此用来涂细部、勾线[1]都较为适合。但是此漆干燥时间是模型漆中最长的。

珐琅漆需要专用的稀释液进行调和，因为这种溶剂渗透性高，流动性好，所以用稀释后的珐琅漆进行勾线操作效果较好。不过要避免因溶剂太多而侵入模型的可动部分，造成模型的脆化、劣化。新手使用时一定要小心。

（3）硝基漆

硝基漆因为使用挥发性高的溶剂，所以涂膜干燥快，强度高，是模型漆中最常见的涂料，在喷涂时适合使用这种漆，而且市面上所售的硝基漆颜色最多。但是因为其干燥快，所以在笔涂时须加入缓干剂；否则极易留下笔痕，同时此种漆的毒性最强。

硝基漆溶剂挥发性强，是可燃的有机溶剂。用于喷涂模型不会侵蚀塑料表面，但是毒性强，长时间吸入有害健康，因此喷涂过程中要重视通风换气工作。

这三种模型漆在使用时都需要添加相应的稀释剂（见图 3-2-15），稀释的比例与喷涂方法、喷涂底漆还是面漆、喷涂还是笔涂都有关系。一般喷涂时，涂料与稀释剂的比例为 1∶2；笔涂时，涂料与稀释剂的比例为 1∶1，把漆调和成牛奶状是比较理想的状态。表 3-2-2 所列为这三种模型漆的性质比较。

① 勾线又称渗线，是指将稀释过的涂料渗入模型的刻线里，进而加深阴影而获得立体感。

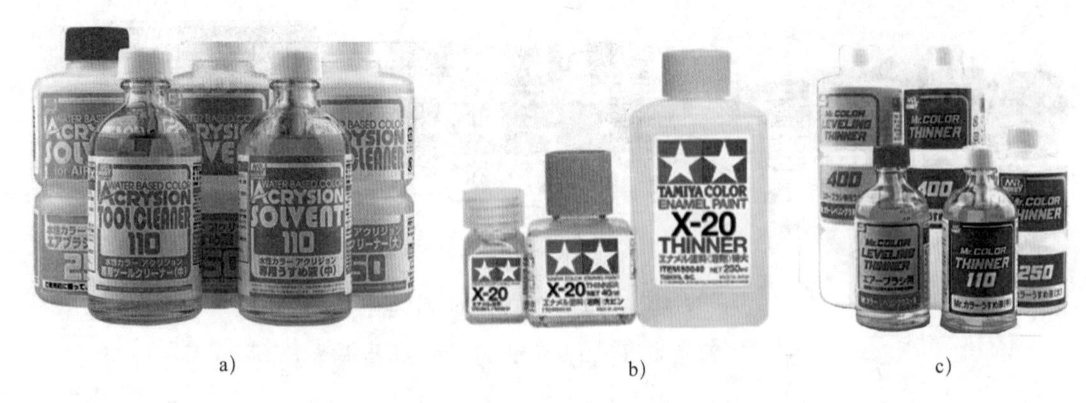

a)　　b)　　c)

图 3-2-15　模型漆稀释剂

a）亚克力漆稀释剂　b）珐琅漆稀释剂　c）硝基漆稀释剂

▼ 表 3-2-2　三种模型漆的性质比较

漆性	比较效果
涂膜强度	硝基漆 > 珐琅漆 > 水性漆
干燥速度	硝基漆 > 水性漆 > 珐琅漆
毒性	硝基漆 > 珐琅漆 > 水性漆

3. 模型的准备

喷漆前需要对模型的打磨情况进行检查，看其是否存在打磨缺陷，表面粗糙度是否达到要求，接着需要使用擦拭棒蘸取酒精，对模型表面进行清洗。

喷漆夹具可以让模型的喷漆面在喷漆、烘烤的过程中不与其他部位接触，提高喷漆的效率和质量。喷漆夹具需要根据模型喷漆面的位置来制作，一般尽量放置在非喷漆面上。如图 3-2-16a 所示的喷漆夹具为利用金属弹片夹持手机壳非喷漆面的孔位进行固定；图 3-2-16b 所示为利用黏结剂将木棍和模型非喷漆面进行固定；图 3-2-16c 所示为利用上色夹固定在模型非喷漆面，而对于一些所有面都需要上色的零件，可以先夹持上色面，最后给夹持部位补漆；对于一些无法使用夹具固定的大型模型，可以直接将模型放置在喷漆平台上进行多次喷涂，如图 3-2-16d 所示。

4. 补土的使用

由于 3D 打印产品的成形特点，使其在打印过程出现一些无法避免的层纹、支撑结构等，产品在打磨中也会存在一些无法去除的缺陷，这些都需要使用补土来填补；同时，由于 3D 打印材料吸附性差，会降低漆面的附着性，如果喷漆或者将丙烯颜料直接涂在模型表面，当涂料干透后会出现脱落、掉漆的情况，在上色前必须喷涂水补土以增大漆面的附着力。

喷涂补土是指在模型制作过程中，为了消除模型表面的裂痕、缝隙等瑕疵，或者为了表现出某种效果而进行的一种操作。在制作模型的过程中常用到的补土类型分为三种，即普通补土、塑性补土、水补土。

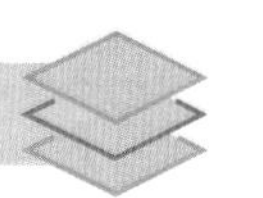

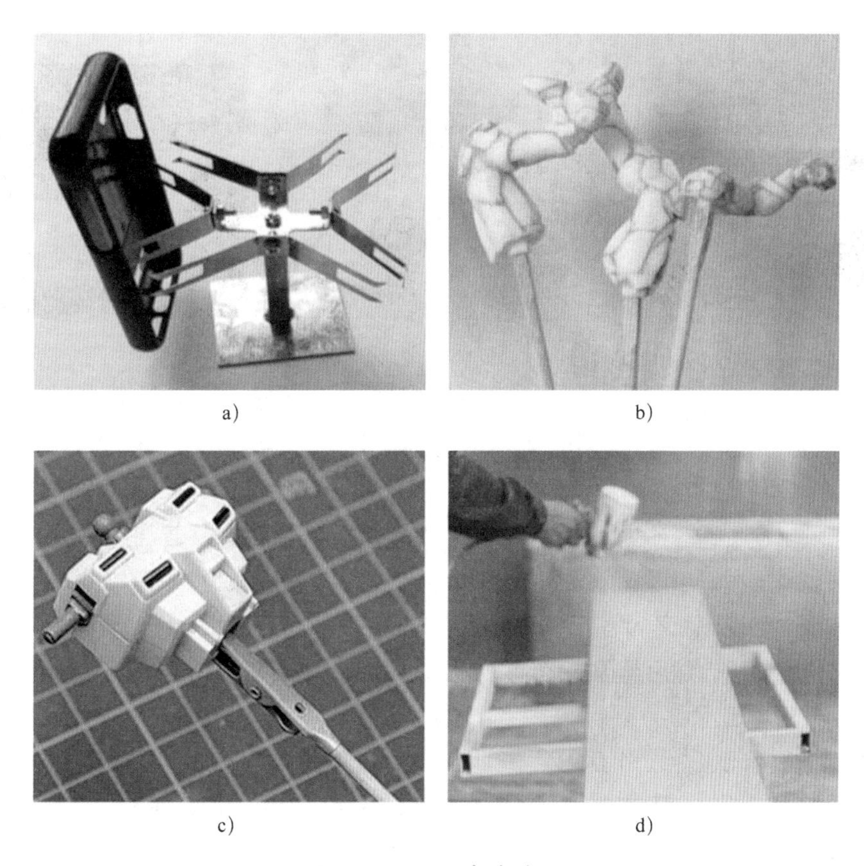

a)　b)　c)　d)

图 3-2-16　喷漆夹具

（1）普通补土

普通补土又称牙膏补土，主要用来填补模型的一些孔洞，一般选择速干补土，如图 3-2-17a 所示。这种补土在使用过程中要用力压，把补土压进夹缝，待其干燥后需要重新打磨。

（2）塑性补土

塑性补土主要用来填补空隙、追加细节等，可以用刻线针、美工刀、笔刀等工具切削塑性补土，对塑性补土的切削要待其半硬化时进行，不能太用力，以免其变形，常用的是 AB 补土，如图 3-2-17b 所示。这种补土使用方式与泥塑差不多，比较常用，可以用来填补模型大的孔洞，而且还可以用来给模型做造型。

（3）水补土

如图 3-2-17c 所示，水补土有喷罐装和玻璃罐装两种，玻璃罐装的比较便宜，但是需要有喷笔或其他专业工具进行喷涂操作；而喷罐装使用起来更加方便，不需要借助任何工具。

因为使用 SLA 工艺打印而成的模型在经过打磨后表面较为平整，使用水补土就能收到十分显著的效果，并且水补土相比其他补土操作更为方便，所以这里重点介绍水补土。

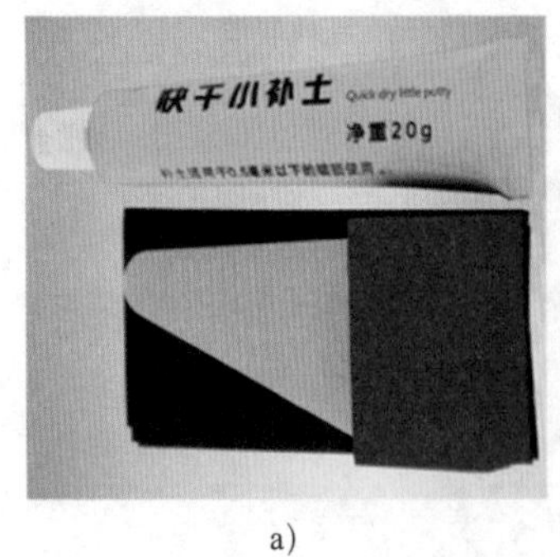

a)

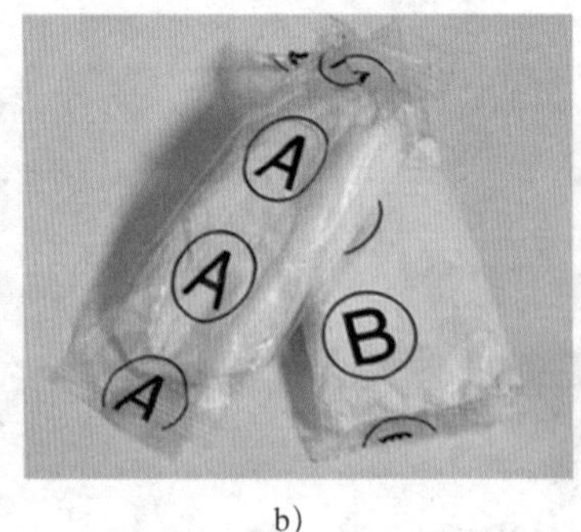

b)

c)

图 3-2-17　补土

a）普通补土　b）塑性补土　c）水补土

严格来说水补土不算补土，应算作底漆，水补土不能用于填缝和塑形。用水补土代替底漆喷涂在模型表面后，可以遮盖细小的瑕疵，统一模型底色，减少对后期上色的影响，增强漆面的附着能力，使颜色不易脱落，提升模型的质感。模型喷涂水补土后，如有缺陷可填补牙膏补土或进行打磨，然后再重复喷涂水补土、检查、填补牙膏补土、打磨的步骤，直至模型表面达到要求为止。

水补土一般有 500 目、1 000 目、1 200 目、1 500 目等型号，目数越大，颗粒就越细，附着力也就越低，常见的水补土颜色是灰色、白色、黑色、锈红色等。通常来说灰色水补土是最常用的，浅色水补土配合浅色模型及浅色涂料使用，深色水补土配合深色模型及深色涂料使用，其他颜色的水补土在需要达到某些特殊效果时使用。

5. 喷漆和干燥

（1）喷漆

按功能不同，模型漆一般分为底漆、面漆和保护漆三类。

1）底漆。底漆是指直接涂到物体表面、作为面漆坚实基础的涂料。要求在物体表面附着牢固，以增大上层涂料的附着力，提高面漆的装饰性。根据涂装要求底漆可分为头道底漆、二道底漆等，每道底漆喷涂后都要充分干燥。

底漆的颜色选择很关键，会影响面漆的效果，例如，黄色底漆可使红色更鲜艳，蓝色底漆可使黑色更黑亮，水蓝色底漆可使白色更洁净、清白，奶油色、粉红色、象牙色、天蓝色面漆都应采用白色底漆，黑色底漆可以使金属色更亮丽。

2）面漆。面漆分为单色漆和套色多层漆。对零件来说，面漆是装饰保护层，对色彩要求有较高的稳定性，对喷漆质量的要求是色调纯正、漆粒清洁、颜色丰满、色彩光亮、不垂不挂、无漏喷、无虚烟[①]、无花枪[②]、无咬底、无偏色、无针眼等。套色[③]时应注意与设计方案

---

① 虚烟是指喷枪与零件距离太远，造成涂膜过薄且不均匀的现象。

② 花枪是指由于使用不匹配的溶剂或溶剂搅拌不均匀，造成漆面挥发不均匀的现象。

③ 套色是指一个产品上需要喷涂多种颜色。

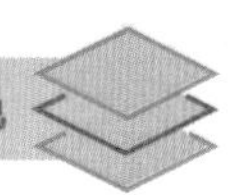

的吻合，色层之间无明显的硬性过渡效果。套色层面厚度统一，无色界波浪。

3）保护漆。保护漆实际上是一层透明的树脂材料，能有效保护漆面，轻微的刮擦、磕碰不会碰坏漆面，一般保护漆有消光漆、亮光漆、半消光漆和紫外线漆。保护漆一般在上色的最后一步，可以单独喷一层，也可以添加在面漆里面一起上色。

（2）干燥

经过喷漆处理后，产品具有一定的湿度，湿度过高会降低漆面附着力，并且容易出现针孔等喷涂缺陷，所以需要进一步提高零件干燥度，具体方法有以下几种：

1）用烤箱烘干。若材质为 ABS 或者 PLA，一般温度控制在 30 ~ 50 ℃，时间为 10 ~ 30 min；若材质为金属，一般温度控制在 80 ℃，时间为 10 ~ 30 min。

2）用热吹风枪吹干。主要用于局部或者产品尺寸较小的情况。

3）自然晾干。环境相对湿度低于 45% 时效果比较理想，干燥时间较长。

三、喷笔的使用和清洗方法

1. 握笔的姿势

由于喷笔比较小，在喷涂时为控制喷笔的出气量和稳定性，就需要一个合适的握笔姿势。握笔姿势一般可分为直握和横握两种。直握时将喷笔放在拇指和食指指根中间，用食指来控制按钮进行喷漆，尤其是在描绘直线时直握的优势很明显；对于手比较小的人，直握也比较舒服，如图 3-2-18a 所示。横握时将喷笔放在拇指和食指指根中间，用食指扶住喷壶，以拇指控制按钮，即使长时间喷漆也不容易疲劳，如图 3-2-18b 所示。

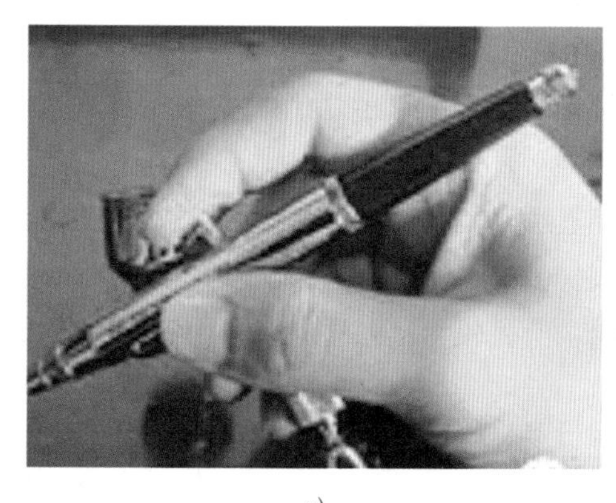

a)

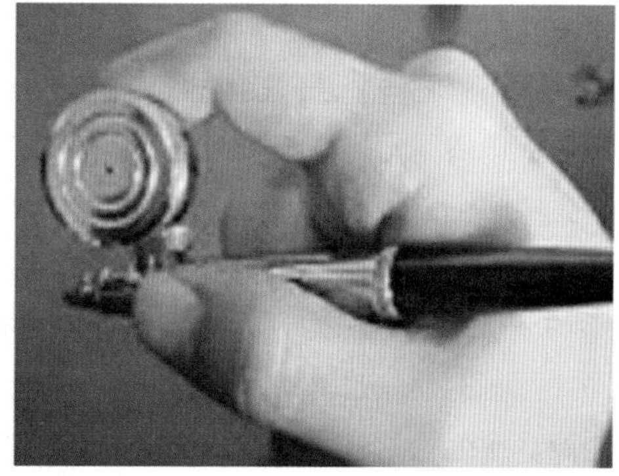

b)

图 3-2-18　握笔姿势

a）直握　b）横握

2. 调节出漆量

使用双动型喷笔可以实现出气和出漆分开操作，当按下按钮时，只出气，这时需要检查气压的大小，一般将其调节到 1.5 bar；往后拉动按钮出漆，往后拉的幅度越大，出漆量越大，通过调整喷针的后拉调节阀可以控制最大出漆量，这时需要通过试喷来完成喷漆量的调节。试喷的方法如下：拿一块塑料板，保持喷笔与塑料板距离为 10 ~ 15 mm，先调到最大出漆量，从左往右喷漆，观察喷漆效果，如果表面漆太厚，就需要调小出漆量，经过多次调试找到合理的最大出漆量，如图 3-2-19 所示。

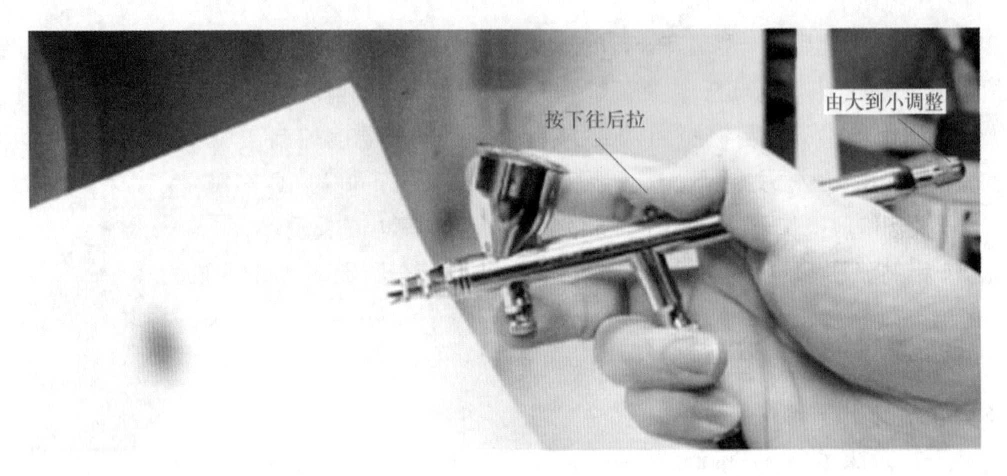

图 3-2-19　调整喷漆量

3. 喷笔的操作方法

为了达到表面均匀的喷漆效果，需要对喷笔操作提出更高的要求。按照模型面的形状不同，可以采用以下技巧来提高喷漆效果：

（1）画圆法

控制喷笔先画一个圆，接着从左往右移动喷笔，移动的过程中还保持画圆的动作，用第二个圆的喷漆轨迹覆盖第一个圆中心空白的地方，用第三个圆的喷漆轨迹覆盖第二个圆右边的部分，以此类推，就达到两次上色的效果，其喷漆轨迹如图 3-2-20 所示，这种方法喷漆轨迹比较宽，对大面积的喷涂效率高，但是需要注意控制喷笔和模型的距离，应远距离进行薄喷，以防止漆层太厚。

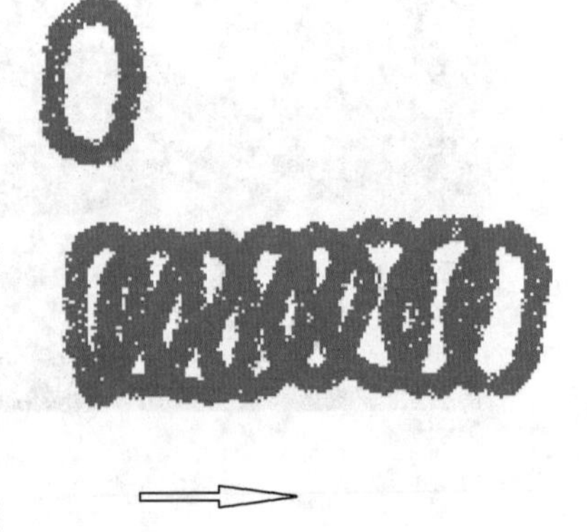

图 3-2-20　画圆法

（2）抖动法

抖动法就是让喷笔移动的同时上下抖动，加大喷涂宽度，也就是在同样出漆量的情况下使喷涂面积变大，漆层变薄，即使喷涂速度不均匀也不会导致局部漆层太厚的情况。采用抖动法时需要先从左往右喷一次，再从上到下喷一遍，避免出现漆层不均匀的情况，其喷漆轨迹如图 3-2-21 所示。这种方法操作简单，容易掌握，适合中等面积的喷涂。

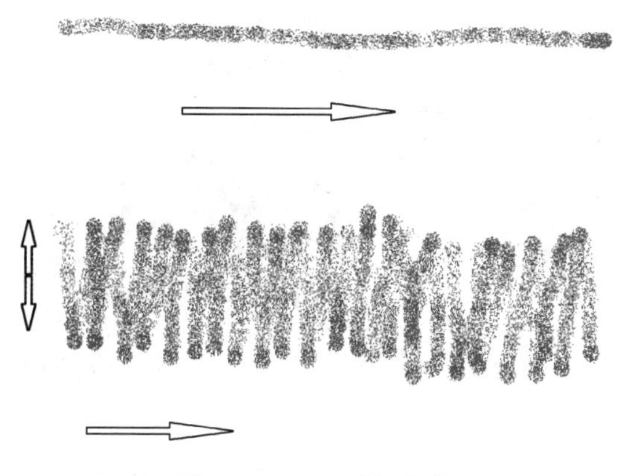

图 3-2-21 抖动法

（3）横扫法

横扫法就是控制喷笔与模型的距离为 10 mm 左右，从左往右快速移动喷笔，完成喷涂。这种方法需要薄喷，多次喷涂，适合小面积喷涂，其喷漆轨迹如图 3-2-22 所示。

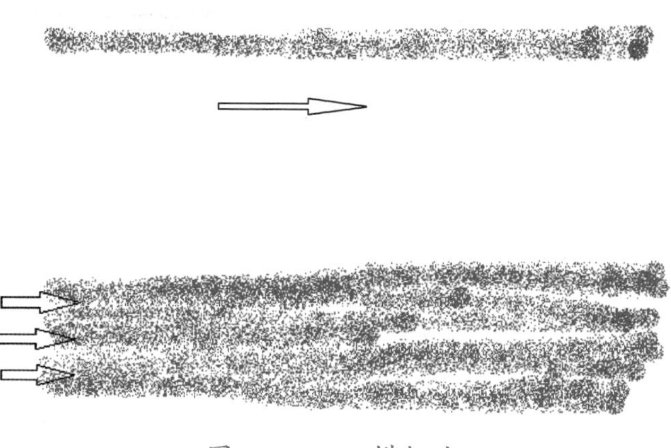

图 3-2-22 横扫法

4. 喷笔的清洗

在完成喷漆工作后，一定要立刻对喷笔进行清洗，以防止喷嘴堵塞。一般喷涂水性涂料的喷笔用水或者酒精清洗，喷涂油性涂料的喷笔用稀释剂进行清洗。清洗的方法主要有回流清洗法、超声波清洗法和拆装擦拭法三种。

（1）回流清洗法

首先将洗笔液倒入喷壶 1/3 的部位，喷笔采用平头型喷帽时，需要用手堵住喷帽；如果采用皇冠型喷帽，则使用配套的笔盖堵住喷嘴，接着只需按下按钮出气，利用回流气体对喷嘴清洗 1 ~ 2 min，最后将废液倒入回收瓶中，采用同样的方法清洗 2 ~ 3 次，如图 3-2-23a 所示。这种方法多在喷笔换漆或者喷漆完成后短暂休息时使用。

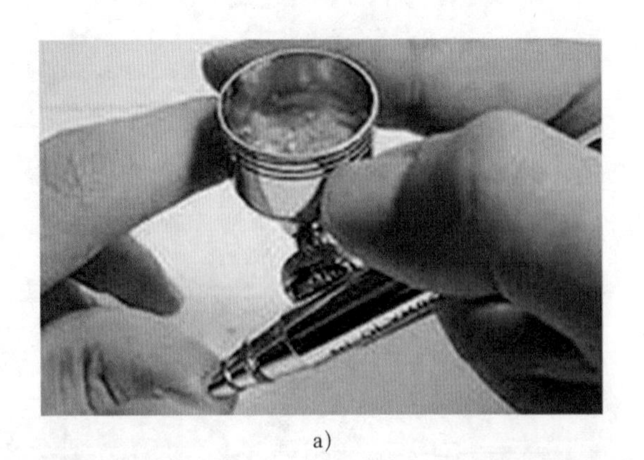

a）

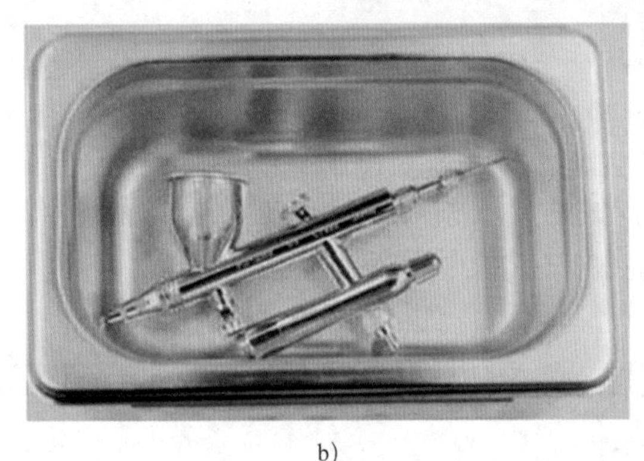

b）

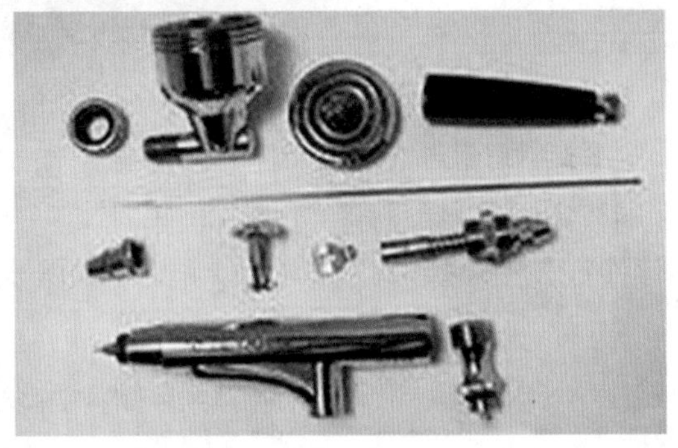

c）

图 3-2-23 喷笔的清洗方法

a）回流清洗法 b）超声波清洗法 c）拆装擦拭法

（2）超声波清洗法

超声波清洗非常简单，就是往超声波清洗机的清洗槽中加入与涂料相应的溶剂，然后放入喷笔，设置温度为 20 ~ 30 ℃，清洗时间为 3 ~ 5 min 即可，如图 3-2-23b 所示。这种方法适用于喷笔由于长时间未使用而堵塞，或者喷漆完成长期不再使用的情况。

（3）拆装擦拭法

拆装擦拭法就是将喷笔拆散，然后用擦拭棒或棉布蘸取洗笔液，对喷笔的喷嘴、喷针、喷壶等各零部件进行擦拭，如图 3-2-23c 所示。这种方法适用于喷笔的保养。

四、喷笔上色中的注意事项

1. 建议使用双动型喷笔，因为其上色范围广泛，但有一定的操作难度。
2. 建议使用水性漆，其气味小，满足环保要求，使用时按照 1∶2 的比例进行稀释。
3. 建议使用小型空气压缩机的压缩空气，保证压力为 1 ~ 2 bar，建议使用 1.5 bar。
4. 喷嘴和模型之间的距离为 10 cm，调整喷漆效果，如图 3-2-24 所示。
5. 喷漆完成后要对喷笔进行清洗和保养。
6. 喷漆过程中要保证喷壶垂直。

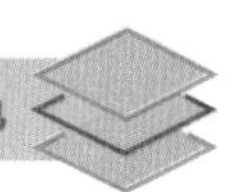

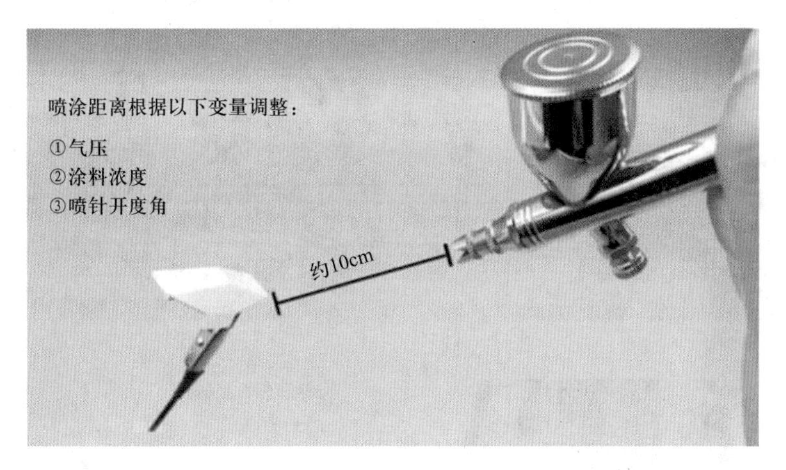

图 3-2-24　喷嘴和模型的距离

五、笔涂上色的工具和材料

笔涂就是按照模型上色要求，利用画笔将涂料涂附在模型表面的方法。笔涂对工具的要求比较低，只需要画笔和涂料。

1. 画笔的种类

笔涂对画笔的要求只有两点，即能含住涂料和软毛。按照画笔笔头的形状可将其分为舌形笔、扇形笔、平头笔和尖头笔，每种笔都有不同的粗细规格。

（1）舌形笔

舌形笔的笔毛主要由马毛制作而成，画笔弹性适中，质感柔顺，吸水性强，适用于表现曲线状的笔触，是一种优雅、流畅的画笔，如图 3-2-25a 所示。可以用笔尖画圆，也可以通过控制压笔的力度绘制先窄后宽的一些图形。

（2）扇形笔

扇形笔的笔毛主要由猪毛制作而成，笔毛较为稀疏。画笔弹性强，绘画流畅，可用于清扫或刷涂，也可用于柔化过于分明的轮廓，如图 3-2-25b 所示。

（3）平头笔

平头笔的笔毛主要由尼龙毛制作而成，画笔弹性适中，质感柔顺，吸水性强，可用其侧边画出粗糙的线条，转动笔身可实现拖扫式用笔，以呈现粗细不均匀的笔触，如图 3-2-25c 所示。

（4）尖头笔

尖头笔的笔毛主要由尼龙毛制作而成，画笔外观精细，吸色力强，弹性好，适用于细部的刻画，稍压笔杆可产生浓厚线条效果，如图 3-2-25d 所示。

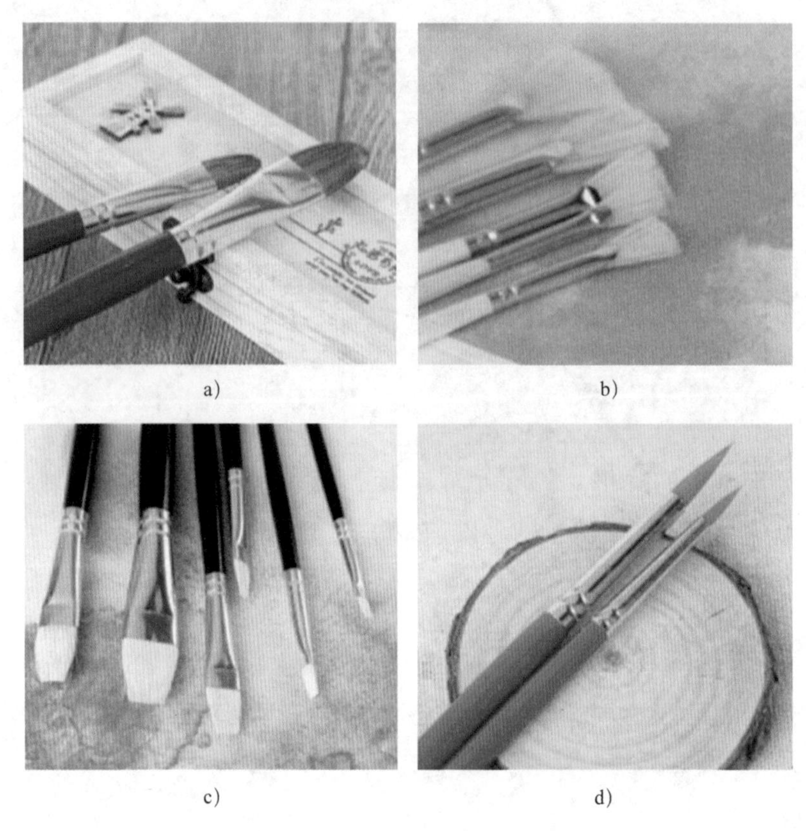

a)　b)　c)　d)

图 3-2-25　画笔的种类

a）舌形笔　b）扇形笔　c）平头笔　d）尖头笔

2. 涂料

由于 3D 打印产品的材质一般为塑料、陶瓷、金属，在用笔涂上色时，涂料的选择与喷笔上色一致，只是稀释的比例不同，笔涂上色时一般选择涂料和稀释剂配比为 1∶1。

笔涂上色效果和喷笔上色相比较，会有笔痕、涂膜厚度不均匀等缺陷，笔涂上色的确有些限制，但若掌握了笔涂技法，不仅可以把许多喷笔无法触及之处精彩地呈现出来，更可以借由画笔的交替使用，在作品上绘出许多精美的图案，增添作品的丰富性。为了避免在笔涂时笔痕太明显，需要给涂料增加缓干剂，以降低其干燥速度，让涂料与周围接触到的刷痕间涂料再融合一下，但是需要注意将缓干剂添加量控制在 5% 左右即可。

六、笔涂上色步骤和操作方法

1. 笔涂上色步骤

笔涂上色和自喷漆上色、喷笔上色只是采用的上色工具不一样，其步骤基本一致。

（1）准备工具

准备涂料、稀释剂、画笔、器皿、缓干剂、遮盖液等，如图 3-2-26 所示。

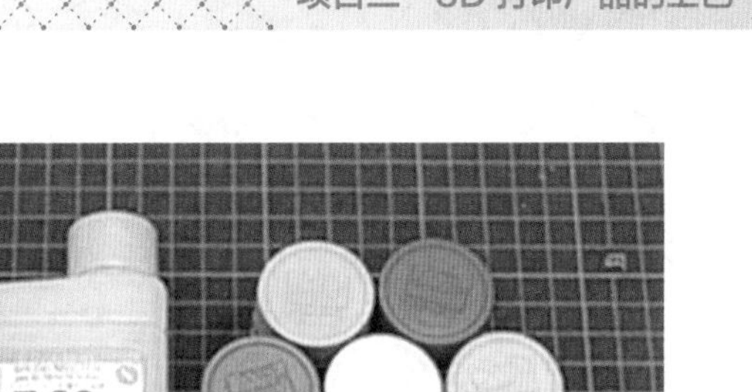

图 3-2-26　笔涂上色工具

（2）模型预处理

用酒精擦拭模型的表面，对模型进行除油处理；对模型表面进行打磨，减小台阶效应，避免后期上色遮盖不足或为了遮盖台阶效应而使涂膜过厚。

（3）笔涂补土

将水补土按照 1∶1 的比例进行调试，笔涂在模型的表面，等干燥后检查模型表面质量，对缺陷处进行处理。

（4）笔涂涂料

将涂料调试好，使用画笔将涂料涂在模型表面，一般都是薄涂多次，覆盖底涂料即可。

2. 笔涂的操作方法

笔涂上色时可以采用十字交叉法，即在第一层涂膜呈半干状态时，涂上第二层新鲜的涂料，第二层的笔涂方向与第一层垂直。

七、笔涂上色中的注意事项

1. 笔涂上色前一定要将产品表面的灰尘、污渍清洗干净。
2. 操作中注意笔痕，其中调漆是关键，可适当加入缓干剂。
3. 画笔蘸涂料后应在瓶口掭笔，防止涂料过多。
4. 建议采用十字交叉法涂装，切忌来回刷涂。
5. 如果需要调色，建议按用量一次配足。
6. 涂料干透后再进行下一个笔涂工序。

任务实施

一、任务准备

根据任务要求提前准备相应的工具、材料和劳动保护用品等，见表 3-2-3。

▼ 表 3-2-3　工具、材料和劳动保护用品清单

序号	类别	准备内容
1	工具	剪刀、壁纸刀、上色夹、泡沫板、工业擦拭纸、擦拭棒
2	材料	已完成打磨的挖掘机驾驶员模型、酒精、水补土、黄色面漆、蓝色面漆、黑色面漆、光油、遮盖胶带、水磨砂纸、试喷纸
3	劳动保护用品	工作服、手套、口罩、护目镜

二、制定驾驶员模型上色工艺

挖掘机驾驶员模型的外形比较小，颜色较多，为了提高上色效率，选择笔涂工艺进行上色。模型笔涂上色的工艺如下：模型预处理→笔涂底漆→处理缺陷→笔涂面漆→处理缺陷→笔涂局部面漆→喷涂光油。

三、驾驶员模型的笔涂上色

驾驶员的笔涂上色操作步骤见表 3-2-4。

▼ 表 3-2-4　驾驶员的笔涂上色操作步骤

操作步骤		图示	操作内容
模型预处理	擦拭模型		使用工业擦拭纸或擦拭棒蘸酒精擦拭模型表面，去除模型表面的油渍、指纹、灰尘。在擦拭和干燥过程中要注意防火
	准备模型夹具		准备木棒、模型胶水，根据模型特征，在非喷漆面制作笔涂上色手持夹具

续表

操作步骤		图示	操作内容
涂底漆	笔涂底漆	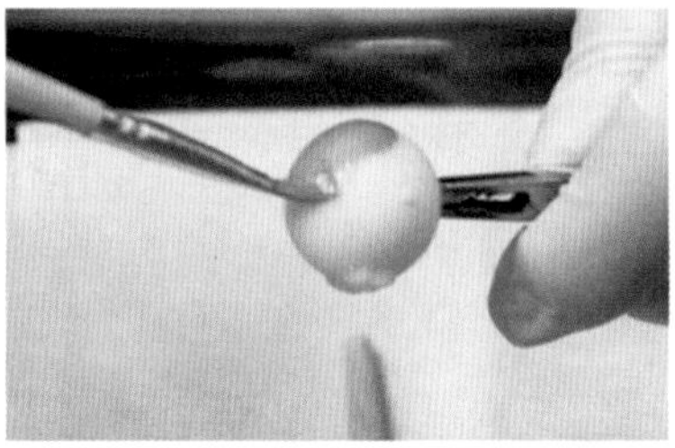	检查无误后对模型各面笔涂灰色水补土。第一次涂水补土的主要目的是遮盖模型缺陷，不需要加稀释剂。笔涂完成后，把竹签插入泡沫板中
	底漆干燥	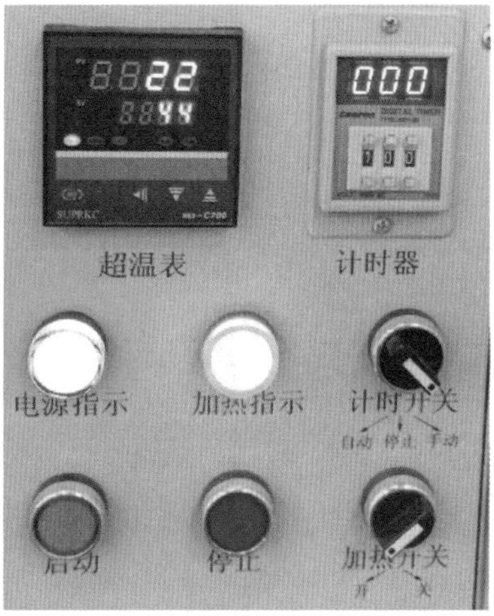	设置干燥箱温度为 40 ~ 50℃，干燥时间为 5 ~ 10 min，以提高干燥效率
	检查底漆	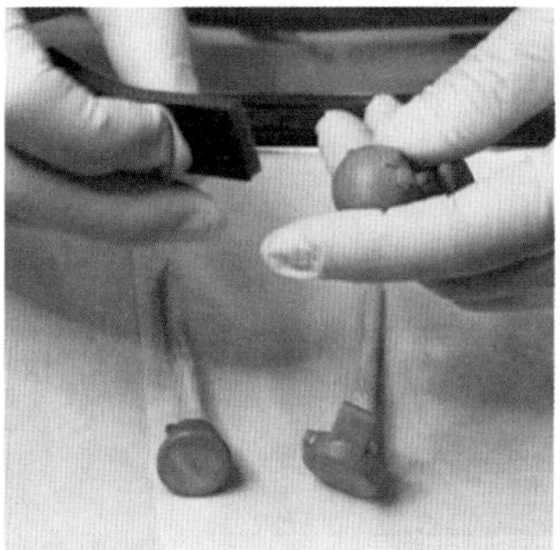	待底漆干燥后检查效果，涂料干燥前不得用手去接触漆面；涂料干燥后须戴手套触摸和检查，以防止手上的汗液和油脂污染漆面 底漆要完全遮盖基材，不得有笔涂缺陷，如有笔涂缺陷可使用砂纸进行打磨，再次喷涂白色底漆，底漆一般喷涂 2 ~ 3 次

续表

操作步骤		图示	操作内容
涂面漆	笔涂面漆	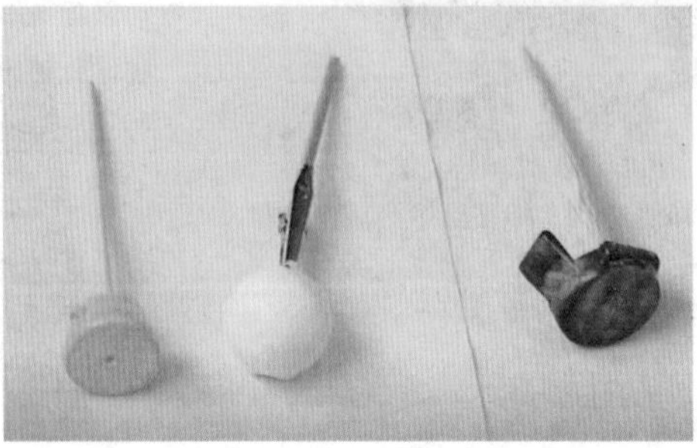	先涂大部分颜色的面漆，稀释剂根据涂料的要求，一般涂料与稀释剂的比例为 1 : 1，如果模型较大，可以添加 1 ~ 2 滴缓干剂，采用十字交叉法笔涂上色，涂 2 ~ 3 次即可完全遮盖底漆
	面漆干燥		设置干燥箱温度为 40 ~ 50℃，干燥时间为 5 ~ 10 min，以提高干燥效率

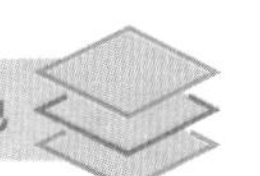

续表

操作步骤		图示	操作内容
涂面漆	检查面漆		每涂一层面漆，就应检查一次效果，如有缺陷要及时处理后再进行笔涂
	笔涂局部面漆		等大面积面漆笔涂完成且涂料彻底干燥后，进行局部图案的笔绘，注意要少添加或者不加稀释剂，以防止因涂料过稀而污染模型，涂料与稀释剂的比例为 1∶0.3，或可利用遮盖胶带和遮盖液进行保护处理
喷涂光油			光油一般喷涂 2 ~ 3 层，光油的喷涂必须在面漆完全干燥后进行，光油喷涂是整个涂装的最后操作，喷涂时要注意自喷漆罐的操作方法 如光油层需要进一步处理，应增加光油层的喷涂层数，且必须等光油层彻底干燥后再进行，在打磨时操作要轻柔，以免将光油层磨穿
清理场地			使用酒精或溶剂擦拭模型、工具和场地时，现场禁止出现明火，并且注意开窗通风，清扫人员佩戴个人防护用品，蘸有酒精和溶剂的工业擦拭纸应丢弃在专用的垃圾桶内

四、质量检验

1. 产品检验

对照表 3-2-5 检查挖掘机驾驶员模型笔涂上色质量和安全文明生产情况，并做好记录。

▼ 表 3-2-5 驾驶员模型笔涂上色质量检验表

序号	检验内容	检验标准	配分	得分
1	模型清洗	模型表面无污染，表面粗糙度达到要求	10	
2	模型夹具	模型夹具牢靠，操作方便	10	
3	底漆质量	底漆表面良好，无细节遮盖、流挂等涂装缺陷	15	
4	面漆质量	面漆表面良好，无未遮盖、露底漆现象	15	
5	局部面漆质量	局部面漆表面良好，未污染其他面漆，无露底漆现象	10	
6	笔涂质量	模型表面整体笔涂良好，无笔涂缺陷	20	
7	环境保护	笔涂后能正确清理工具和场地，笔涂中能注意个人防护和环境保护	10	
8	物料保管	喷涂前能正确取用物料，喷涂后能正确保管及储存物料	10	
总分			100	

2. 产品缺陷和质量分析

参照表 3-2-6 所列笔涂上色常见缺陷的产生原因、预防措施和解决方法，对存在缺陷的产品进行修复和处理。

▼ 表 3-2-6 笔涂上色常见缺陷的产生原因、预防措施和解决方法

缺陷	产生原因	预防措施	解决方法
笔痕	1. 涂料太稠，干得太快 2. 笔涂上色的方法不正确	1. 笔涂上色前，应先在试喷纸上进行试涂 2. 使用十字交叉法笔涂上色	1. 增加稀释剂进行稀释 2. 采用十字交叉法再涂一次面漆
厚度不均匀	1. 笔涂顺序不均匀 2. 笔涂上色次数不一致	1. 每次笔涂上色要按顺序均匀上色 2. 每个部位的上色次数应一致	颜色浅的部位再涂一次面漆，然后整体涂一遍面漆

续表

缺陷	产生原因	预防措施	解决方法
气泡	1. 表面有灰尘 2. 笔上有气泡	1. 笔涂上色前须认真清洗模型 2. 笔涂上色前将笔润湿后再蘸取涂料	1. 上色前对模型表面进行清洗 2. 打磨掉气泡部位后重新上色
露底	1. 笔涂面漆次数太少，没有覆盖住底漆 2. 底漆的颜色太深，面漆覆盖不住	1. 多次笔涂面漆，直至覆盖住底漆 2. 底漆的颜色尽量以浅色为主	打磨掉缺陷处，重新涂底漆和面漆

任务测评

按表 3-2-7 所列评分标准进行测评，并做好记录。

▼ 表 3-2-7　实训评分标准

序号	考核内容	考核标准	配分	得分		
				自我评价	小组评价	教师评价
1	职业素养	1. 认真、细致、按时完成学习和工作任务	10			
		2. 能按要求穿戴好个人防护用品	5			
		3. 遵守实训室管理规定和“6S”管理要求	5			
2	专业技能	1. 能正确选择并使用笔涂上色工具和材料	20			
		2. 能独立使用笔涂上色工具对 3D 打印产品进行上色	20			
		3. 能独立完成 3D 打印产品上色后的质量检验与缺陷修复工作	20			
3	创新能力	1. 能尝试使用新手段进行上色	10			
		2. 工作过程中能经常提出问题并尝试解决	10			
小计			100			
总分 =0.15× 自我评价得分 +0.15× 小组评价得分 +0.7× 教师评价得分						

项目四

3D 打印产品的喷砂处理

学习目标

1. 了解喷砂机的工作原理和结构。
2. 了解喷砂机的介质分类和工艺特点。
3. 掌握喷砂处理的应用场合和工艺流程。
4. 掌握喷砂处理的操作步骤和注意事项。
5. 能熟练使用喷砂机完成模型的喷砂处理。
6. 能独立完成喷砂后模型的质量检验与缺陷修复工作。

任务描述

喷砂处理是 3D 打印后处理中较常用的加工方法，是采用压缩空气为动力，将砂料高速喷射到被加工零件表面，使零件表面或形状发生变化的加工方式。喷砂处理操作简单，加工效率高，可清理零件表面的微小毛刺，使零件表面更加光滑、平整。喷砂处理还能在零件表面交界处加工出很小的圆角，使零件显得更加美观，同时还可不同程度地产生均匀的亚光效果，如图 4-1 所示。

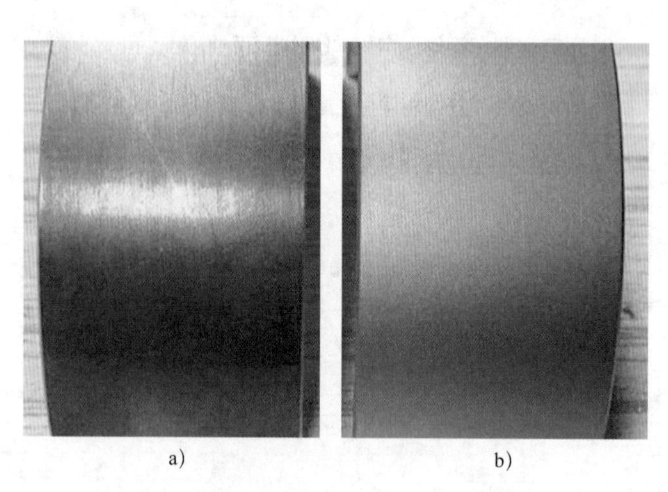

a)　　　　b)

图 4-1　喷砂前与喷砂后的对比

a）喷砂前　b）喷砂后

本任务采用喷砂机完成 3D 打印产品的喷砂处理工作，使产品表面呈现均匀的亚光效果。如图 4-2 所示为 3D 打印成形的待喷砂的电子产品零件，该零件经前处理后得到符合图样要求的尺寸和表面质量，该零件经过 SLA 工艺及上色处理，其表面光滑、反光。在喷砂处理过程中需要注意操作方法，合理利用喷砂机完成零件的喷砂处理工作，穿戴好个人防护用品，注意人身安全和环境保护。

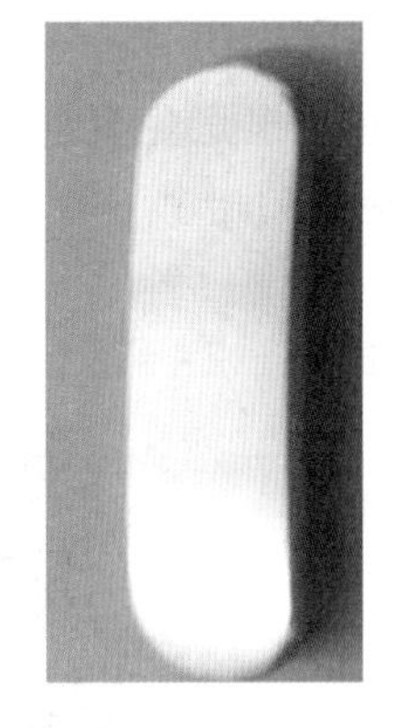

图 4-2 待喷砂的电子产品零件

相关知识

一、喷砂处理的工作原理、设备分类及工艺特点

1. 喷砂处理的工作原理

如图 4-3 所示，喷砂处理采用压缩空气为动力，将砂料（如铜矿砂、石英砂、金刚砂 、铁砂等）高速喷射到需要处理的零件表面，使零件的表面或形状发生变化，由于砂料对零件表面的冲击和切削作用，使零件表面获得一定的清洁度和不同的表面粗糙度，其表面的力学性能也得到改善，因此提高了零件的抗疲劳性。对于需要镀层或上色的产品，喷砂处理会增加产品和涂层之间的附着力，延长涂膜的耐久性，也有利于涂料的流平和装饰。

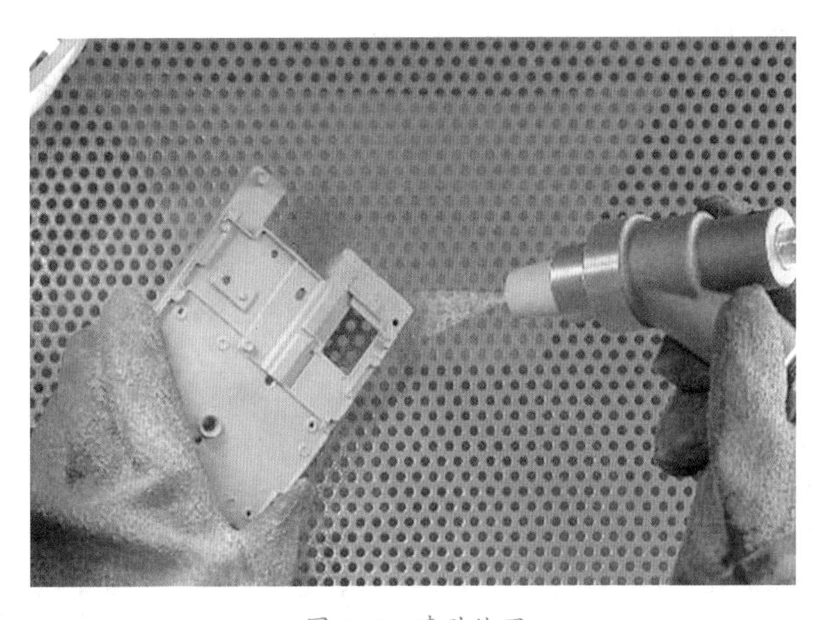

图 4-3 喷砂处理

2. 喷砂设备的分类

喷砂设备根据设备结构不同一般有吸入式干喷砂设备、压入式干喷砂设备、液体喷砂设备、滚筒式自动喷砂设备、输入式自动喷砂设备、全自动连续转台式喷砂设备等，如图 4-4 所示。

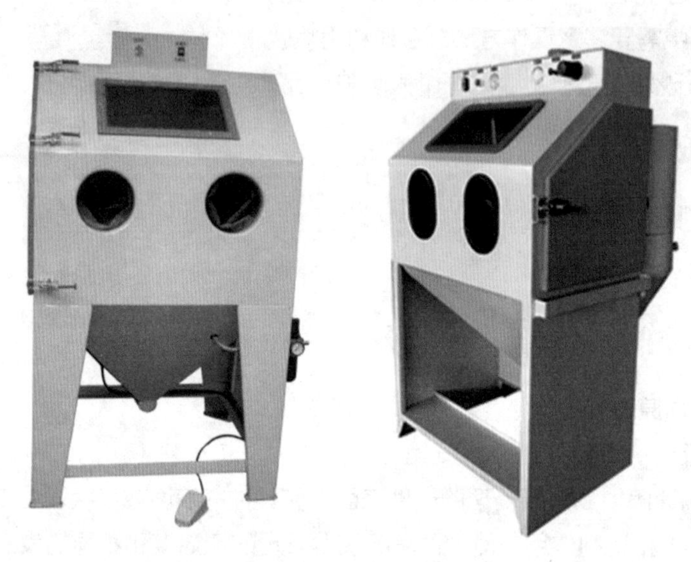

图 4-4 喷砂设备

（1）吸入式干喷砂设备

采用吸射型喷枪，通过气流高速运动在喷枪内形成负压，将砂料通过输砂管吸入喷枪，并经喷嘴高速喷射到零件表面，达到预期加工目的。压缩空气既是供料动力，又是喷射的加速动力。这种设备结构简单，输送单位质量砂料所消耗的压缩空气量较大，多用在小型零件的表面处理上。

（2）压入式干喷砂设备

采用直射型喷枪，砂料和压缩空气先在混合室内混合，通过压缩空气在压力罐内建立的工作压力，将砂料通过出砂阀压入输砂管并经喷嘴高速喷射到零件表面，达到预期加工目的。压缩空气既是供料动力，又是喷射的加速动力。此设备生产效率高，结构复杂，适用于大、中型零件的表面喷砂。

（3）液体喷砂设备

如图 4-5 所示，液体喷砂设备以磨液泵作为磨液的供料动力，通过磨液泵将搅拌均匀的磨液（砂料和水的混合液）输送到喷枪内。压缩空气作为磨液的加速动力，通过输气管进入喷枪，在喷枪内，压缩空气对进入喷枪的磨液加速，并经喷嘴射出，喷射到零件表面达到预期的加工目的。在液体喷砂设备中，磨液泵提供供料动力，压缩空气为加速动力。相对于干式喷砂设备来说，最大的特点就是很好地减少了喷砂过程中的粉尘污染，极大地改善了喷

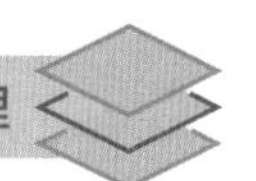

砂操作的工作环境。

（4）滚筒式自动喷砂设备

如图 4-6 所示，滚筒式自动喷砂设备适用于不怕碰撞的批量小零件的喷砂，如螺钉、钻头、五金件、刀具、纽扣等。滚筒采用变频调速，喷枪采用摆动机构，以加大砂料覆盖范围及喷砂效率，能满足不同的加工需要。喷砂时将零件定量放入滚筒内，启动喷砂设备即可自动控制，极大程度地减少了操作人员的劳动强度和粉尘污染。

图 4-5　液体喷砂设备

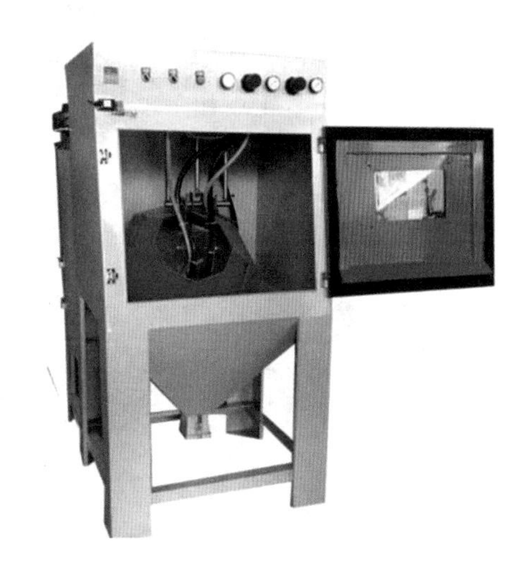

图 4-6　滚筒式自动喷砂设备

（5）输入式自动喷砂设备

输入式自动喷砂设备如图 4-7 所示，适用于平面零件或者板材的喷砂。喷砂时零件从进口端由传送带输入，在工作室内部，喷砂枪可以自动变频摆动，对处于输送过程中的零件可从各角度进行均匀的喷砂处理。

（6）全自动连续转台式喷砂设备

全自动连续转台式喷砂设备如图 4-8 所示，适用于圆形、盘类零件的喷砂，其喷砂室内有一套转台系统，大转台在电极的带动下转动，可调速，大转台上有多个喷砂小工位，可同时放置多个零件。喷砂枪系统由数个可变频调速、调角度的喷砂枪组成，喷砂枪摆动距离和位置可根据喷砂效果进行调整。

3. 喷砂处理的工艺特点

（1）加工速度快，生产效率高

喷砂是成熟的工业上处理物体表面的工艺，处理速度非常快，几分钟就能处理很大的表面积。

（2）生产污染小，对环境友好

喷砂机有密闭的喷砂工作空间，能完全控制砂粒的工作环境，保持环境干净。

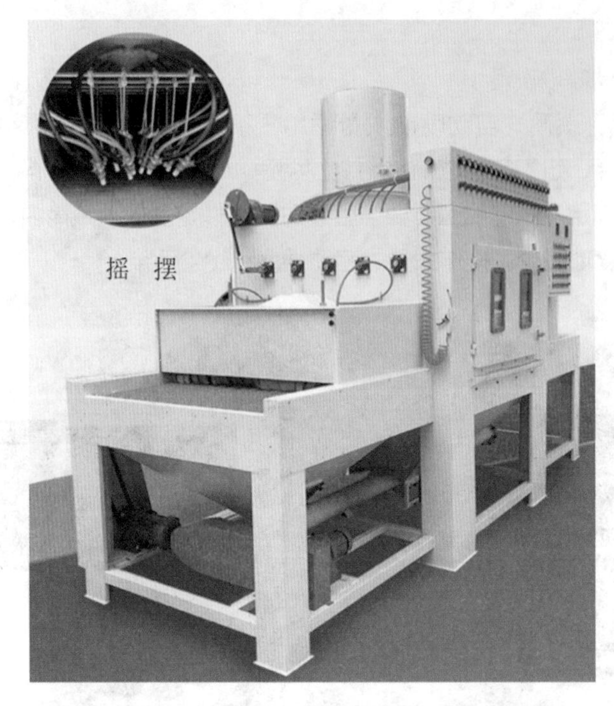

图 4-7　输入式自动喷砂设备

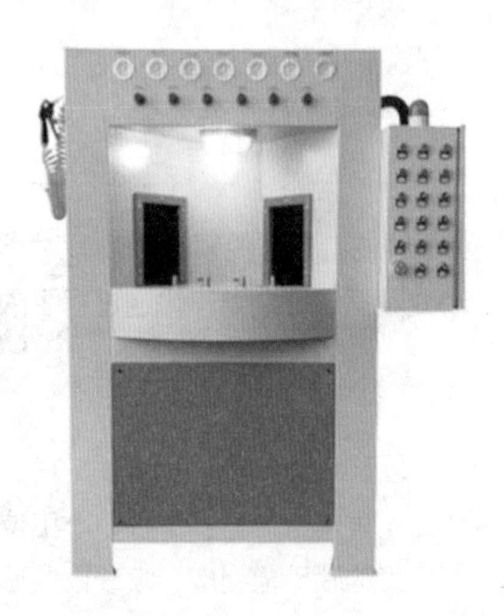

图 4-8　全自动连续转台式喷砂设备

（3）被加工范围广泛

喷砂工艺不仅可以喷体积较小的 3D 打印产品，还可以喷体积较大的 3D 打印产品。喷砂对象可以是树脂产品，也可以是金属产品。

（4）工艺灵活

喷砂工艺可以得到不同的表面粗糙度。

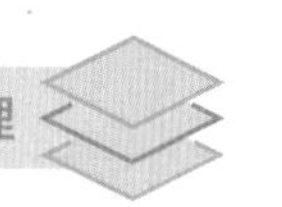

二、喷砂处理的介质分类

喷砂处理的介质有很多种，如图 4-9 所示。同一种喷砂砂料又有不同目数的粒度，在相同喷砂条件下会产生不同的表面粗糙度，从而使产品获得不同的效果。

砂料按照生成方式不同，分为矿物砂料（如氧化铝、碳化硅、黑刚玉等，见图 4-10）和人工砂料（如玻璃砂、不锈钢砂、树脂砂等，见图 4-11）两种。

砂料按照形状不同，分为菱形砂料、球形砂料等，如图 4-12 所示。

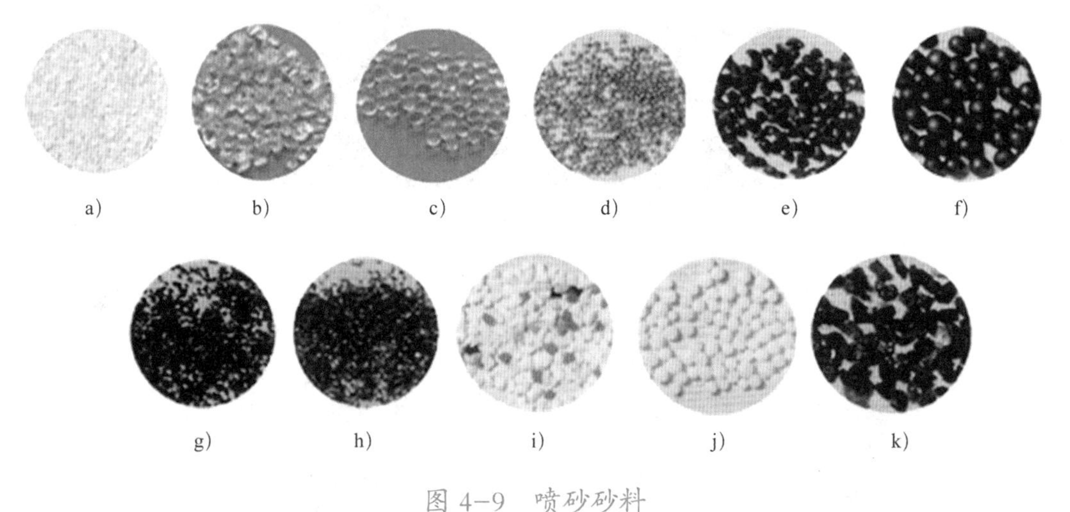

图 4-9　喷砂砂料

a）白刚玉　b）玻璃砂　c）玻璃珠　d）不锈钢丸

e）钢砂　f）钢丸　g）黑刚玉　h）黑碳化硅

i）硅塑料砂　j）陶瓷砂　k）棕刚玉

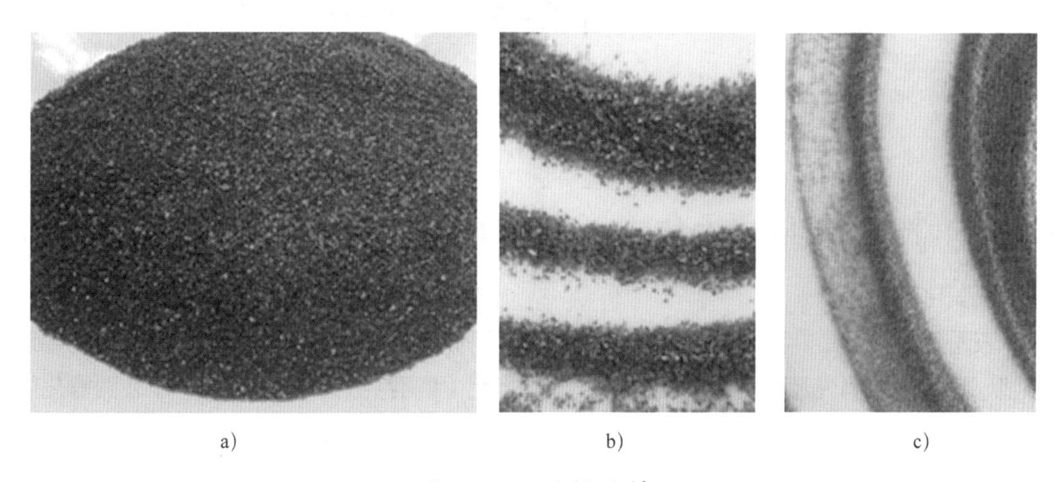

图 4-10　矿物砂料

a）氧化铝砂粒　b）24 目氧化铝　c）180 目氧化铝

图 4-11　人工砂料——树脂砂

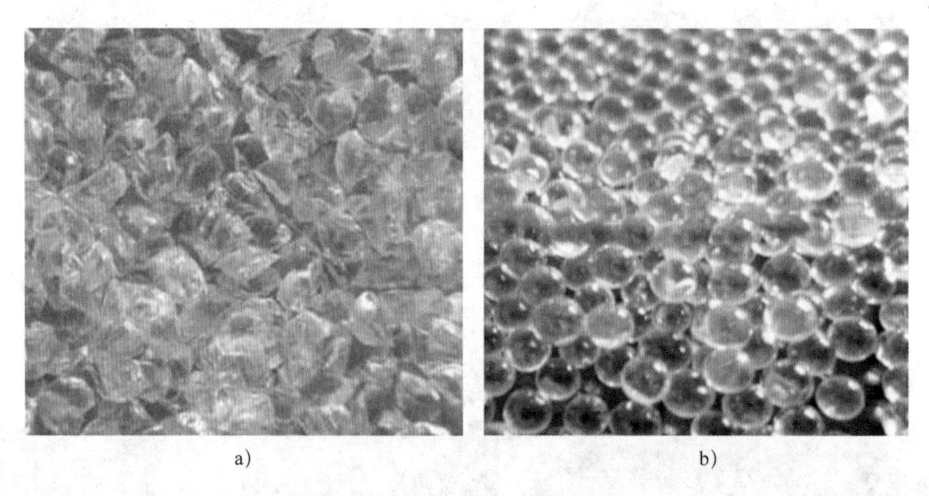

a)　　b)

图 4-12　不同形状的砂料
a）菱形砂料　b）球形砂料

三、喷砂处理的应用场合

1. 表面美化加工

表面美化加工主要包括金属产品机加工后的毛刺处理及表面美化，如锌铝压铸件的毛边修整、电镀品的消光及柔光雾面处理；非金属产品（如亚克力、水晶玻璃等）表面雾化处理。

2. 表面清除加工

可清除金属表面的锈蚀物、氧化层、热处理的黑皮等，以达到装饰的目的。

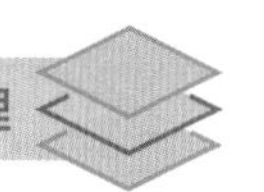

3. 光蚀加工

通过光蚀加工可使零件达到光滑且不反光的效果。

4. 刻蚀加工

可对黄金饰品、宝石、玻璃等表面进行刻蚀处理。

5. 零件涂镀前处理

在零件电镀、喷漆等之前进行喷砂处理可以增加其表面的附着力。

6. 零件消除应力加工

可对航空产品中太大的工业零件进行清洁及消除应力加工。

7. 模具加工

可进行模具咬花及雾面处理。

8. 玻璃加工

可进行玻璃雾面处理。

四、喷砂处理的操作流程

1. 检查砂料

根据喷砂部位与花纹规格准备喷砂砂料、工具和设备。喷玻璃砂时需检查砂料是否受潮，若有结块应将其揉碎，玻璃砂吸湿性强，放置时间太长会影响其亮度，如图 4-13 所示。

2. 检查及调节喷砂设备

（1）通过调整进砂调节器进气管的位置，使进砂间隙为 6 ~ 7 mm，从而控制砂料进入输砂管的数量。

（2）调节调压阀，控制进入喷枪的压缩空气压力，使工作压力为 5 bar 左右。

3. 喷砂前工序

一般情况下，产品喷砂前都要进行抛光处理，例如，喷 150 目的金刚砂或玻璃砂前，需要用 600 目的砂纸抛光产品。

4. 包扎及检查产品

产品同一侧有很多面，根据产品要求，有些面需要喷砂，有些面不需要喷砂。因此没有喷砂要求的面需要用胶纸包扎，进行保护处理。同时，产品边缘与尖角的地方要特别注意进行包扎，如图 4-14 所示。

5. 喷砂

喷枪与产品被喷表面的距离应为 5 ~ 10 cm，要注意控制喷枪进砂量及喷枪移动速度。喷第一道砂时，通过砂粒型号和气压控制整个花纹的深度，砂粒要均匀地喷射于产品表面。喷砂时间不可太长；否则，就会使已喷出的花纹模糊，特别是在喷玻璃砂时，要避免出现材料表面纹路不均匀的现象，如图 4-15 所示。

图 4-13　玻璃砂

图 4-14　喷砂产品的包扎

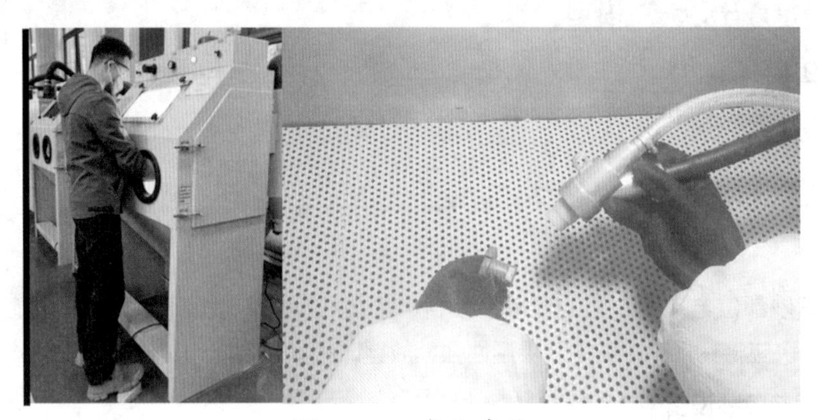

图 4-15　产品喷砂

6. 产品表面检查

喷砂后要检查产品表面花纹和光泽是否一致，表面有无油印、黑点、砂眼等缺陷。喷砂面是否完全盖住抛光线条。将喷砂面倾斜 30° ~ 70° 并左右摇摆进行观察，看其有无阴阳面和材料表面纹路不均匀现象，如图 4-16 所示。

7. 喷砂后处理

有些金属产品喷砂后需要用压缩空气吹掉零件表面的砂料，去毛刺，进行防锈处理。

图 4-16　喷砂后的产品

五、喷砂处理的注意事项

喷砂机一般分为干式喷砂机和湿式喷砂机两大类。湿式喷砂机与干式喷砂机相比，最大的特点就是很好地控制了喷砂加工过程中的粉尘污染，改善了喷砂的工作环境。喷砂处理的注意事项如下：

1. 气源

喷砂机接入的气源不应含有水、油、砂粒等。喷砂机使用一段时间后，要定期校验储气

罐、压力表、安全阀。应及时清理过滤器中的污物。储气罐每两周排放一次灰尘，砂罐里的过滤器每月检查一次。操作时，压缩空气阀要缓慢打开，其气压不准超过设备额定值。

2. 砂料

因其他颜色的石英砂可能会污染模型，所以喷砂砂料以白刚玉、白色石英砂为主。砂料应保持干燥。喷砂机中的石英砂使用一段时间后，因切削力降低，导致能效比降低，应及时更换石英砂。

3. 人身安全

作业人员在操作喷砂机时，应注意穿戴好个人防护用品，包括喷砂手套、护目镜、耳塞、口罩等必要的安全护具。

4. 环保

检查通风管和喷砂机门是否密封。工作前 5 min，须启动通风除尘设备，若通风除尘设备失效，禁止喷砂机工作。工作完成后，通风除尘设备应继续运转 5 min 再关闭，以排出室内的灰尘，保持场地清洁。必要时可在喷砂机排气口加装二级过滤器，以避免环境污染。

六、喷砂处理的缺陷分析及喷砂机常见故障的产生原因和排除方法

1. 缺陷分析

产品喷砂后局部明显变黑是喷砂新手经常遇到的问题，这是因为在同一位置喷砂时间太久，产品受到的砂料喷射压力大。喷枪离产品的距离应在 5 ~ 10 cm 之间，要注意掌控喷枪进砂量及喷枪移动速度，砂料要均匀地喷射于产品表面。

2. 影响喷砂处理效果的主要因素

（1）砂料种类和砂料粒度

砂料的种类不同，喷砂后的表面效果也不同。用球形砂料喷砂后产品表面较光滑，用菱形砂料喷砂得到的表面较粗糙。同一种砂料又有粗细之分，国内一般按照筛网数目划分砂料的粗细程度，称为砂料的号数，号数越高，砂料颗粒度越小，喷砂后得到的表面越光滑。

（2）喷射距离和喷射角度

喷射距离和喷射角度是手工喷砂技术的关键，喷射距离一般为 5 ~ 10 cm，喷枪离零件越远，喷射流的效率就越低，零件表面越光滑。喷枪与零件的夹角越小，喷射流的效率就越低，零件表面越光滑。

（3）喷射时间

喷射时间越长，零件表面越粗糙。

（4）压缩空气压力

喷射压力越大，喷射流的速度越快，喷砂效率越高，零件表面越粗糙；反之，零件表面越光滑。

3. 喷砂机常见故障的产生原因和排除方法

喷砂机常见故障的产生原因和排除方法见表 4-1。

▼ 表 4-1 喷砂机常见故障的产生原因和排除方法

故障现象	产生原因	排除方法
砂料进入集尘箱	砂料太细	采用较粗的砂料
	风机吸力太强	将风门调大
砂料不能自动回收	风门开得过大	调小风门
	回砂管堵塞	清除堵塞的砂料或异物
	回砂管、吸尘管未夹紧或磨损	重新夹紧或更换
	分离器或集尘箱未完全密封	涂上密封胶或更换密封条
风机口有砂料吹出	集尘袋有孔洞或未夹紧	更换集成袋或重新夹紧
喷砂时视野不清楚	视窗玻璃被打花	更换玻璃
	集尘袋堵塞	清理集尘袋
	集尘袋老化后堵死	更换集尘袋
	砂料中含粉尘太多	添加或更换新砂料
	回砂管内有杂物，导致回砂不通畅	拆卸回砂管，检查堵塞原因
	喷砂压力太高	调至推荐压力
加工效率低	喷砂压力太低	调高压力
	气嘴和喷嘴内径太小	更换内径较大的气嘴和喷嘴
	喷砂机内破碎的砂料和粉尘太多	更换砂料
只出气不喷砂，喷出的砂料不均匀或产生脉动	喷枪和出砂管被异物堵塞或破损	清除异物或更换
	砂料中含水分过高	检查气路，清除油、水，更换砂料
	分离器底部出砂口砂量调节阀关闭或者开口太小，使砂料不能被吸出	调大开口
	砂料太少	添加砂料

任务实施

一、任务准备

产品特点：SLA 打印成形的产品，产品表面要求有均匀的亚光效果。

前序工艺：清洗→打磨及抛光→上色处理。

本次工艺：喷砂处理。

根据任务要求提前准备相应的设备、工具、材料和劳动保护用品等，见表 4-2。

▼ 表 4-2　设备、工具、材料和劳动保护用品清单

序号	类别	准备内容
1	设备	喷砂机
2	工具	刷子
3	材料	玻璃砂料
4	劳动保护用品	手套、口罩、护目镜

二、制定喷砂工艺

根据模型的任务要求，因模型比较小，形状简单，喷砂前不需要进行其他处理。模型喷砂工艺为喷砂准备→调试设备→操作设备→喷砂操作。

三、喷砂操作

穿戴好个人防护用品，按照表 4-3 所列的操作步骤完成零件的喷砂处理工作。操作时需注意个人防护和环境保护。

▼ 表 4-3　零件的喷砂处理操作步骤

操作步骤		图示	操作内容
喷砂准备	280 目玻璃砂料		根据加工需要将 3 kg 的砂料装入旋风分离器下部的储存箱内

续表

操作步骤		图示	操作内容
设备调试	喷砂机		1. 通过调整进砂调节器进气管的位置，使进砂间隙为 6 ~ 7 mm，从而控制砂料进入输砂管的数量 2. 调节调压阀，控制进入喷枪的压缩空气压力，工作压力为 5 bar 左右
设备操作	开启设备		开启电源总闸，指示灯亮；开启电源开关，舱内照明灯亮
	放置零件	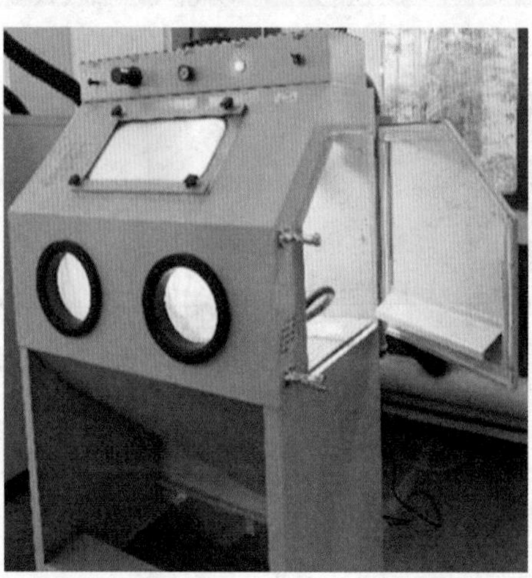	打开工作舱门，将待加工零件放在网孔板上，关上工作舱门 说明：零件体积较小时，也可通过工作手套处放入设备中

续表

操作步骤		图示	操作内容
喷砂操作	喷砂		双手插入工作手套，一手拿喷枪，一手抓住零件，使喷枪嘴对准待喷零件表面，距离为 5 ~ 10 cm 注意：手抓零件侧壁，使整个零件上表面露出 轻踩脚踏开关，压缩空气开通后进入喷枪，砂料在压缩空气作用下高速喷射到被加工零件表面 注意：喷砂过程中，一方面要保持喷枪与零件之间适当的喷射距离和角度，另一方面要使喷枪与零件之间在长边方向相对移动，使零件表面均匀地受到砂料的喷射加工，喷砂 1 min 即可
	松开脚踏开关		加工完毕，脚必须从脚踏开关处移开，喷枪停止喷射砂料后才可以打开工作舱门，取出零件
	断开电源		零件喷砂完毕，设备即可停止工作，断开电源总闸

四、质量检验

按照产品要求，经过喷砂，应使产品表面呈亚光效果，遮盖抛光纹，如图 4-17 所示。

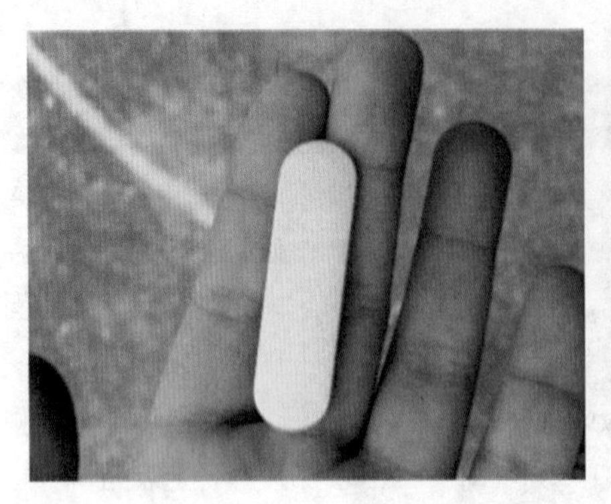 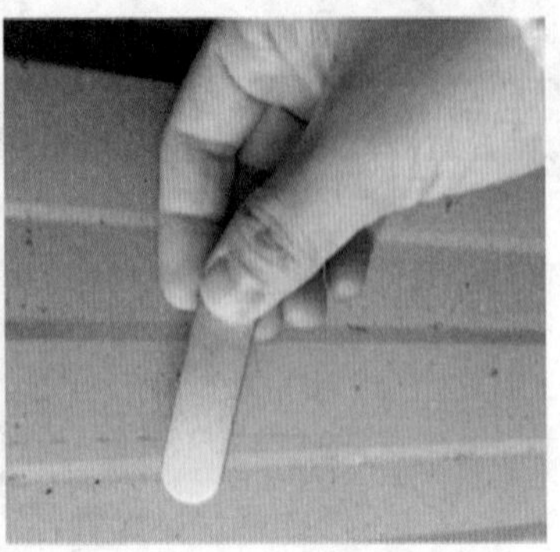

图 4-17　喷砂后的产品

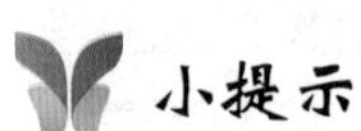

小提示

喷砂一定要把握好喷砂时间、喷嘴与产品距离、喷嘴与产品夹角，最好喷嘴一次喷射可以覆盖零件宽度方向，并在其长度方向均匀移动喷嘴，来回均匀移动3次即可。

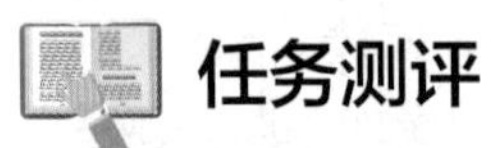

任务测评

按表4-4所列评分标准进行测评，并做好记录。

▼ 表4-4　实训评分标准

<table>
<tr><th rowspan="2">序号</th><th rowspan="2">考核内容</th><th rowspan="2">考核标准</th><th rowspan="2">配分</th><th colspan="3">得分</th></tr>
<tr><th>自我评价</th><th>小组评价</th><th>教师评价</th></tr>
<tr><td rowspan="3">1</td><td rowspan="3">职业素养</td><td>1. 认真、细致、按时完成学习和工作任务</td><td>10</td><td></td><td></td><td></td></tr>
<tr><td>2. 能按要求穿戴好个人防护用品</td><td>5</td><td></td><td></td><td></td></tr>
<tr><td>3. 遵守实训室管理规定和“6S”管理要求</td><td>5</td><td></td><td></td><td></td></tr>
<tr><td rowspan="3">2</td><td rowspan="3">专业技能</td><td>1. 能分析喷砂工艺参数对产品表面的影响</td><td>20</td><td></td><td></td><td></td></tr>
<tr><td>2. 能对SLA成形件进行喷砂处理</td><td>20</td><td></td><td></td><td></td></tr>
<tr><td>3. 能独立完成3D打印产品喷砂后的质量检验与缺陷修复工作</td><td>20</td><td></td><td></td><td></td></tr>
<tr><td rowspan="2">3</td><td rowspan="2">创新能力</td><td>1. 能尝试设计喷砂夹具</td><td>10</td><td></td><td></td><td></td></tr>
<tr><td>2. 工作过程中能经常提出问题并尝试解决</td><td>10</td><td></td><td></td><td></td></tr>
<tr><td colspan="3">小计</td><td>100</td><td></td><td></td><td></td></tr>
<tr><td colspan="4">总分=0.15×自我评价得分+0.15×小组评价得分+0.7×教师评价得分</td><td colspan="3"></td></tr>
</table>

项目五

3D 打印产品的丝网印刷

学习目标

1. 了解丝网印刷的工作原理和组成。
2. 掌握丝网印刷的应用场合和工艺流程。
3. 掌握丝网印刷的制版工艺。
4. 掌握丝网印刷的操作步骤和注意事项。
5. 能熟练使用设备完成制版和模型的丝网印刷工作。
6. 能独立完成印刷后模型的质量检验与缺陷修复工作。

任务描述

许多 3D 打印产品都需要呈现文字或商品标志，如电器按钮的图标、电风扇挡位调节指示、各种商品品牌标志等。这些产品都是常见的需要进行丝网印刷的产品。丝网印刷是 3D 打印后处理中的一种加工方法，其操作方法简单，生产效率高。如图 5-1 所示为电子产品外壳的手板，采用 SLA 工艺成形，经过上色处理，产品上英文标志采用丝网印刷工艺。

图 5-1　电子产品丝印 logo

本任务采用丝网印刷的方式完成挖掘机模型标志的上色处理，如图 5-2 所示。该标志的含义为参考说明书。挖掘机模型主要以平面构成，方便丝网印刷操作，在丝网印刷过程中要合理利用手中的工具和材料，穿戴好个人防护用品，完成挖掘机模型的丝网印刷处理，要注意劳动保护和环境保护。

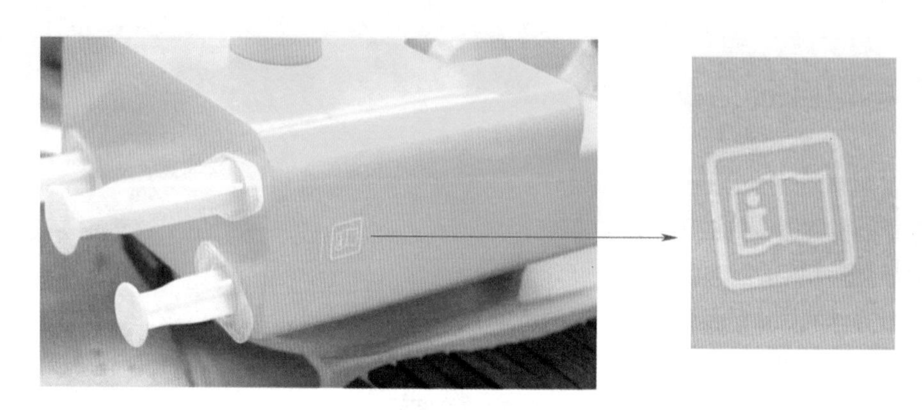

图 5-2 挖掘机需丝印的标志

相关知识

一、丝网印刷的工作原理、工艺特点及应用

1. 丝网印刷的工作原理

丝网印刷简称丝印，是指用丝网作为版基，并通过感光制版方法，制成带有图文的丝网印版。丝网印版的部分孔能透过油墨，漏印至承印物上形成图文；印版上其余部分的网孔堵死，不能透过油墨，在承印物上呈空白。丝网印刷由五大要素构成，即丝网印版、刮印板、油墨、印刷台和承印物，如图 5-3 所示。

印刷时在丝网印版的一端倒入油墨，油墨在无外力的作用下不会自行通过网孔漏在承印物上，当用刮印板以一定的倾斜角度及压力刮动油墨时，油墨通过网版转移到其下的承印物上，从而实现图像的复制。

2. 丝网印刷的工艺特点

（1）丝网印刷可以使用多种类型的油墨

丝网印刷可以使用油性、水性、合成树脂型、粉体等各种类型的油墨。

（2）版面柔软

丝网印刷版面柔软且具有一定的弹性，不仅适合在纸张和布料等软质物体上印刷，而且也适合在硬质物体上印刷。

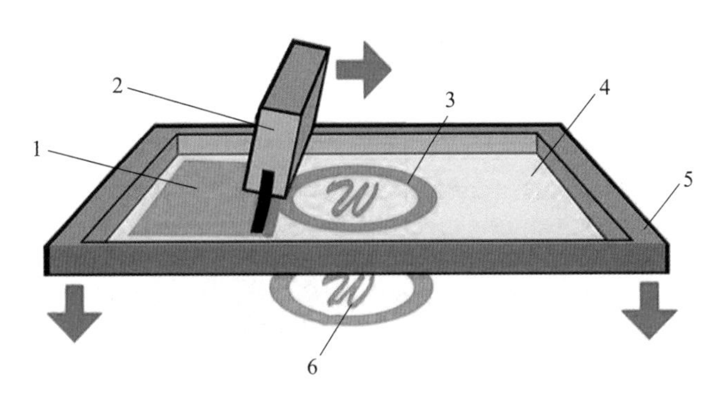

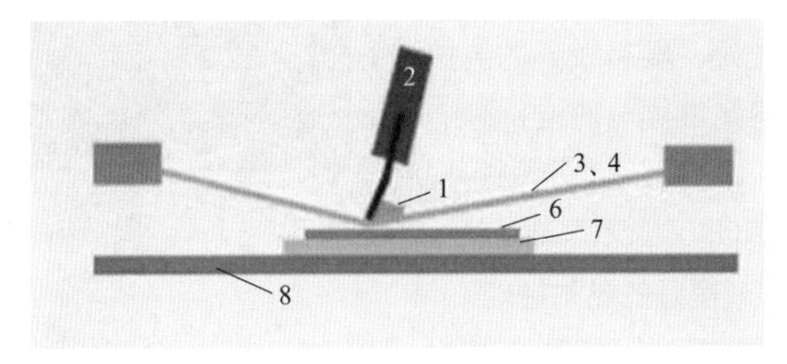

图 5-3　丝网印刷原理图

1—油墨　2—刮印板　3—镂空图案　4—丝网印版的丝网　5—丝网印版的网框
6—印好的图案　7—印刷基材　8—丝印设备工作台

（3）丝网印刷压印力小

由于在印刷时所用的压印力小，因此也适合在易破碎的物体上印刷，如在玻璃、陶瓷等器皿上印刷。

（4）墨层厚实，覆盖力强，耐光性强

丝网印刷的墨层厚度可达 20 ~ 100 μm，其覆盖力强，抗晒能力强。

（5）不受承印物表面形状和面积大小的限制

丝网印刷不仅可在平面上印刷，而且可在曲面上印刷；它不仅适合在小物体上印刷，而且也适合在较大的物体上印刷。这种印刷方式有着很大的灵活性和广泛的适用性。

3. 丝网印刷的应用

丝网印刷被越来越多的行业认可，应用广泛。在家用电器的电路板，纺织品上的花纹，鞋上的图案，电冰箱、电视机、洗衣机面板上的文字，陶瓷、玻璃、墙砖和地砖上的装饰；各种商业广告（如固定、流动等广告）平台；在包装装潢业中丝印高档包装盒、包装瓶等方面，丝网印刷应用非常广泛，与人们的生活紧密相连。

二、丝网印刷的制版工艺

制版工艺是丝网印刷的基础，直接影响着印刷质量。印刷中许多质量问题与制版工艺息息相关。因此必须严格选用制版材料，正确掌握制版技术，根据制版工艺的要求进行制版。

1. 制版材料和设备

（1）丝网

丝网是丝网印刷的基础。作为丝网印版胶膜层的支持体，印刷用的丝网要具有薄、强、有均匀的网孔和伸缩性小的条件，一般采用机织物作丝网，如图 5-4 所示。丝网几何结构的基本要素是丝网的目数和丝的直径。

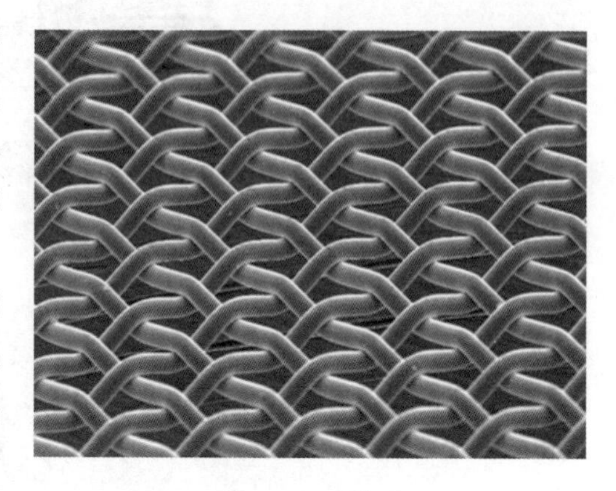
图 5-4 丝网

1）丝网的选用要求。编织平滑，以防止漏白及油墨堆积。耐磨性好，要有较高的抗拉强度。化学稳定性好，可耐油墨、清洁剂等的侵蚀。要有较好的弹性，以保证每个印刷行程后可以恢复原状。膨胀率低，以保证印版尺寸稳定，且与各种感光材料有良好的黏附性能。

2）丝网的品种。最常用的丝网是尼龙丝网和涤纶丝网，金属丝网一般只在特定条件下使用。各种丝网在印刷性能上各有利弊，其特点和适用范围见表 5-1。

▼ 表 5-1 各种丝网的特点和适用范围

种类	特点	适用范围
尼龙丝网	耐磨性很好，与涤纶丝网相比易印刷，但是印刷时容易伸缩，尺寸精度不稳定	用于纸张、塑料等的一般印刷
涤纶丝网	耐磨性好，不易受潮。另外，与尼龙丝网相比印刷时伸缩率小，印刷尺寸精确	用于印制电路板、标牌等的精密印刷
金属丝网	印刷时伸缩率很小，印刷尺寸精确，但是弹性差，用力过大会出现凹凸不平、破损现象。保管时应注意防护	用于电子材料等的精密印刷

在选用丝网时，要根据承印物种类和材料选择丝网的材质、目数、编织结构等。当承印物为衣服、书包等时，可选用尼龙丝网；当承印物为纸类产品时，可选用厚尼龙丝网；当承印物为玻璃器皿、金属容器、塑料产品时，可选用单丝尼龙丝网、薄涤纶丝网、不锈钢金属丝网；当承印物为半导体元件、集成电路等时，可选用涤纶丝网、不锈钢丝网。

（2）丝网网框

丝网网框是支撑丝网的框架，常用的有木质网框（见图 5-5）、中空铝框、钢质网框等。网框的选择主要应考虑其抗张力性能、轻质特性与耐用性等，以避免因变形而歪斜，同时可方便操作者使用，以提高印刷质量。

（3）感光胶和感光膜

1）感光胶。感光胶包括成膜剂、感光剂、助剂，如图 5-6 所示。成膜剂和感光剂是配方的主体成分，有时需要添加助剂来调节主体成分性能的不足。

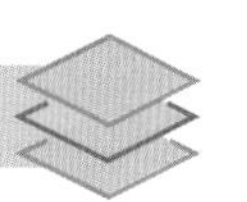

图 5-5　木质网框

图 5-6　感光胶

2）感光膜。感光材料形成的版膜应适应不同种类油墨的性能要求；具有一定的耐印性，能承受刮印板多次刮压；与丝网的结合能力好，印刷时不产生脱膜故障；易于剥离，利于丝网印版的再生利用。

（4）张网机

张网机是丝网印刷制版用的专用配套辅助设备，如图 5-7 所示，用于往丝网框架上绷丝网。常用的张网方法有手动式张网法、机械式张网法、气动式张网法等。

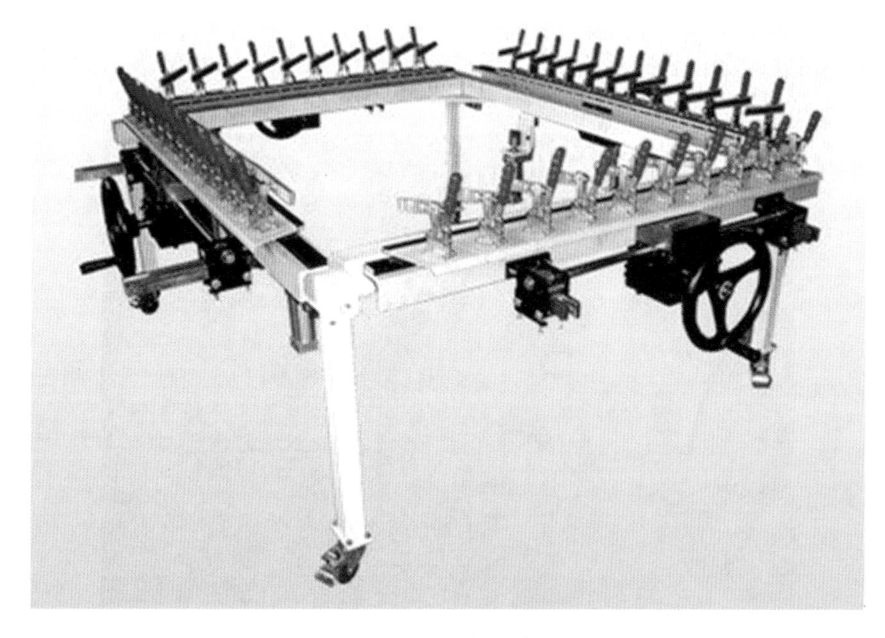
图 5-7　张网机

（5）丝网晒版机

丝网晒版机专供晒制丝网印版用，如图 5-8 所示为晒版机。由于在晒制丝网印版时丝网有框架，因此，通常会在丝网上放一块厚的海绵，使丝网与底片紧密接触。

图 5-8　晒版机

晒版机主要是用于制作印版（PS 版、丝网印版等）的一种接触曝光成像设备，利用压力使原版与感光版紧密贴合，以便通过光化学反应，将原版上的图像精确地晒制在感光版上。

（6）网印刮板

丝网印刷中的刮板用于将感光胶均匀地刮在丝网上，如图 5-9 所示。

图 5-9　网印刮板

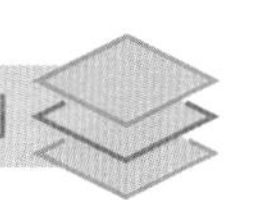

2. 制版的工艺方法

传统的制版方法多为手工操作，现代普遍使用的是感光制版法。这种制版方法以丝网为支撑体，先选择丝网和网框，将丝网绷紧在网框上，在丝网上涂感光胶，然后将阳图底版密合在版膜上晒版，经曝光、显影，印版上不需过墨的部分见光形成固化版膜，将网孔封住，印刷时不透过油墨；印版上需要过墨的部分显影时网孔打通，印刷时油墨透过，在承印物上形成墨迹。

三、丝网印刷工艺流程

1. 准备工作

（1）印刷前对承印物进行印前处理，例如，对塑胶 3D 打印产品需要进行清洗，以免因产品表面黏附灰尘和油脂而影响印记的牢度。

（2）选择适合承印材料的油墨，如纸类丝网油墨、织布类丝网油墨、塑料类丝网油墨、金属类丝网油墨和玻璃类丝网油墨等。印刷前应调试好油墨，如进行调色及添加稀释剂、表面活性剂和减稠剂等，保证油墨能较好地印刷。

2. 安装印台

具体工作包括定位网框，调整网距，定位承印物，安装及调整刮板等。

3. 试印刷

每次开印前都应做一次试印刷，在试印样上检查图像的再现性及色调情况。在第一次版印检查合格后，记录印每个形状的参考位置，并立即洗版，不得留有残墨，以免残墨干固后堵塞网孔。

4. 正式印刷

根据油墨的黏度适当调整刮板的运动速度，找出印刷的最佳状态。要印下一版时，应按照上一版的位置记号安装印版。

5. 印物干燥

流体状的油墨被印刷在承印物上后转变为固态。油墨的干燥速度过快或过慢会引发各种故障，例如，图文产生锯齿状波纹，细微部分印不上油墨等现象。

四、丝网印刷的操作步骤及注意事项

1. 操作步骤

（1）制作印版

利用感光制版法将阳图底版上的字样（如 ReminX）制成丝网印版，如图 5-10 所示。

（2）丝印准备

用干净的抹布擦拭产品表面，调配油墨，如图 5-11 所示。

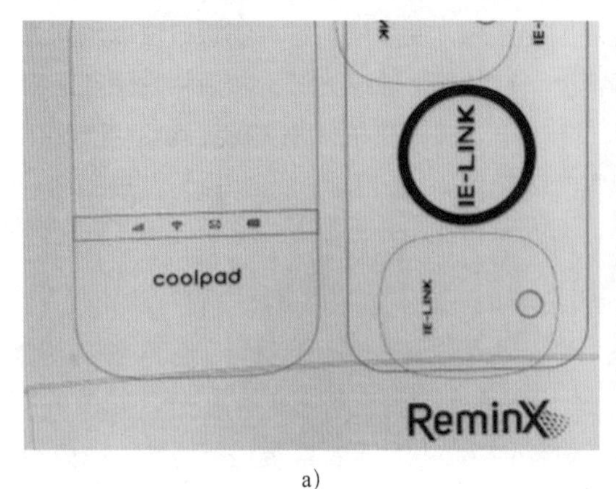

a) b)

图 5-10 感光法制版

a）阳图底版 b）丝网印版

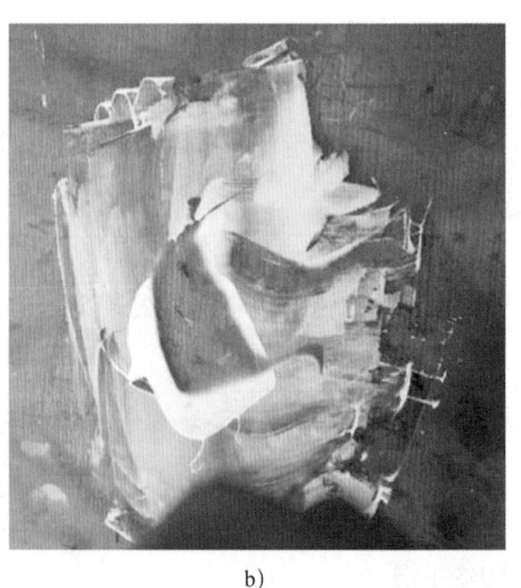

a) b)

图 5-11 丝印准备

a）用干净的抹布擦拭产品表面 b）调配油墨

（3）调试印刷设备

安装印刷台，使印版定位，使用洗网水将网版清洗干净，如图 5-12 所示。

（4）试印刷

放置产品，使产品定位，试印刷，如图 5-13 所示。

（5）正式印刷

试印成功后再重复上述动作正式印刷，得到如图 5-14 所示的产品。

（6）吹干

使用吹风机吹干产品 logo，如图 5-15 所示。

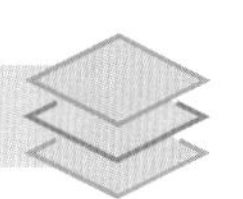

图 5-12　印刷设备

a)

b)

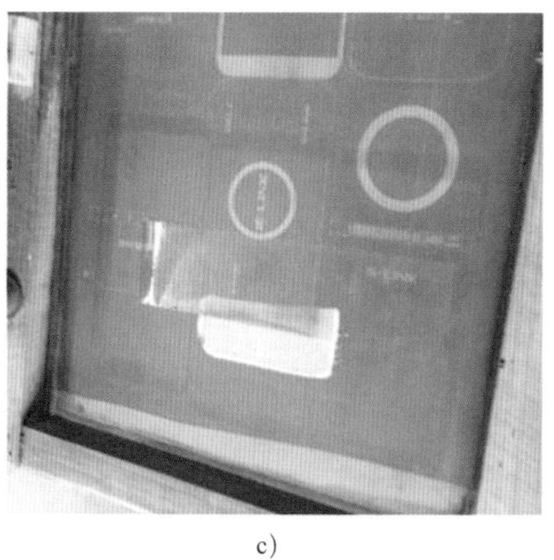

c)

图 5-13　产品试印刷

a）放置产品　b）使产品定位　c）试印刷

图 5-14　产品

图 5-15　吹干产品

2. 注意事项

手工印刷时，使用刮板刮墨并回墨，刮板运行时，在刮墨的同时给刮板一定的力，使网版与产品为线接触，完成刮印工作。这时油墨从网版的一端刮到另一端。为了使再次刮印时有足够的油墨，回程时由回墨板匀墨，可自由转变刮板角度进行印刷。印刷完毕需要清洗网版并对其进行干燥，以防堵版。

五、丝网印刷中常见的故障及解决方法

丝网印刷的故障可能由单一原因引起，也有可能是各种原因错综复杂的影响。操作者应正确选择对策排除故障。

1. 堵版

若承载物上图文内容不全，说明部分丝网印版图文通孔不能在印刷中将油墨转移到承印物上。具体原因如下：

（1）承印物的原因

3D 打印产品表面没有清洗干净，导致堵版。

（2）印刷环境温度变化

环境温度太高，油墨的黏度降低，因干燥太快会堵住网孔。环境温度太低，油墨流动性差，也容易堵版。油墨在开放环境中暴露时间过长，也会产生堵版现象，暴露时间越长，堵版越严重。

（3）丝网印版的原因

印刷前应检查丝网印版是否干净，是否黏附尘土或有残余油墨，如果不及时清洗会造成堵版。因此，制好的网版在使用前应用水冲洗干净并干燥后方能使用。

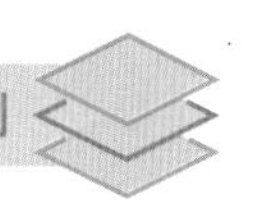

（4）油墨的原因

油墨中的颜料及其他固体成分的颗粒较大时，容易出现堵住网孔的现象。因此在使用前应检查油墨的颗粒度。

发生堵版故障后，应采用适当的溶剂擦洗油墨。擦洗时要控制好力度，由中间向外围轻轻擦拭，每擦洗一次，版膜会变薄一些。擦拭后应检查版膜是否有破损。

2. 油墨在承印物上附着不牢

（1）若 3D 打印塑料产品在印刷前表面处理不充分，会造成油墨附着不牢，应注意做好印刷前的表面处理工作。

（2）油墨本身黏结力不够时，也会导致油墨附着不牢，最好更换其他种类的油墨进行印刷。

（3）稀释剂选用不当，也会导致油墨附着不牢，在选用稀释剂时要考虑油墨的性质。

3. 图像变形

印刷时，控制好刮板的压印力，确保印版与承印物之间为线接触即可。若压印力过大，印版与承印物呈面接触，会使丝网伸缩，造成印刷图像变形。如果不加大压力不能印刷时，应缩小版面与承印物面之间的间隙，进而减小刮板的压力。

任务实施

一、任务准备

产品特点：在产品表面丝印“参考说明书”标志。

前序工艺：SLA 打印成形→上色处理。

本次工艺：丝网印刷。

根据任务要求提前准备相应的工具、材料、设备和劳动保护用品等，见表 5-2。

▼ 表 5-2　工具、材料、设备和劳动保护用品清单

序号	类别	准备内容
1	工具	手动刮印板、网版
2	材料	油墨、感光胶、胶纸
3	设备	晒版机、手工丝印机
4	劳动保护用品	手套、口罩、护目镜

二、制定丝网印刷工艺

根据模型的任务要求，该模型为塑料类产品，形状比较大，丝印表面为大平面，丝印前需要清洗模型表面。模型丝印工艺为制版→丝网印刷。

三、丝网印刷操作具体流程

穿戴好个人防护用品，按照表 5-3 所列的操作步骤完成产品的丝网印刷工作。操作时需注意个人防护和环境保护。

▼ 表 5-3　产品的丝网印刷操作步骤

操作步骤		图示	操作内容
制版	准备网版		准备清洗干净的网框，绷紧丝网，使丝网和网框紧贴，在两者接触部分涂黏合剂并钉紧丝网。剪掉网框外部多余的丝网。清洗丝网，晾干待用
	涂感光胶	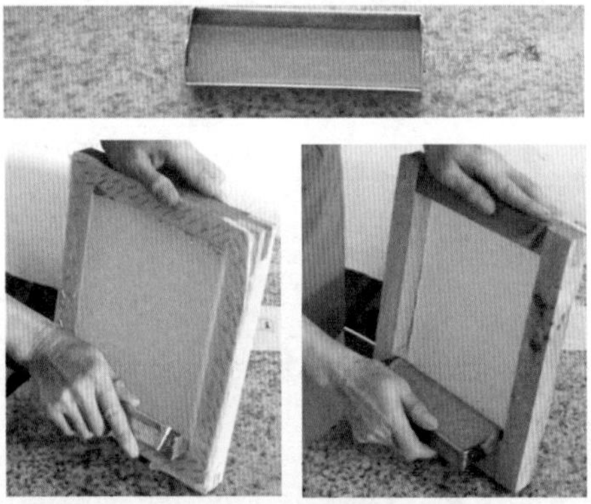	1. 在丝网的正面均匀刮涂感光胶，刮两次 2. 在丝网的反面均匀刮涂感光胶，刮两次 3. 用吹风机慢慢吹干感光胶 4. 重复 1 ~ 3 的操作
	密合阳图底版	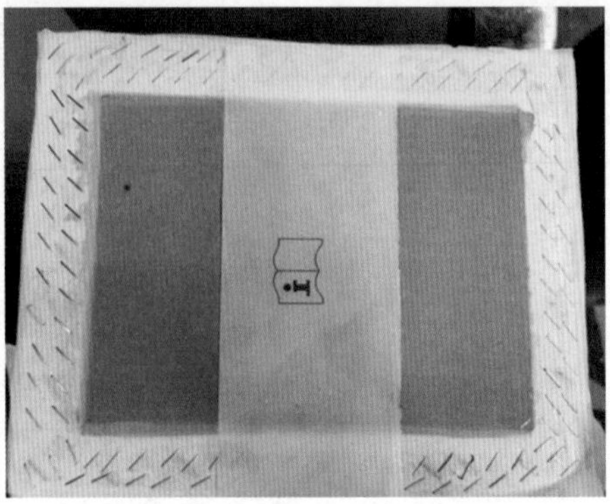	将阳图底版与感光膜密合在一起

续表

操作步骤		图示	操作内容
制版	第一次晒版	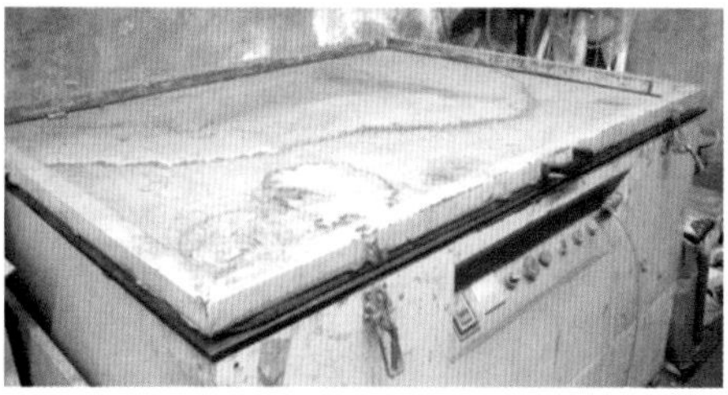	放入紫外线晒版机进行第一次晒版，紫外线曝光时间为50 s
	第一次水洗	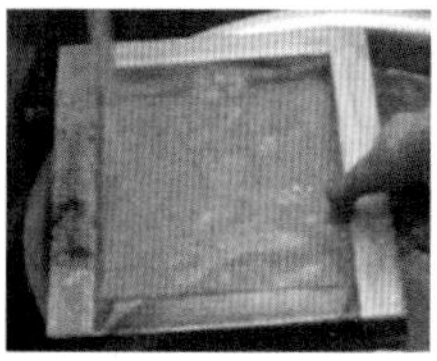 	清洗第一次晒版后的网版，先将其在水中浸泡 10 s，然后用高压水枪吹 10 s，使网版呈现出丝印图案，最后用吹风机吹干
	第二次晒版		将清洗、吹干后的网版再次放入紫外线晒版机进行第二次晒版，紫外线曝光时间为 100 s
	获得丝印网版		再次水洗第二次曝光后的网版，并用吹风机将其吹干，获得可丝印的网版
丝网印刷	调配印刷油墨		选择丝网印刷塑料类产品的油墨，调好黏度与流动性

续表

操作步骤		图示	操作内容
丝网印刷	准备零件，清洗网版		1. 擦洗挖掘机待丝印的面 2. 清洗网版
	试制与印刷	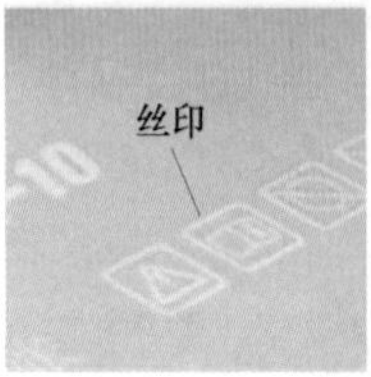  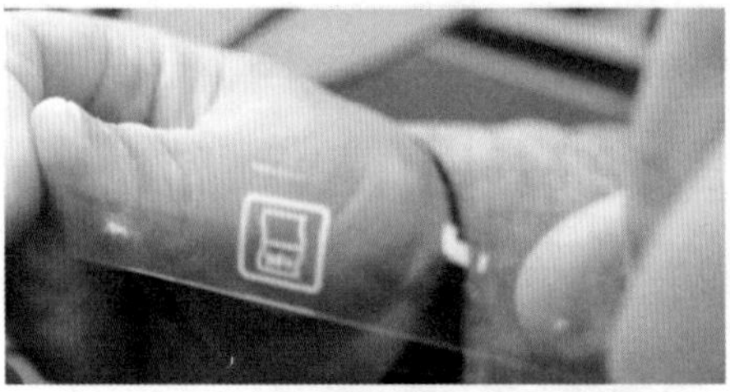 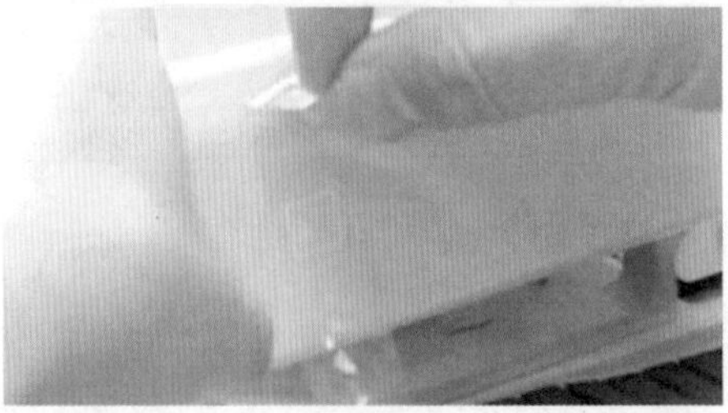	1. 预印刷 2. 由于挖掘机体积较大，不适合直接用丝印机网版印刷，因此采用转印的方式进行印刷 3. 转印时先在网版标志的背面贴上专用胶纸 4. 将标志丝印在专用胶纸上 5. 最后将胶纸粘贴在挖掘机需要丝印的位置，5 s 后撕掉胶纸即可完成转印
	产品干燥与设备清理	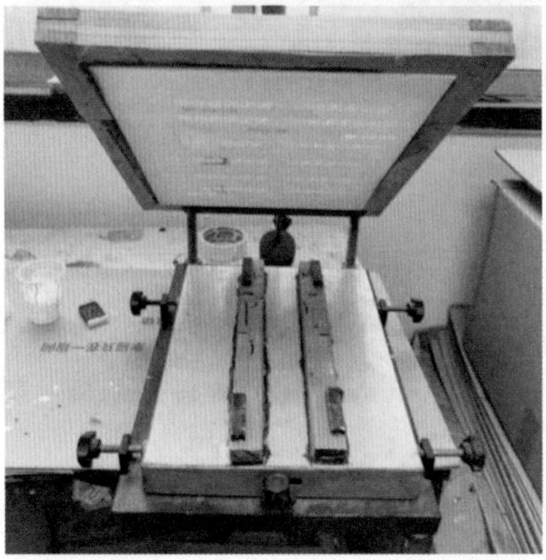	1. 将产品自然晾干 2. 清理设备，做好“6S”管理工作

四、质量检验

按照产品要求，检查产品表面丝印标志，如图 5-16 所示。

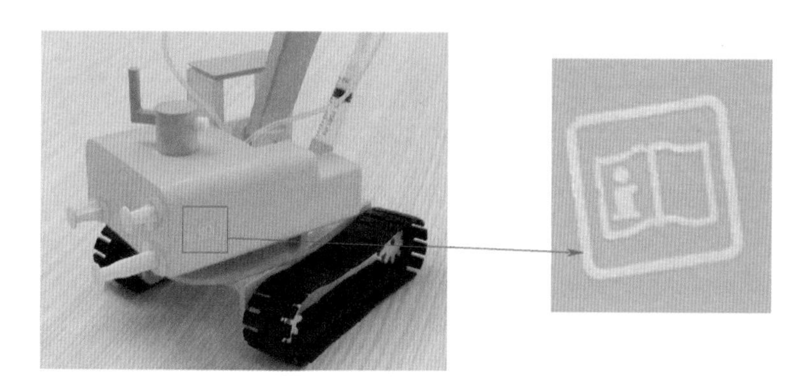

图 5-16　产品丝印标志

任务测评

按表 5-4 所列评分标准进行测评，并做好记录。

▼ 表 5-4　实训评分标准

序号	考核内容	考核标准	配分	得分		
				自我评价	小组评价	教师评价
1	职业素质	1. 认真、细致、按时完成学习和工作任务	10			
		2. 能按要求穿戴好个人防护用品	5			
		3. 遵守实训室管理规定和“6S”管理要求	5			
2	专业技能	1. 能分析丝印工艺出现故障的原因	20			
		2. 能对 SLA 成形产品进行丝印处理	20			
		3. 能独立完成丝印质量检验与缺陷修复工作	20			
3	创新能力	1. 能创新设计产品在丝网中的定位方案	10			
		2. 工作过程中能经常提出问题并尝试解决	10			
小计			100			
总分 =0.15× 自我评价得分 +0.15× 小组评价得分 +0.7× 教师评价得分						

项目六

3D 打印产品的打标

学习目标

1. 了解激光打标的原理。
2. 了解激光打标系统的组成。
3. 掌握激光打标图形处理软件基础知识。
4. 掌握激光打标的操作方法。
5. 掌握激光打标工艺。
6. 能使用打标机完成模型的打标工作。

任务描述

由于 3D 打印工艺逐层堆积的成形原理，使产品在打印过程中受到层厚和壁厚参数的制约，会使图 6-1 所示产品上的文字、符号和图案等细小形状无法实现打印。而对于这类产品的文字、商标、二维码等，3D 打印产品采用后续激光打标的方法实现。激光打标利用聚集后极细的激光束对物体表面的材料逐点去除，其标记过程为非接触性加工，不产生机械挤压或机械应力，因此不会损坏被加工物体；由于激光聚焦后的尺寸很小，热影响区域小，加

a)

b)

图 6-1　产品上的文字、符号和图案
a）金属法兰　b）塑料按钮

工精细，因此可以完成一些常规方法无法实现的工艺，打出各种文字、符号和图案等，字符大小可以从毫米到微米级。

本任务就是为上色完毕的 3D 打印挖掘机模型制作产品商标，并操作打标机，在挖掘机机臂的模型上打标，图 6-2 所示为挖掘机机臂打标完成后的效果图。

图 6-2　挖掘机机臂商标打标

相关知识

一、激光打标概述

1. 激光打标原理

激光打标是指以激光束照射被加工零件，使零件表面瞬间发生汽化、熔化、相变等物理或化学变化，从而在零件表面留下文字、图案刻痕的标记方式。激光打标的原理可以分为以下三类：

（1）通过物质移动打标

用峰值功率相对较高的激光照射零件，加热后零件汽化或熔化（金属或非金属材料），从而切移零件上的部分物质，使零件表面有痕迹感和雕刻效果，如图 6-3a 所示。适用于齿轮、连杆等金属零件的深雕加工。

（2）通过材料表面色彩变化形成打标图案

用峰值功率相对较低的激光照射零件，加热后零件发生相变（金属材料）或变性（非金

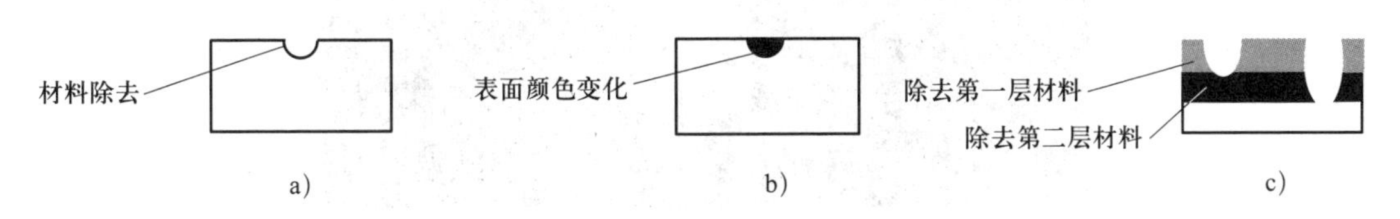

图 6-3　激光打标的原理

属材料），从而改变零件表面的颜色，如图 6-3b 所示。适用于不锈钢等金属材料的彩色打标以及塑料等非金属材料的打黑。

（3）通过材料层次移动打标

通过移动多层材料中的某一层或几层材料，从而显示底层材料的颜色，形成颜色对比度，如图 6-3c 所示。适用于多层商标标签的激光标记。

2. 激光打标机系统的组成

一台完整的激光打标机应由激光器系统、导光及聚焦系统、运动系统、控制系统、传感与检测系统、冷却与辅助系统六大功能系统组成，其核心为激光器。

（1）打标机激光器系统

目前，激光打标机的激光器波长范围从紫外激光到中红外激光都有成熟运用，图 6-4 所示给出了适用于打标的激光波长。

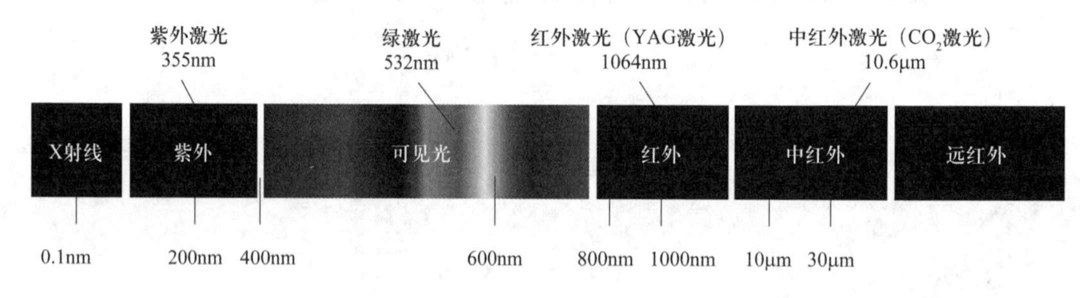

图 6-4 适用于打标的激光波长

1）CO_2 激光器。其工作波长为 10 604 nm，广泛用于在纸张和木材等有机材料上打标，同时也能在印制电路板（PCB 板）和玻璃上打标。图 6-5 所示为 CO_2 激光打标机在 PCB 电路板上打标的效果。

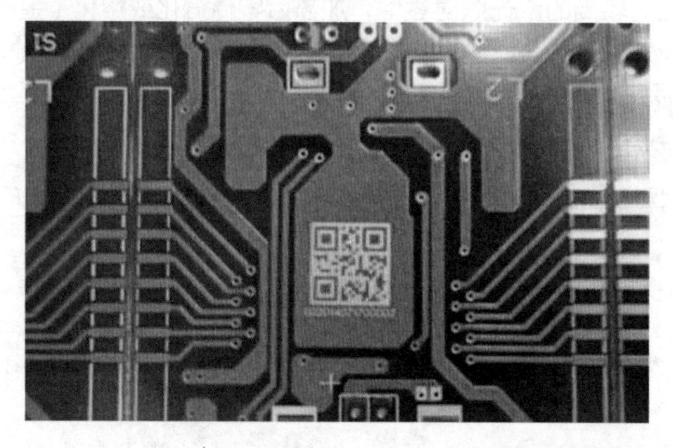

图 6-5 CO_2 激光打标机在 PCB 电路板上打标的效果

2）光纤激光器。其工作波长为 1 070 nm，适用于在金属和塑料上打标。使用寿命长，光电效率高，维护需求简单，使用成本低。图 6-6 所示为光纤激光打标机在玻璃纤维上打标的效果。

图 6-6　光纤激光打标机在玻璃纤维上打标的效果

3）Nd：YV04 激光器。其工作波长为 1 064 nm，激光峰值功率高，脉冲宽度窄，在高分辨率清晰打标中得到应用。

4）绿光激光器。其工作波长为 532 nm，适合在塑料、硅材料上清晰打标，还能在金、银等反光性强的材料上实现高质量打标。

5）紫外激光器。其工作波长为 355 nm，几乎适用于所有材料，特别适合在塑料上打标以及在金属材料上的低热量打标。绿光激光器和紫外激光器通常是将 Nd：YV04 激光器的输出借助晶体元件倍频，将输出光的波长从 1 064 nm 分别变换为 532 nm 和 355 nm。

6）Nd：YAG 激光器。常用于大面积和深度雕刻金属等要求具有较高的激光功率（50 ~ 100 W）的应用场合。

上述每种激光器提供不同的输出波长，并且具有不同的峰值功率和脉冲宽度等光学性能，要根据所要标记的材料以及用户对标记的清晰度、字符大小和输入零件的热量等要求选用不同的激光器波长。除了能进行打标外，激光打标机通常还具备一定的切割、钻孔、抛光、划线、刮削等加工能力。

（2）打标机导光及聚焦系统

振镜式激光打标机应用最为普遍，下面以它为例介绍激光打标机的导光及聚焦系统。

1）主要光学器件。打开各类振镜式激光打标机的光具座外罩，除了激光器不同以外，可以看到聚焦镜、合束镜、扩束镜等光学器件安装在光具座内部，振镜和平场透镜等光学器件（又称打标头）安装在光具座外部，如图 6-7 所示。

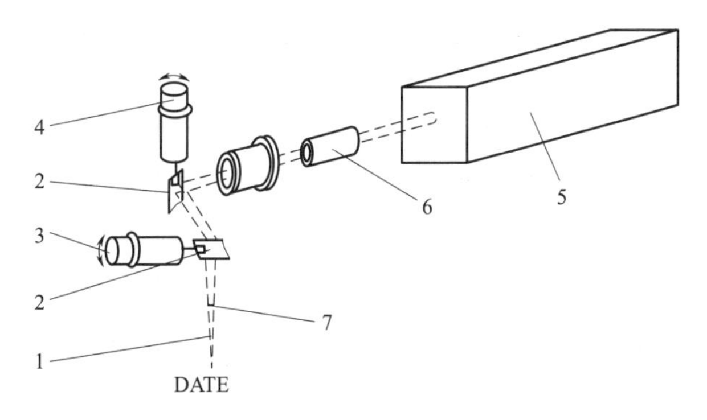

图 6-7　打标机导光及聚焦系统

1—对焦红光　2—振镜镜片　3—振镜 X 轴电动机　4—振镜 Y 轴电动机　5—激光器　6—扩束镜　7—聚焦镜

上述器件构成振镜式激光打标机的导光及聚焦系统，激光传导路径可以简单表述为激光器→合束镜（如有必要）→扩束镜→振镜聚焦透镜（场镜）→零件。

2）聚焦方式。按聚焦透镜的位置不同，光路系统分为前聚焦和后聚焦两种方式。

①后聚焦方式。在后聚焦方式中，聚焦透镜安装在振镜系统后，是导光及聚焦系统的最后一个器件，如图 6-8 所示。

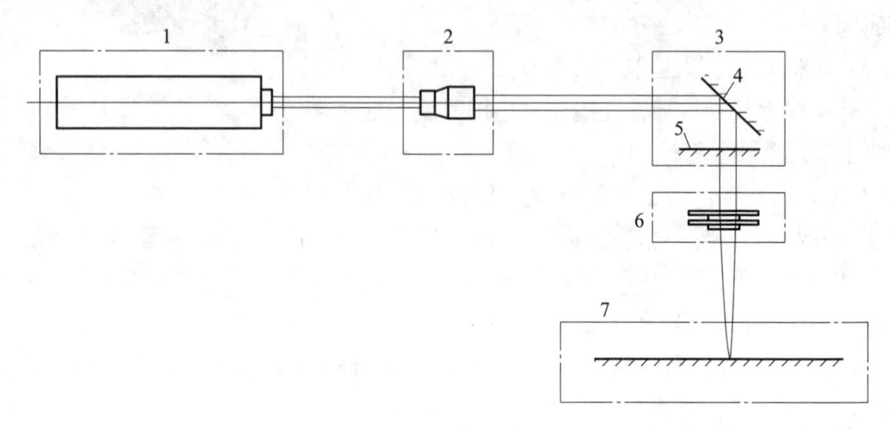

图 6-8 后聚焦光路系统［后聚焦系列（H 系列）］

1—激光器 2—扩束镜 3—振镜系统 4—X 振镜

5—Y 振镜 6—聚焦镜头 7—工作台面

加工范围与聚焦透镜的焦距成正比，后聚焦方式聚焦后光斑直径较小，但加工范围比较小。

振镜式激光打标机一般采用后聚焦方式，将聚焦透镜安装在振镜的后面。

聚焦透镜 f-theta 是平场透镜，不管光束如何移动，它的焦点位置始终大致保持在一个平面上，保证了在加工区域内激光光斑的大小与能量密度一致，有效地提高了加工质量。

另外，后聚焦方式可以根据加工范围的大小和加工状况随时更换聚焦透镜，为设备的维护及维修提供了极大的便利。

②前聚焦方式。在前聚焦方式中，聚焦透镜安装在振镜系统之前，如图 6-9 所示。

前聚焦方式的光程较长，聚焦后的光斑直径比较大，但加工范围较大。

为了克服前聚焦方式聚焦后的光斑直径比较大的缺点，同时保留加工范围较大的优点，可以在固定聚焦透镜的前面加一个动态聚焦透镜。通过改变动态聚焦透镜的位置可以使离开振镜原点的光斑直径基本一致，实现小光斑、大幅面激光打标，如图 6-10 所示。振镜式大幅面激光加工设备的导光及聚焦系统基本上都采用上述结构。

（3）打标机运动系统

经过适当组合，激光打标机运动系统可以实现动态聚焦镜一维在线打标、二维大幅平面打标、三维曲面打标等不同形式的打标。

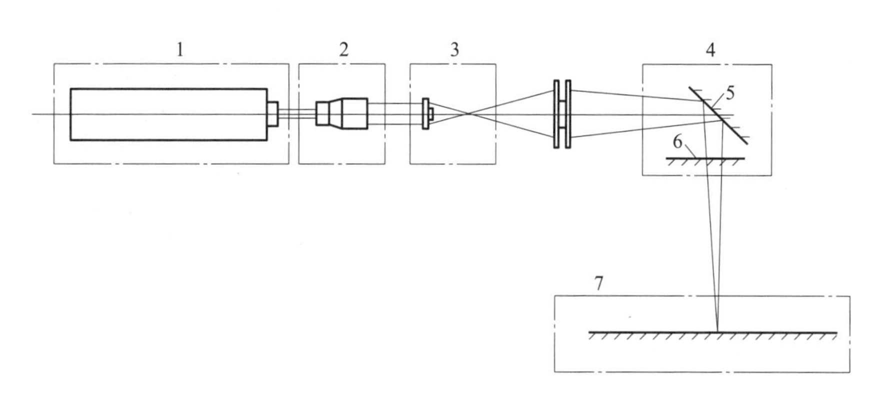

图 6-9　前聚焦光路系统［S 系列及 L 系列（L100）］

1—激光器　2—扩束镜　3—三维动态聚焦镜组　4—振镜系统

5—X 振镜　6—Y 振镜　7—工作台面

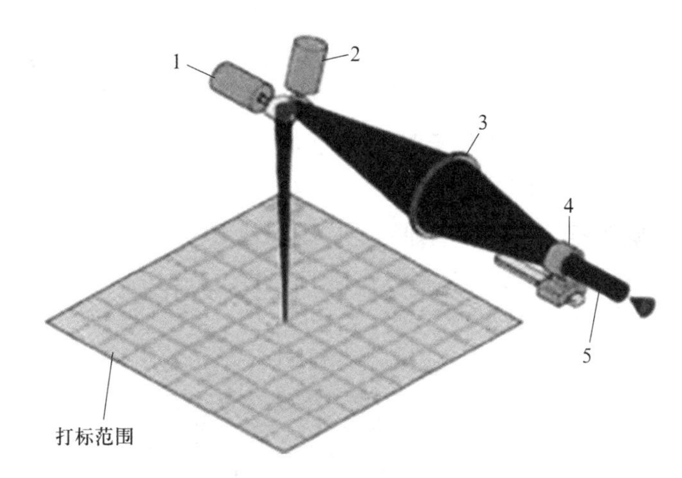

图 6-10　前聚焦 + 动态聚焦示意图

1—Y 振镜　2—X 振镜　3—聚焦镜

4—动态聚焦镜　5—入射激光束

1）一维在线打标。一维在线打标又称飞行激光打标，主要适合在各类产品表面或外包装物表面进行在线打标。在打标过程中，产品在生产线上不停地按一维方式流动，极大地提高了打标的效率，如图 6-11 所示，打标机运动系统与激光器出光点阵的完美配合才能实现一维在线打标过程。如图 6-12 所示为 5×7 的点阵字符“N”和“C”标记实现的过程。

当振镜扫描到黑色位置时激光器打标出光，物体被激光标记一个点；当振镜扫描到白色位置时激光器闭光，物体不会被标记。7 个字符完成后运动系统移动一个位置，循环往复，直到打标完成。

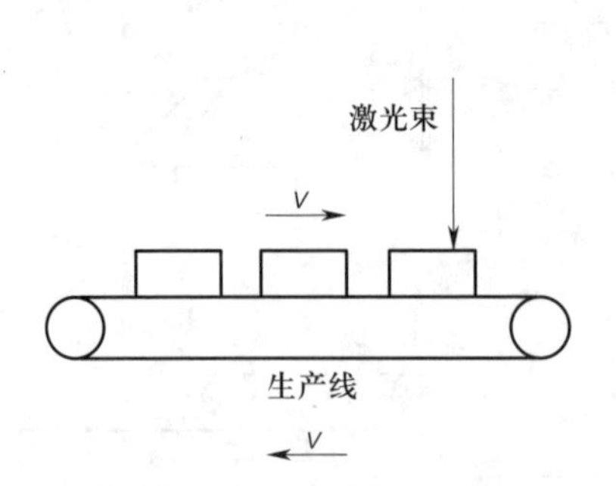

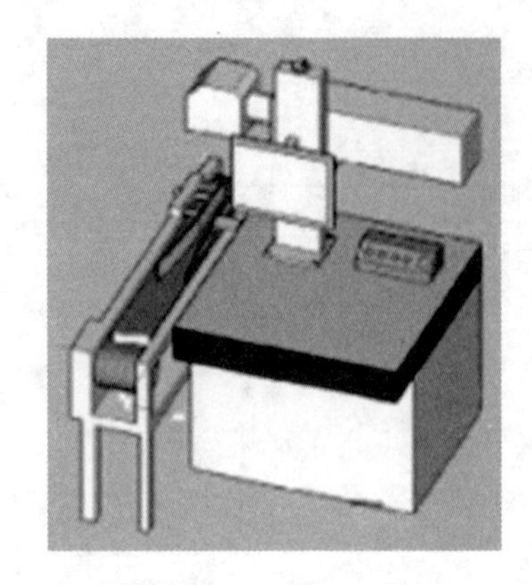

图 6-11　一维在线打标

2）二维大幅平面打标。二维大幅平面打标又称拼接打标，在打标过程中，如果待加工图形尺寸大于场镜的加工范围，可以让工作台在打标软件的控制下实现 *XY* 二维范围内的运动，极大地扩展了打标范围。如图 6-13 所示为 *XY* 二维大幅平面打标系统。

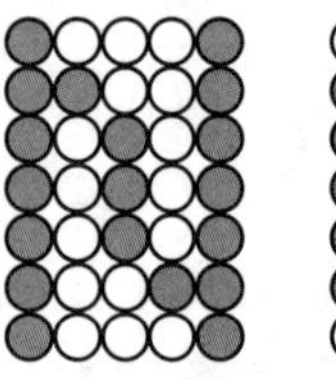
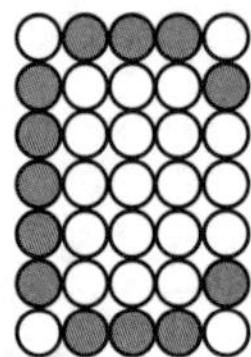

图 6-12　一维在线字符打标效果

3）三维曲面打标。在非平面打标时需要用到三维曲面打标技术，通常有以下两种实现方式：

①规则圆柱体旋转打标。对于规则的圆柱体或圆形零件，可以配置旋转轴将零件装夹起来进行旋转打标，如图 6-14 所示。

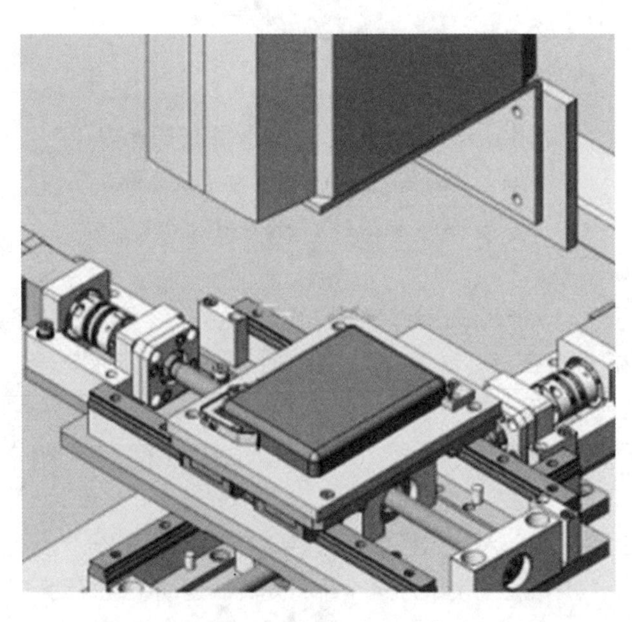

图 6-13　*XY* 二维大幅平面打标系统

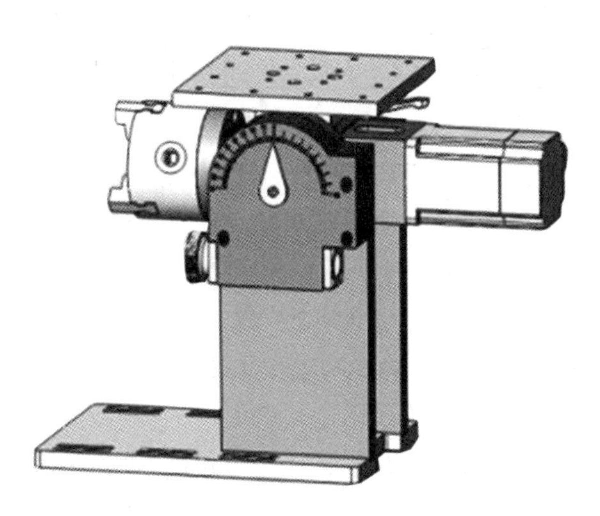

图 6-14　旋转打标

②不规则曲面打标。目前，实现不规则曲面打标的理想方案主要是在激光光路输出端的激光扩束镜后安装一个动态聚焦透镜，实现在圆柱面、球面、斜面和多层零件上打标，如图 6-15 所示。

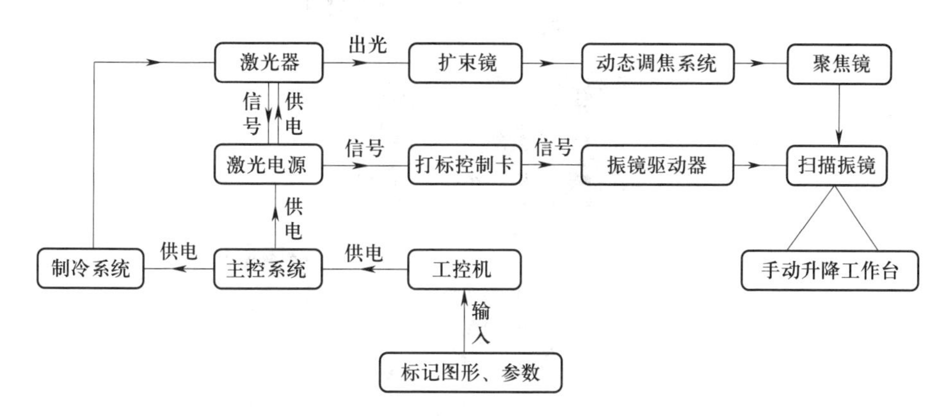

图 6-15　不规则曲面打标实现方案

（4）打标机控制系统

1）主要控制对象。振镜式激光打标机控制系统的主要控制对象有两个：一个是激光器，另一个是振镜系统，如图 6-16 所示。其他控制对象根据打标机的种类不同，可能还有激光电源、Q 开关（这种开关通过改变激光共振腔的 Q 值来改变激光输出功率）、水箱、脚踏开关等器件。

2）控制系统的组成。振镜式激光打标机控制系统由硬件系统和软件系统两部分组成。

硬件系统包括工控机、打标控制卡、振镜激光电源等器件。其中工控机通过打标控制卡发出控制指令，激光器、振镜和激光电源完成控制动作，其核心是工控机和打标控制卡。

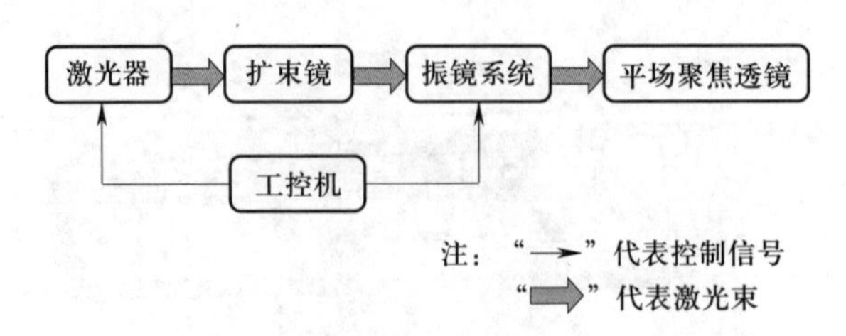

图 6-16　控制系统主要对象

软件系统包括工控机操作系统、各类应用软件和专业打标软件等。

（5）打标机传感与检测系统

目前，激光打标机传感与检测系统使用最广泛的是打标视觉定位系统。如图 6-17 所示的全自动视觉激光打标机由摄像机和光源构成视觉系统，完成零件图像的采集工作并给激光器等主要器件发出控制指令。

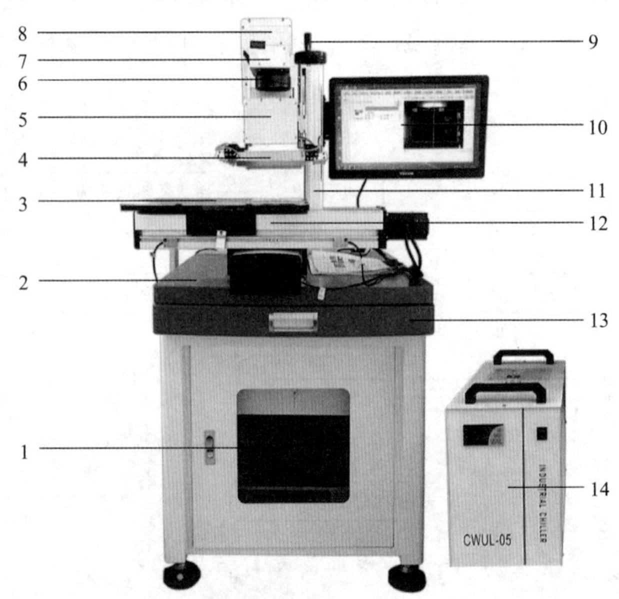

图 6-17　全自动视觉激光打标机

1—主机　2—工作台　3—自动移动平台　4—补光器　5—图像采集器
6—场镜　7—振镜　8—激光器　9—垂直移动手柄　10—显示器
11—垂直移动立柱　12—移动平台基座　13—鼠标和键盘　14—冷却设备（水冷）

（6）打标机冷却与辅助系统

1）冷却系统的类型及选型。打标机冷却方式根据所选用激光器的冷却方式确认，有水冷和风冷两种方式，水冷系统一般采用独立的制冷装置。

2）烟雾净化器的类型及选型。与冷却系统一样，激光打标机烟雾净化器一般也采用独立的净化装置。

二、激光打标的分类

激光打标按形成标记图案的方式不同可分为掩模式打标、阵列式打标和扫描式打标三类。

1. 掩模式打标（投影式打标）

（1）掩模式打标机典型结构

如图 6-18 所示为掩模式 CO_2 激光打标机光路系统外形结构。光路系统内部结构由激光器、掩模板和成像透镜等主要器件组成，如图 6-19 所示。

图 6-18　掩模式 CO_2 激光打标机光路系统外形结构

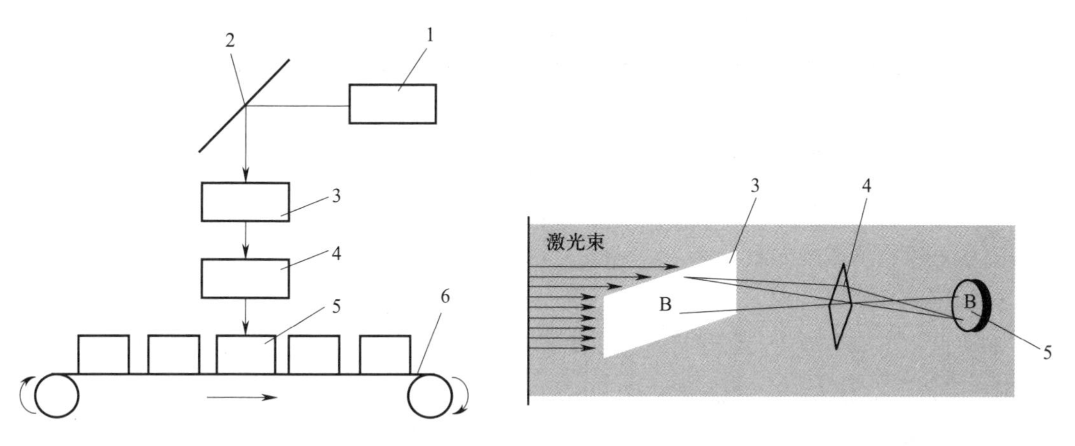

图 6-19　掩模式打标机光路系统内部结构

1—激光器　2—反射镜　3—掩模板　4—聚焦镜　5—工件　6—传送带

（2）掩模式打标机工作原理

将打标内容雕刻在掩模板上，激光器发出的脉冲激光经过扩束后均匀地投射在掩模板上，部分激光从掩模板的雕空部分透射。掩模板上的图形通过透镜聚焦后成像到零件表面，受激光辐射的零件表面形成可分辨的清晰标记，通常每个脉冲激光形成一个标记。

激光标记内容的变换通过更换掩模板实现。掩模式打标常采用脉冲 CO_2 激光器和脉冲 Nd：YAG 激光器。

2. 阵列式打标

（1）阵列式打标机典型结构

阵列式打标机光路系统由工控机、激光电源、7 个阵列射频 CO_2 激光器、光学耦合系统和聚焦透镜组成，激光束投射到在生产线上运动的零件上，如图 6-20 所示。

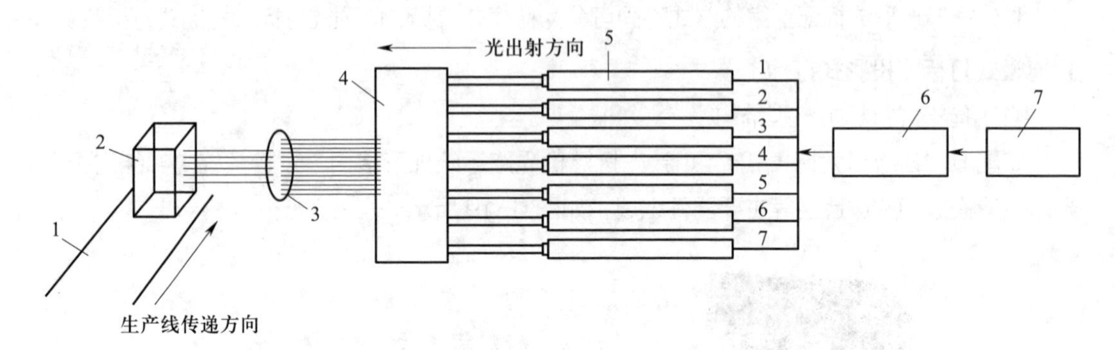

图 6-20　阵列式打标机典型结构

1—生产线　2—零件　3—聚焦透镜　4—光学耦合系统

5—激光器阵列　6—激光电源　7—工控机

（2）阵列式打标机工作原理

1 ~ 7 号射频 CO_2 激光器竖向排列，在 t_1 时刻，若工控机控制激光电源同时开启，1 ~ 7 号激光器阵列将同时发射 7 个脉冲激光，在零件表面烧蚀出 7 个凹坑，构成了竖笔画 7 个点，形同“1”字。在 t_2 时刻，若工控机控制激光电源，只让 7 号激光器开启，则只打出最下面的 1 个点。同理，在 t_3 ~ t_5 时刻都只让 7 号激光器开启，可以看出，在 1 ~ 16 s 时间范围内形成了一个 7×5 阵列的“L”形图案，如图 6-21 所示。

常见的字符横笔画为 5 个点，竖笔画为 7 个点，形成 5×7 的阵列。精度要求不太高时 5×5 的阵列也可以。

阵列式打标速度最快，每秒可达 6 000 个字符，因此成为高速在线打标的理想选择；其缺点是只能标记点阵字符，且只能达到 5×7 的分辨率，对于汉字打标这种精度是不够的。

3. 扫描式打标

（1）扫描式打标机典型结构

扫描机构有机械扫描式和振镜扫描式两种形式。

1）机械扫描式。机械扫描式打标机的光路系统主要由激光器、反射镜 A、反射镜 B 和聚焦透镜构成，如图 6-22 所示。

机械扫描式打标机通过机械运动方法使反射镜实现 *X*—*Y* 坐标的平移，从而改变激光束到达零件的位置，激光束经过反射镜 A、B 实现光路转折后，再经过聚焦透镜作用到被加工零件上。其中笔臂带着反射镜 A 沿 *X* 轴方向来回运动，聚焦透镜连同反射镜 B（两者固定在一起）沿 *Y* 轴方向运动。

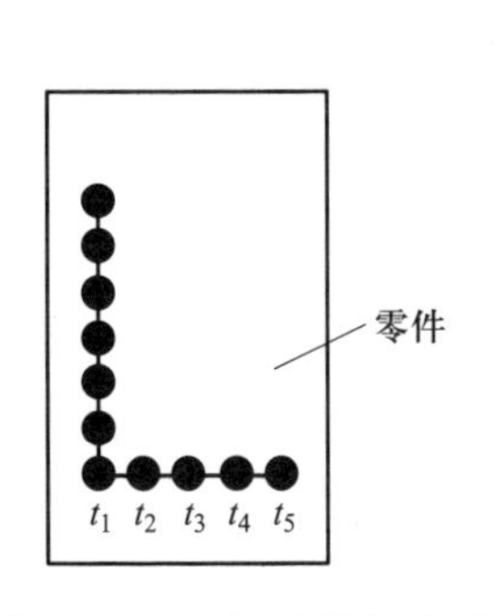

图 6-21 阵列式打标机工作原理

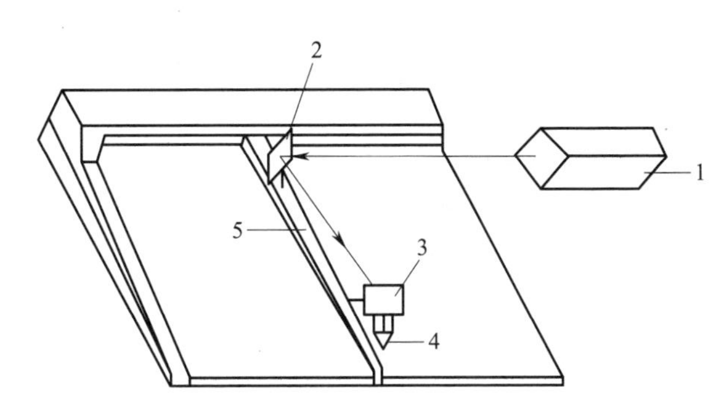

图 6-22 机械扫描式打标原理

1—激光器 2—反射镜 A 3—反射镜 B 4—聚焦透镜 5—笔臂

在工控机并口输出控制信号的控制下，*Y* 方向上的运动与 *X* 方向上的运动合成，使输出的激光到达平面内任意点，从而标刻出任意图形和文字。

2）振镜扫描式。振镜扫描式打标机的光路系统主要由激光器、*X* 振镜、*Y* 振镜、平场聚焦透镜构成，如图 6-23 所示。

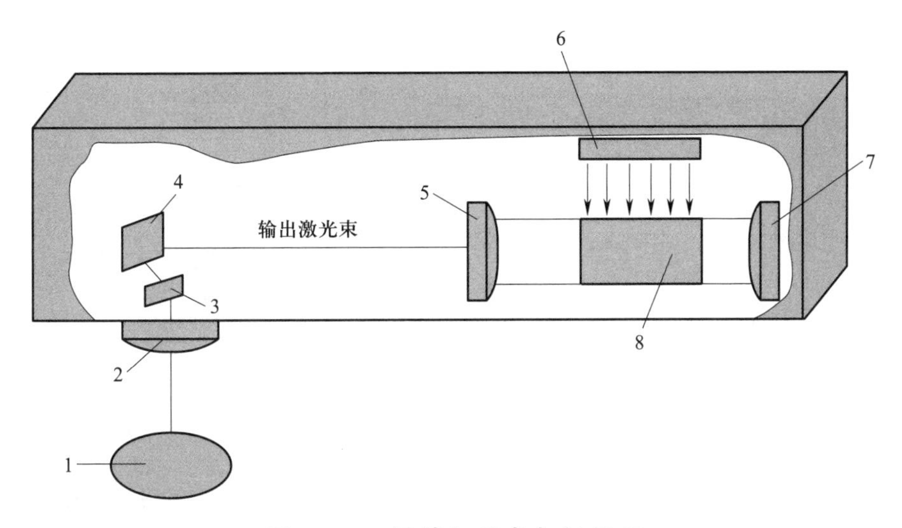

图 6-23 振镜扫描式打标原理

1—零件 2—平场聚焦透镜 3—*Y* 振镜 4—*X* 振镜 5—半反射镜 6—灯 7—全反射镜 8—工作物质

激光器发出的激光束入射到 *X* 振镜和 *Y* 振镜上，*X* 振镜和 *Y* 振镜分别沿 *X*、*Y* 轴扫描，用工控机控制反射镜的反射角度，从而控制激光束的偏转，经平场聚焦透镜聚焦后，使具有一定功率密度的激光聚焦点在打标材料上按所需的要求运动，在材料表面留下标记图案。

振镜扫描式打标机提高了激光打标的质量和速度，但标记面积不如机械扫描式打标大。

（2）扫描式打标机工作原理

扫描式打标机是将需要打标的图案输入工控机，工控机控制激光器开启和扫描机构运动，使激光在零件表面扫描形成打标图案。

三、激光打标工艺流程

1. 激光打标图形的处理

激光打标是指利用打标的图形控制激光束运动以去除零件表面的材料，从而在其表面加工出需要的图形。按照图形格式的不同，可分为位图打标和矢量图打标，位图打标是在一个个像素点上控制激光的功率、停留时间等以显示出标记；矢量图打标是在连续路径上控制激光的参数、走线速度。两种打标方式概念不一样，要打出理想的效果，需要对相应图形的基本参数有清晰的了解。

（1）激光打标图形处理流程

1）大部分激光打标软件可以直接处理简单的图形和文字，其基本流程如图 6-24 所示。

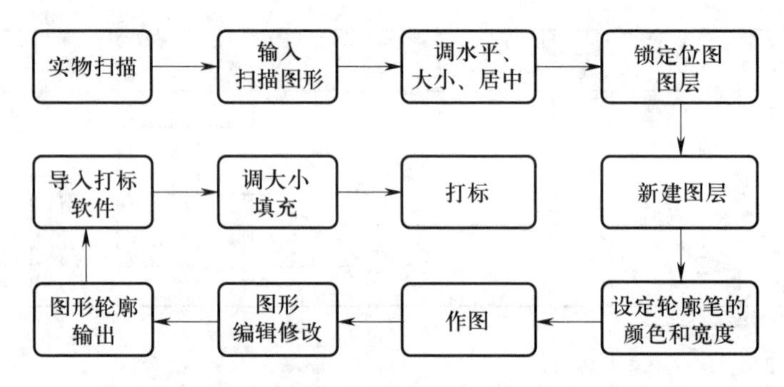

图 6-24　激光打标图形处理基本流程

2）有几何尺寸要求、比较复杂的工程类图形建议在 AutoCAD 软件中进行处理。

3）不规则复杂文字和图形，尤其是动物图标和艺术字建议在 CorelDraw 软件中进行处理。

（2）矢量图

1）矢量图的定义。矢量图是指用矢量方式来记录图像的线条和色块，如图 6-25a 所示。

2）矢量图的特点

①文件所占内存容量较小。

②进行放大、缩小或旋转等操作时不会失真，与分辨率无关，如图 6-26a 所示。

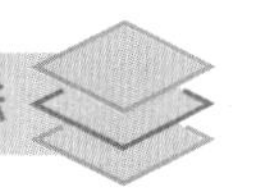

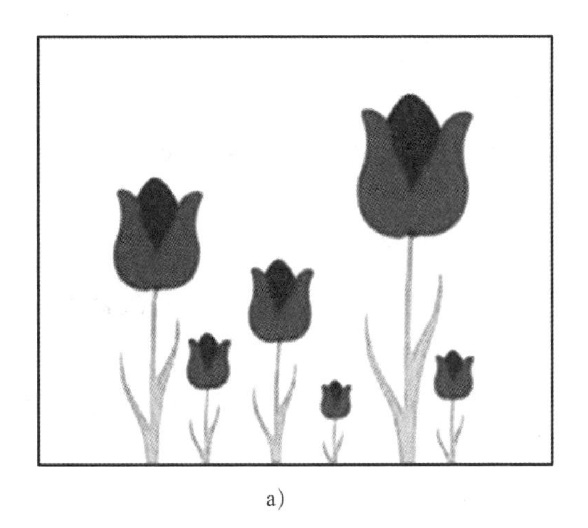

a)

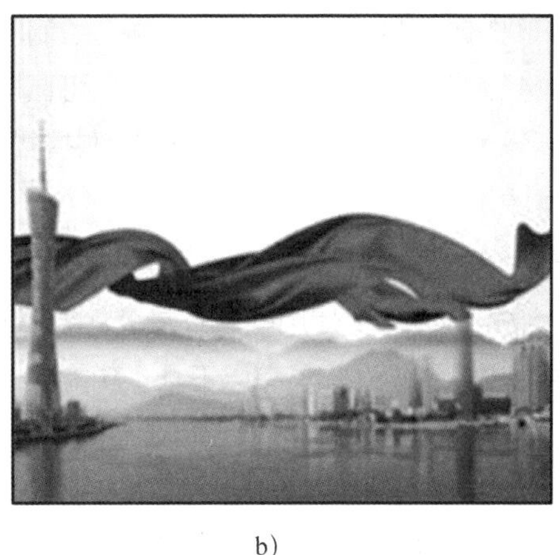

b)

图 6–25　矢量图和位图
a）矢量图　b）位图

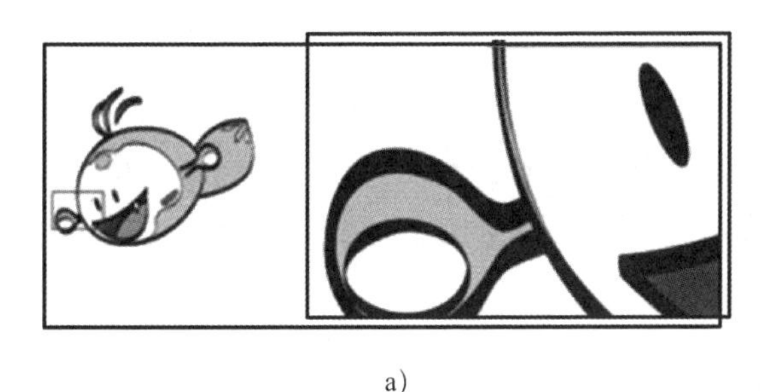

a)

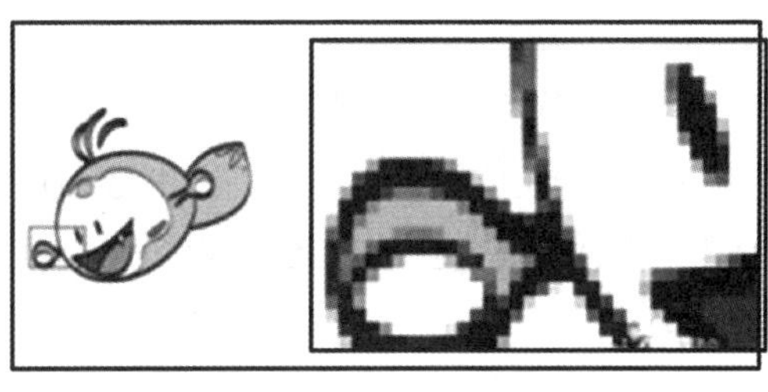

b)

图 6–26　矢量图和位图放大效果
a）矢量图放大效果　b）位图放大效果

③图像色调简单，色彩变化不多，所绘制的图形不太逼真，主要用来表示图标等简单、直接的图像。

④不容易在不同软件间交换文件，矢量图无法通过扫描直接获得，需要依靠绘图软件。

3）矢量图的主要类型。矢量图的文件类型很多，主要有 *.ai、*.eps、*.svg、*.dwg、*.cdr 等。常用的绘制矢量图的软件有 Adobe Illustrator、AutoCAD、CorelDRAW、FreeHand、Flash 等。

（3）位图

1）位图的定义。位图是由像素点组成的图像，又称点阵图像，如图 6–25b 所示。

2）位图的特点

①文件所占内存容量较大。

②进行放大、缩小或旋转等操作时会失真，与分辨率有关，如图 6–26b 所示。

③图像色调丰富，色彩变化多，绘制的图形不够逼真。

④容易在不同软件间交换文件，可直接扫描获得。

3）位图的主要类型。位图的文件类型很多，主要有 *.bmp、*.pex、*.gif、*.jpg、*.tif、*.psd 等。

2. 激光打标软件

激光打标机上使用的软件由各主流厂商自主开发，主要有 EzCad 和 SAMLight 软件。各种激光打标软件都具有以下几个功能：

（1）激光器控制功能，如支持 Nd：YAG、CO_2、光纤（IPG、SPI）等各类激光器控制功能。

（2）振镜畸变校正补偿功能。

（3）文字、图案处理功能，如文字编辑、绘图、描图、位图与矢量图转化等功能。

（4）扩展功能，如二维码、条形码、旋转文本和飞行文本等打标功能。

（5）红光预览功能。

3. 激光打标机基本操作

（1）激光打标机的结构

目前市场上主要流行的打标机是 30 W 射频 CO_2 激光打标机，这款打标机结构简单，操作方便，功能齐全。机架式 30 W 射频 CO_2 激光打标机的结构如图 6-27 所示。

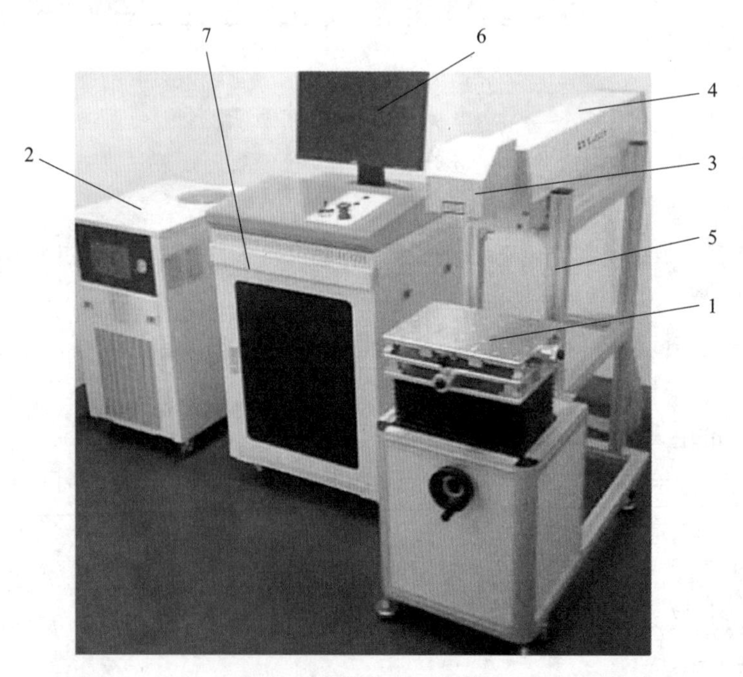

图 6-27　机架式 30 W 射频 CO_2 激光打标机的结构

1—工作台　2—冷水机　3—打标头　4—激光器　5—机架　6—显示器　7—工控机

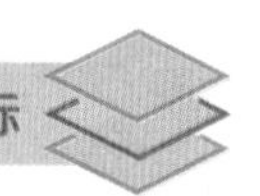

从外观上看，30 W 射频 CO_2 激光打标机主要由电源箱、机柜、主控箱、工控机、显示器、机架、激光器、打标头、冷水机、工作台等组成。

按照激光加工设备的功能定义，电源箱和激光器构成了设备的激光器系统，主控箱、工控机、显示器构成了设备的控制系统，打标头构成了设备的导光及聚焦系统，工作台构成了设备的运动系统，机柜、冷水机构成了设备的冷却与辅助系统。由此看出，这台射频 CO_2 激光打标机没有配备传感与检测系统，但这并不影响其使用功能。

（2）激光打标机的操作流程

1）打标机开机及关机

①开机及关机的一般原则

a. 先检查设备的线路连接情况和设备各部件是否处于正常的关机状态。

b. 先开强电，后开弱电。

c. 先开冷却系统，再开激光电源、Q 开关、振镜电源。

d. 先开的后关，后开的先关。

②开机及关机的注意事项

a. 错误开机和关机容易导致安全事故。

b. 严格按照操作规程操作。

c. 掌握突发的紧急情况处理方法。

d. 注意总结不同设备开机及关机的区别。

2）打标的定位

定位的原则如下：简单、快捷、准确；先粗定位，再准确定位。

打标前，根据机器和零件的实际情况、加工批量等综合因素选择合适的定位方法。

①规则零件的定位方法

a. 设备有红光指示时，规则零件（如圆形、方形零件等）的尺寸在打标幅面范围之内时，利用红光进行粗定位或利用零件外形进行定位。

b. 设备有红光指示时，规则零件的尺寸在打标幅面范围之外时，利用红光进行粗定位，再通过测量进行精确定位。

c. 设备无红光指示时，规则零件的尺寸在打标幅面范围之内时，利用外形定位。

d. 设备无红光指示时，规则零件的尺寸在打标幅面范围之外时，通过在零件上定中心、画辅助线平移或贴纸片等方法辅助定位。

e. 对于接近规则外形的零件，定位时按相近的规则零件考虑定位方法。

②不规则零件的定位方法

a. 零件批量小时，采用简单的定位块进行定位，具体定位方法如下：有红光时，用红光定位，再贴纸片等辅助精确定位；无红光时，直接贴纸片试打标，再通过测量定位。

b. 零件批量大时，设计专用或通用的工艺装备进行定位。

3）调整焦距。在焦点处激光能量最强，光斑最小。焦点的确认方法如下：

①利用焦点处光斑最小的特点来判定，在有机玻璃或纸片上进行打标，上下移动工作台，看激光束的粗细，激光束最细的地方就是焦点。注意：测试焦点时激光能量一定要合适，不能太大也不能太小。

②测量零件表面到镜头边缘的距离，用有机玻璃制作焦距尺进行测量。

4）打标机参数的设置

①填充密度。一般填充间距为 1 ~ 1.5 mm，根据打标需要和材料不同来设定，一般来说，固体打标时填充要密一些，气体打标时可以填充稀一点。填充角度一般为 0° ~ 90°。特别提醒：填充密度和填充角度会对打标效果与打标效率有影响。填充密度大，打标深度大，打标时间长；填充密度小，打标深度小，打标时间短。

②激光打标速度（或有效矢量步长）。打标速度快，则打标深度小，打标时间短；打标速度慢，则打标深度大，打标时间长。

③电流（功率）。电流（功率）大，激光打标深度大，对打标时间无影响；电流（功率）小，激光打标深度小，对打标时间无影响。

④频率和 Q 开关释放时间。频率越高，打标点越致密，打标越精细，但打标深度较浅，对打标时间无影响；频率越低，打标点越稀疏，打标越粗糙，但打标深度较大，对打标时间无影响。Q 开关释放时间（脉宽）（单位为 μs）是指每一个激光点出光时持续的时间。释放时间与激光点的能量紧密相关，随着释放时间的逐渐增加，能量由弱变强，到一定的值后再由强变弱，最后达到一个恒定值，不再随着释放时间的变化而变化。

⑤焦距、焦点位置的影响。经过聚焦的激光束应使零件标记表面位于聚焦深度范围内（1 ~ 2 mm 之间）。

4. 防止激光辐射的泄漏

YAG 系列激光打标机采用封闭的激光光路，可以有效地防止激光辐射的泄漏。激光器正常工作期间，打标机内部不得增设任何零件和物品。不得在打开密封罩的状态下使用本标记系统。

在激光器开机过程中，严禁用眼睛直视出射激光或反射激光，以防损伤眼睛。要求操作人员戴专用的激光防护眼镜。

5. 激光打标机安全操作规范

（1）设备不工作时不能接通电源。

（2）更换激光器的氪灯时一定要切断激光打标机的电源。

（3）更换激光器的氪灯时其正、负极不要装反，球头形状的一端是正极，尖头形状的一端是负极。正极与激光电源的红色接线端相连接，负极与激光电源的黑色接线端相连接。

（4）禁止将激光电源输出端引线短路或接地。

（5）电源的保护地线要有良好的外部接地设施。

（6）电气设备操作人员须熟悉打标机的性能和操作方法。
（7）尽可能单手操作电气设备，以防止在人体上构成回路。
（8）机器周围禁止堆放杂物。
（9）不得把易燃材料放置到光路上或激光束有可能照射到的地方。

任务实施

一、任务准备

对上色完成的挖掘机机臂（见图 6-28）进行打标。

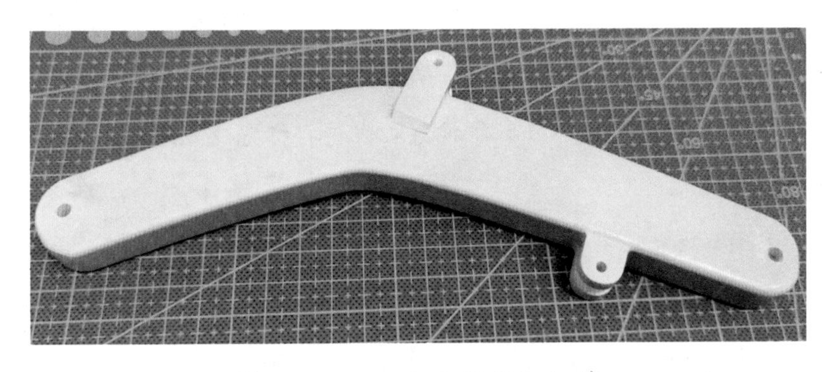

图 6-28　3D 打印挖掘机机臂

根据任务要求提前准备相应的工具、材料、设备和劳动保护用品等，见表 6-1。

▼ 表 6-1　工具、材料、设备和劳动保护用品清单

序号	类别	准备内容
1	工具	游标卡尺
2	材料	上色完成的挖掘机机臂
3	设备	激光打标机
4	劳动保护用品	工作服、手套、口罩、护目镜

二、制定挖掘机机臂打标工艺

激光打标具有无接触、无切削力、热影响小、雕刻精细等优势，是 3D 打印产品后处理中一种必不可少的加工方法。激光打标与计算机数控技术相结合，可以打出各种文字、符号

和图案，易于用软件设计标刻图样，更改标记内容，适应现代化生产高效率、快节奏的要求，是打印产品的制作过程中一项非常重要的工作，它起着承上启下的作用。挖掘机机臂的商标就是采用激光打标方式完成的。

激光打标的工艺流程如下：模型准备→商标准备→设备准备→打标参数设置→焦距设置和定位→打标→检查。3D 打印挖掘机机臂打标完成效果如图 6-29 所示。

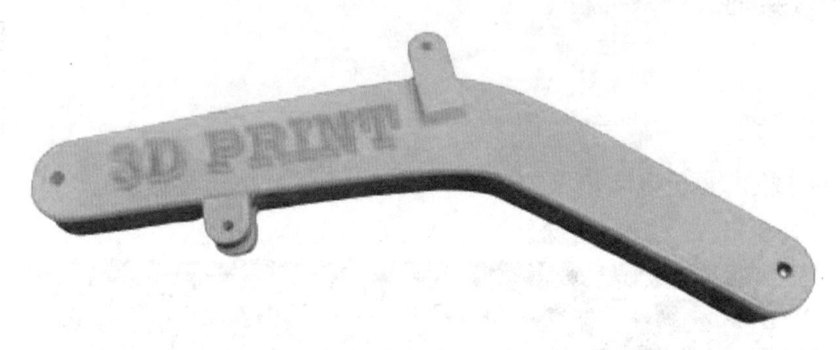

图 6-29　3D 打印挖掘机机臂打标完成效果

三、挖掘机机臂商标打标

穿戴好个人防护用品，按照表 6-2 所列操作步骤完成挖掘机机臂商标打标操作。操作时需注意个人防护和环境保护，按照操作规范进行作业。

▼ 表 6-2　挖掘机机臂商标打标操作步骤

操作步骤	图示	操作内容
模型准备		准备好已经上色完成的挖掘机机臂，对表面进行清洁，确保打标部位上色没有缺陷
商标准备	3D PRINT	利用 EzCad 软件设计商标图形，总尺寸为 90 mm × 20 mm

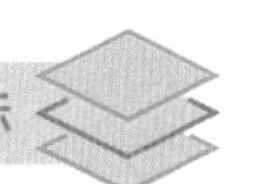

续表

操作步骤	图示	操作内容
设备准备		启动设备电源，接通激光器电源，打开计算机，启动打标软件
打标参数设置		设置填充参数：填充间距为 1 mm，角度为 45°；标刻参数的频率设置为 20 Hz，功率为 60 ~ 80 W
焦距设置和定位		先将挖掘机机臂固定在工作平台上，确保打标部位水平；接着进行打标对焦，开启对焦红光按钮，机臂上面会出现正方形方框和红色焦点，移动工作平台和 Z 轴升降开关，调整打标位置和焦距

续表

操作步骤	图示	操作内容
打标		位置和焦距调整好后，开始打标
检查		检查商标表面质量，做好设备和场地清洁工作

四、质量检验

对挖掘机机臂商标打标质量和安全文明生产情况进行检验，并记录在表 6-3 中。

▼ 表 6-3　挖掘机机臂商标打标质量检验表

序号	检验内容	检验标准	配分	得分
1	图形处理	图形格式正确	10	
		图形尺寸正确	20	
		图形精度正确	10	
2	打标软件	常用命令操作熟练	10	
		能独立解决常见问题	10	

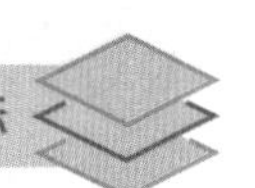

续表

序号	检验内容	检验标准	配分	得分
3	技能评估	规定时间内完成图形处理任务	10	
		规定时间内完成图形输出任务	10	
		规定时间内完成打标任务	10	
4	现场规范	人员安全规范	5	
		设备、场地安全规范	5	
总分			100	

任务测评

按表 6-4 所列的评分标准进行测评，并做好记录。

▼ 表 6-4　实训评分标准

序号	考核内容	考核标准	配分	得分		
				自我评价	小组评价	教师评价
1	职业素质	1. 认真、细致、按时完成工作任务	10			
		2. 能按要求穿戴好个人防护用品	5			
		3. 遵守实训室管理规定和“6S”管理要求	5			
2	专业技能	1. 能设计出合格的商标图案	20			
		2. 能正确操作打标机	20			
		3. 能制定合理的打标参数	20			
3	创新能力	1. 能创新设计产品商标的方法	10			
		2. 工作过程中能经常提出问题并尝试解决	10			
总分			100			
总分 =0.15× 自我评价得分 +0.15× 小组评价得分 +0.7× 教师评价得分						

项目七

3D 打印产品的装配

学习目标

1. 了解 3D 打印产品装配的概念和装配精度。
2. 了解 3D 打印产品装配工艺规程。
3. 掌握 3D 打印产品拼装方法。
4. 掌握 3D 打印产品粘接方法。
5. 掌握 3D 打印产品连接方法。
6. 能独立完成 3D 打印产品的装配。

任务描述

通过之前的任务已经完成了 3D 打印产品从打磨到上色的一系列工作，限于打印机工作平台的尺寸，或打印模型的运动结构关系，有的模型需要通过拼装、粘接和连接组装起来。接下来的任务是将挖掘机模型按照图样要求进行装配，并使模型满足功能要求。

挖掘机利用液压系统控制挖斗，从而完成物体的挖取工作。3D 打印挖掘机模型就是对这个机构的还原和展示，在零件装配过程中需要识读装配图，制定装配工艺并完成零件的装配工作，最终实现挖掘机的运动功能，如图 7-1 所示。

图 7-1 挖掘机模型

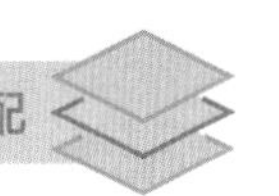

相关知识

一、3D 打印产品装配的概念、方法和装配精度

1. 3D 打印产品装配的概念

3D 打印产品装配是指按产品外观或功能要求，将产品各零件或部件进行组合拼装，使之成为半成品或成品的工艺过程。

3D 打印技术的成形方式可极大地缩短产品研制周期，提高产品开发的效率。如图 7-2 所示为一款音箱，利用 3D 打印技术快速完成各零件的成形，但是只有完成装配才能实现其功能。

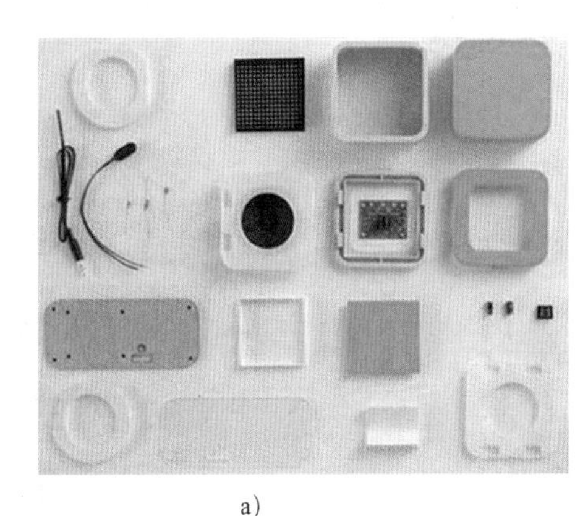

a)

b)

图 7-2　音箱的装配图

a）音箱 3D 打印零件　b）音箱装配完成图

2. 3D 打印产品装配的方法

3D 打印产品装配的方法主要有拼接、粘接和连接，其各自的含义如下：

（1）拼接

拼接就是将 3D 打印产品各零件，通过配合位、卡扣或者卯榫结构进行拼凑，实现产品整体性、功能性的过程。通过拼接的产品可以再进行拆分，这种方法主要应用于有运动、配合关系的零件的装配。

（2）粘接

粘接就是将 3D 打印产品各零部件，通过黏结剂黏合在一起，实现产品整体性、功能性的过程。通过粘接的产品不能再进行拆分，这种方法主要应用于因打印范围受限、为减少支撑结构而拆分成几部分打印的产品的装配。

（3）连接

连接就是将 3D 打印产品各零件通过螺纹或销钉等组装在一起，实现产品整体性、功能性的过程。通过螺纹连接的产品，结构更加稳定，便于拆卸和更换零件，主要应用于一些机构的装配。

3. 3D 打印产品的装配精度

3D 打印产品成形原理不同，产品的打印精度也有所不同。一般的 FDM 打印产品配合部位所需间隙为 0.2 ~ 0.3 mm，SLA 打印产品配合部位间隙为 0.1 ~ 0.2 mm，SLS 打印产品配合部位间隙为 0.05 ~ 0.1 mm，间隙值根据模型尺寸大小上下调整，模型越大，所需配合间隙也应越大，如果后续还有喷漆环节，还需要再增大 1 mm 的漆厚间隙。

装配精度是装配工艺的质量指标，是产品设计的重要环节之一，它不仅关系到产品质量，也影响产品制造的经济性。装配精度是制定装配工艺规程的主要依据，也是选择合理的装配方法和确定零件加工精度的依据。

装配精度包括零件间的配合精度和接触精度、尺寸精度和位置精度、相对运动精度等，如图 7-3 所示。

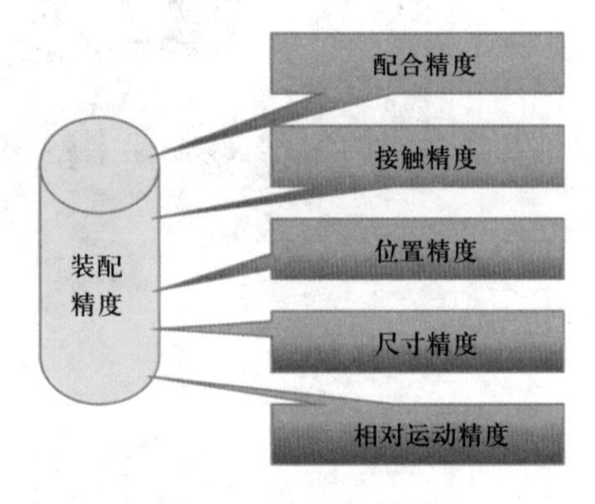

图 7-3　装配精度

（1）配合精度和接触精度

零件间的配合精度是指配合面间达到规定的间隙或过盈的要求。它关系到配合性质和配合质量。关于轴和孔的配合间隙或过盈的变化范围可参见国家标准《产品几何技术规范（GPS） 线性尺寸公差 ISO 代号体系　第 1 部分：公差、偏差和配合的基础》（GB/T 1800.1—2020）。

零件间的接触精度是指配合表面、接触表面达到规定的接触面积与接触点分布的情况。它影响接触刚度和配合质量，例如，导轨接触面间、锥体配合和齿轮啮合等处均有接触精度要求。

（2）尺寸精度和位置精度

零部件间的尺寸精度是指零部件间的距离精度，如轴向距离和轴线距离（中心）精度等。

零部件间的位置精度包括平行度、垂直度、同轴度和各种跳动。

（3）零部件间的相对运动精度

零部件间的相对运动精度是指有相对运动的零部件间在运动方向和运动位置上的精度。其中运动方向上的精度包括零部件间相对运动时的直线度、平行度和垂直度等；运动位置上的精度即传动精度，是指内联系传动链中始末两端传动元件间相对运动精度。

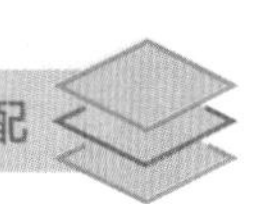

二、3D 打印产品装配的工艺流程

3D 打印产品装配的工艺流程包括清洗、预装、修整、装配、验收。

1. 清洗

清洗就是去除油污及 3D 打印杂质，保证产品的质量及延长产品的使用寿命。清洗液有酒精和各种化学清洗液等。清洗方法有擦洗、浸洗、喷洗和超声波清洗等。经清洗后的零件或部件必须进行烘干处理。

2. 预装

预装就是根据 3D 打印产品各零件的装配关系，预先调试配合间隙的操作方法。如果配合间隙不合适就需要先进行测量，再进行修整。

3. 修整

修整就是根据预装的情况，将配合间隙不合适的部位通过打磨等方法修整到间隙合适的过程。修整的过程根据零件间的关系可以进行单个零件锉配和多个零件一起配锉。

（1）单个零件修整

根据零件图样要求，测量尺寸，如果尺寸大于图样要求公差，需要对其进行修整，达到图样要求。一般采用锉削加工和铣削加工。

（2）多个零件修整

用已加工的零件为基准，加工与其相配的另一个零件，或将两个（或两个以上）零件组合在一起进行加工的方法称为配作。配作包括配钻、配铰、配刮和配磨等，配作常与校正和调整工作结合进行。

（3）旋转零件修整

对转速较高、运动平稳性要求高的机械，为了防止其在使用中出现振动，需要对有关的旋转零件、部件进行平衡，常用的方法有静平衡法和动平衡法两种。

4. 装配

根据装配图或装配要求，将尺寸有问题的部位修整后，按照从下到上或者从内到外的装配关系进行装配。

（1）拼接

拼接是利用 3D 打印产品各部分的凸、凹部位将其组装在一起，也方便进行拆卸的方法。拼接适合产品形状复杂、支撑结构比较多的场合，为了减少支撑结构，将产品拆分成多个部分，在每个部分中设计出凸、凹部位，凸、凹部位打印完成后利用其凸凹关系进行组装，如图 7-4 的机器人模型所示。其优点是组装和拆卸非常方便，只要在连接部位留出“凸”端和“凹”端，再相互拼凑即可。缺点是固定的质量不高，容易破裂。

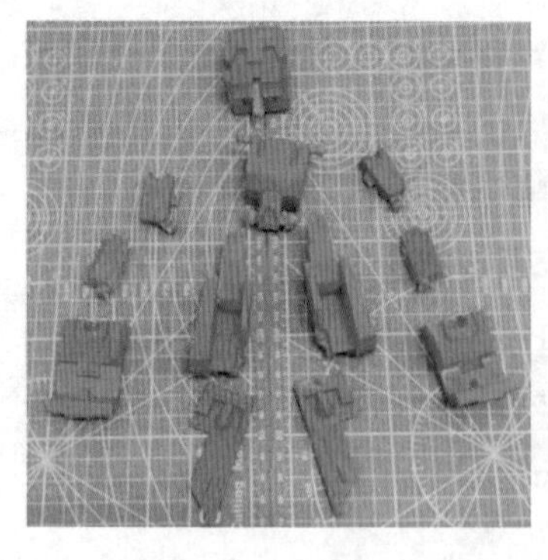

图 7-4　机器人模型

3D 打印产品在拼接时需要注意以下几点：

1）组装前先辨别拼接的方式，常见的拼接方式有过盈拼接和弹性拼接，如图 7-5 所示。

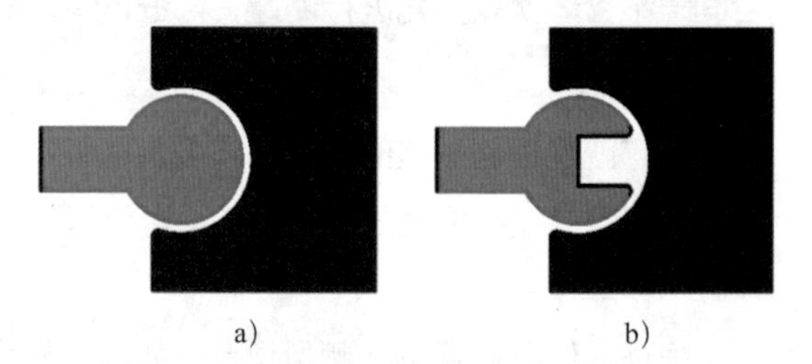

图 7-5　拼接方式
a）过盈拼接　b）弹性拼接

2）弹性拼接需要将球头面打磨光滑，对凹槽入口倒圆角。

3）过盈拼接应注意各部位尺寸，过盈拼接时过盈量控制在 0.05 ~ 0.1 mm 之间即可。

4）拼接整个过程需要控制力度，防止产品破碎。

（2）粘接

粘接就是利用黏结剂将 3D 打印产品各部分粘接在一起，是不可以拆卸的装配方法。粘接适用于由于打印机范围限制而将产品切分成好几个部分打印的大型产品，通过设计一些定位形状，用黏结剂将其粘接成整体的方法，如图 7-6 所示的恐龙模型即是粘接而成的。其优点是适合大型产品的 3D 打印，固定的质量较高。缺点是粘接部分缝隙较大，需要进行后处理。

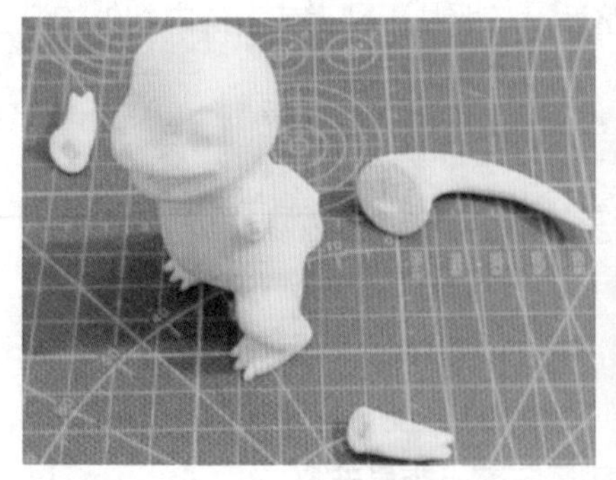
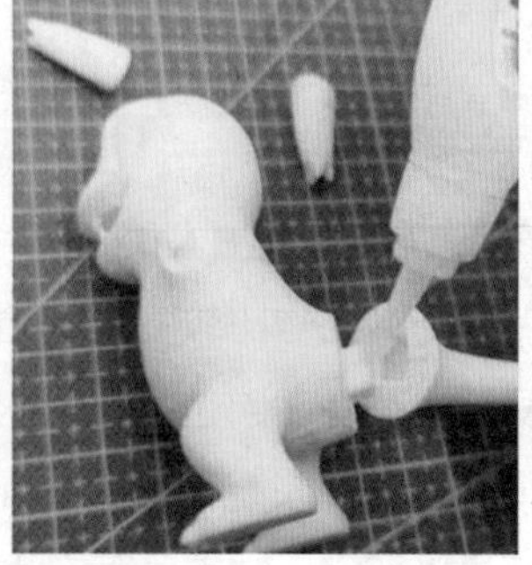

图 7-6　恐龙模型

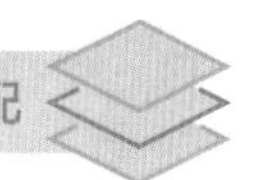

3D 打印产品在粘接时需要注意以下几点：

1）常见的黏结剂有 502 胶、AB 胶、强力胶等，这类黏结剂凝固速度较快，一定要注意控制操作时间。

2）粘接好的产品要放置一段时间，让黏结剂彻底干燥。

3）粘接部位要进行预组装，并进行磨削，以确保粘接处缝隙均匀，各部位对正，间隙一般控制为 0.2 mm。

4）对于粘接后的间隙要用牙膏补土进行处理。

（3）连接

连接是利用螺钉、销钉等一些标准件将 3D 打印产品组装在一起。连接适用于需要承受一定载荷或者运动的机构。其优点是固定牢固，适合有功能性要求的产品。缺点是会影响外观的美观性，如图 7-7 电钻外壳模型所示。

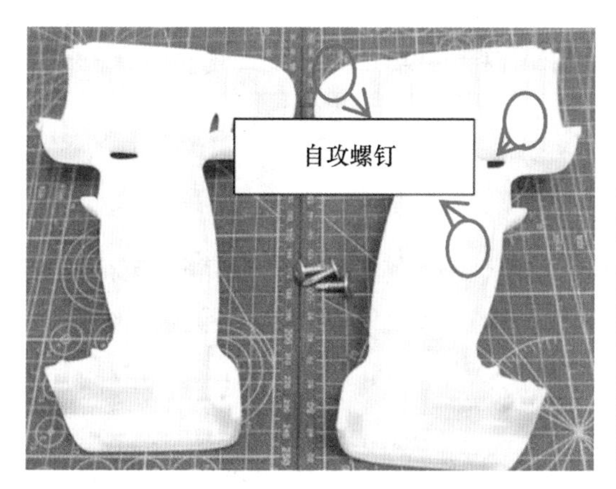

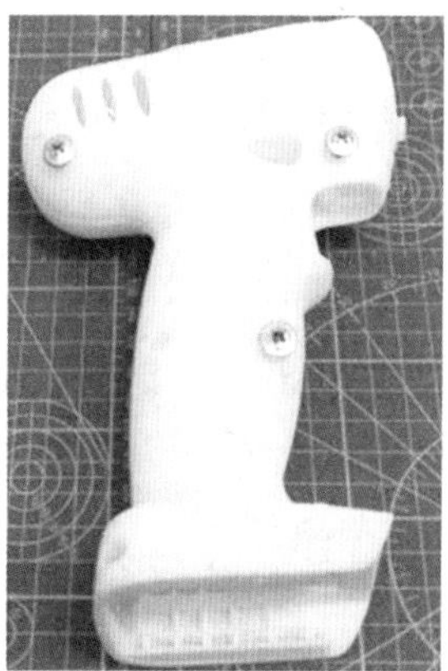

图 7-7　电钻外壳模型

3D 打印产品在连接时需要注意以下几点：

1）常用的标准件有螺钉、螺栓、螺母、销钉等。

2）在使用螺钉时，螺纹底孔直径 = 螺纹大径 - 螺距 -0.2 mm，使用相应的钻头清理螺线底孔。

3）在使用螺栓、螺母时，需要清理螺栓过孔，以保证螺栓顺利通过。

4）在使用销钉时，需要使用铰刀清理销钉孔，以确保销钉顺利通过。

5）在使用螺钉和螺栓固定时，紧固力不要太大，以防止破坏产品。

5. 验收

产品装配完毕，要按产品有关技术标准和规定，对产品进行全面检查和试验工作。

任务实施

一、任务准备

根据任务要求提前准备相应的工具、材料和劳动保护用品等，见表 7-1。

▼ 表 7-1　工具、材料和劳动保护用品清单

序号	类别	准备内容
1	工具	游标卡尺、锉刀、旋具、钻头、雕刻笔刀、砂纸、毛刷
2	材料	已完成上色的挖掘机零件、螺栓、螺钉、注射器
3	劳动保护用品	工作服、手套、口罩、护目镜

二、制定挖掘机模型装配工艺

挖掘机零件比较多，根据挖掘机运动原理制定的挖掘机模型装配工艺流程如下：装配准备→机臂机构组装→机座机构组装→机身机构组装→整体组装→动力机构组装→检查。

三、挖掘机模型的装配

穿戴好个人防护用品，按表 7-2 所列的操作步骤完成挖掘机模型装配。

▼ 表 7-2　挖掘机模型装配

操作步骤		图示	操作内容
装配准备	准备零件		按照图样上的物料清单准备零件，并检查零件质量

续表

操作步骤		图示	操作内容
装配准备	准备工具	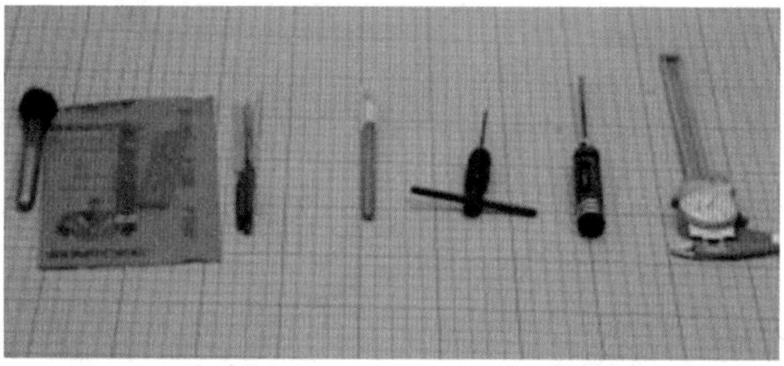	准备装配所需的游标卡尺、锉刀、旋具、钻头、雕刻笔刀、砂纸、毛刷等工具
	确认配合尺寸	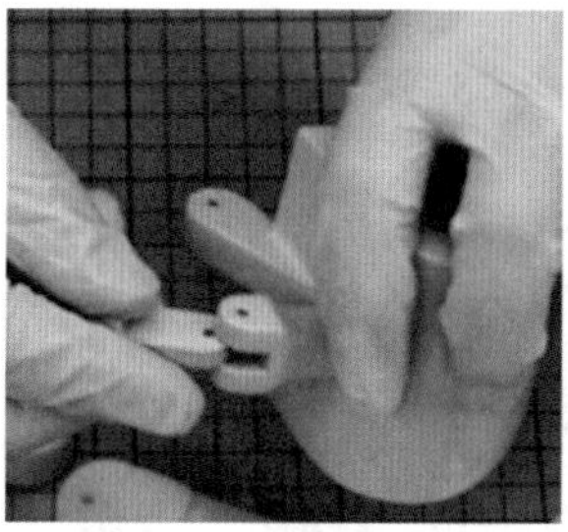 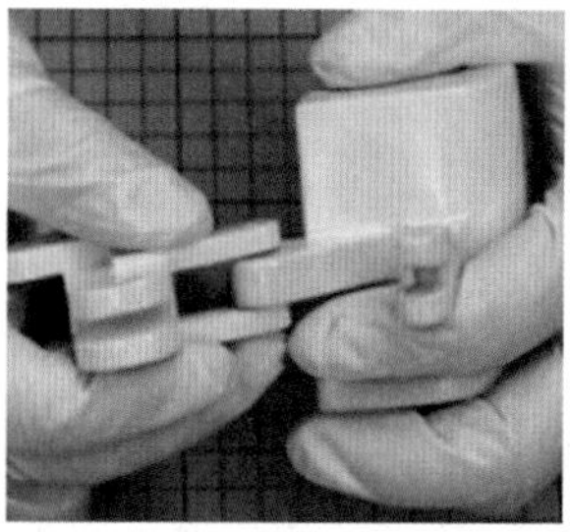	根据装配模型，确认各零件之间的配合关系和部位，为装配做好准备
	确认连接方式	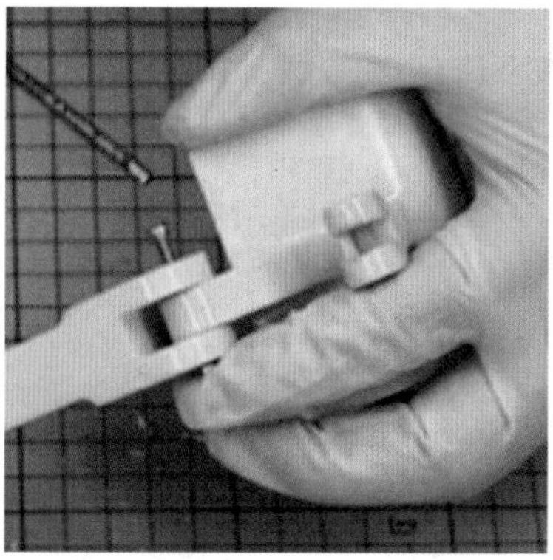	挖掘机各零件连接方式主要为螺栓连接
机臂机构组装	模型清理	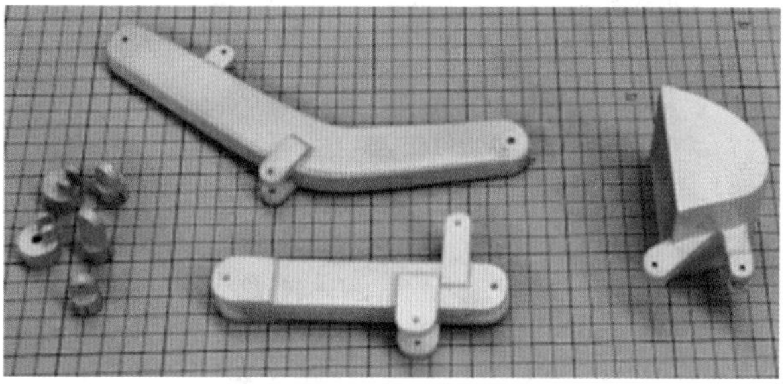	准备构成挖掘机机臂机构的零件，并使用酒精清洁每个零件

续表

操作步骤		图示	操作内容
机臂机构组装	零件预装	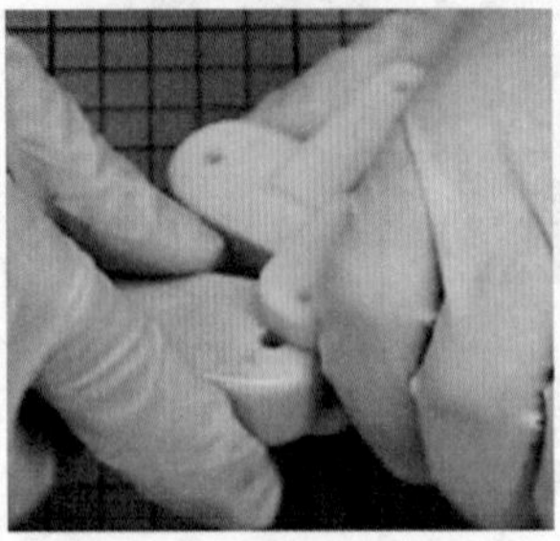 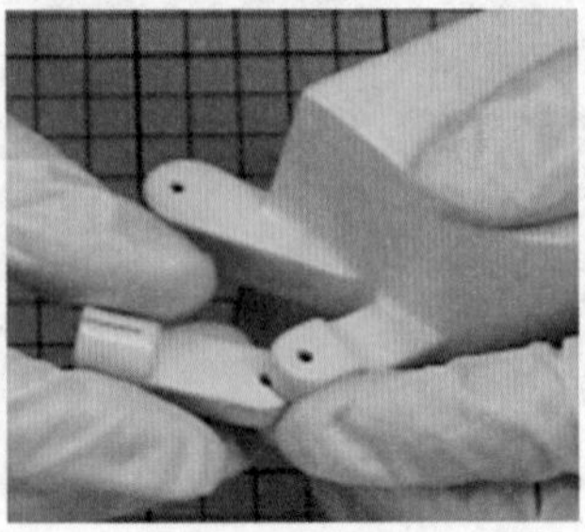	根据机臂机构的运动特点，每个零件都通过螺栓连接，并且可以转动。将各连接处预装，如果有装不进去或者转动不顺畅的，需进行修整
	机构修整	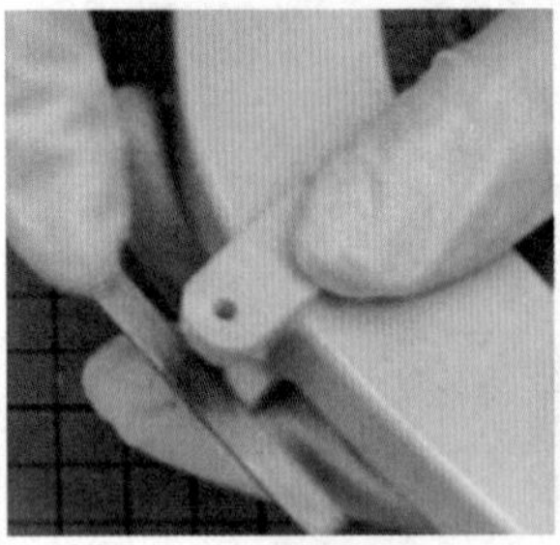 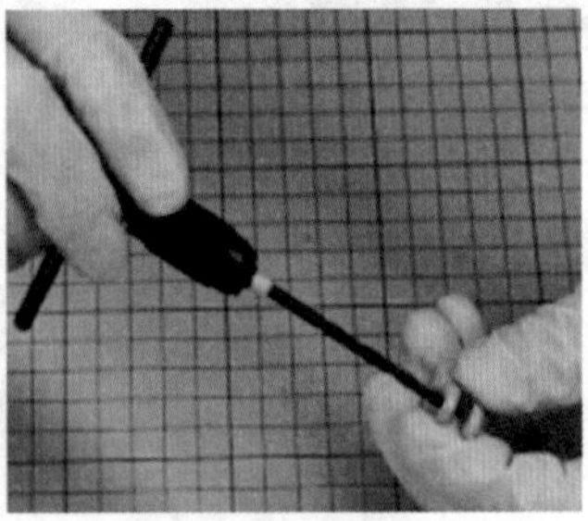	如果机臂槽实际尺寸过小，需要用锉配的方法处理；如果螺栓孔的实际尺寸过小，则需要用钻削的方法处理
	机构组装	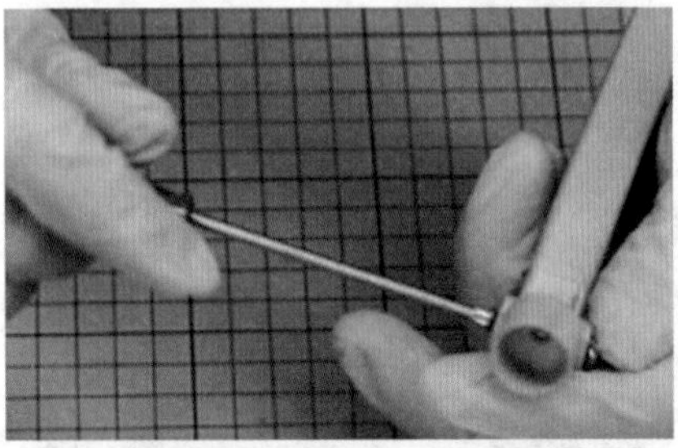	此机构主要靠螺栓连接的方式固定，所以应注意螺栓不要拧得太紧
	机构检查	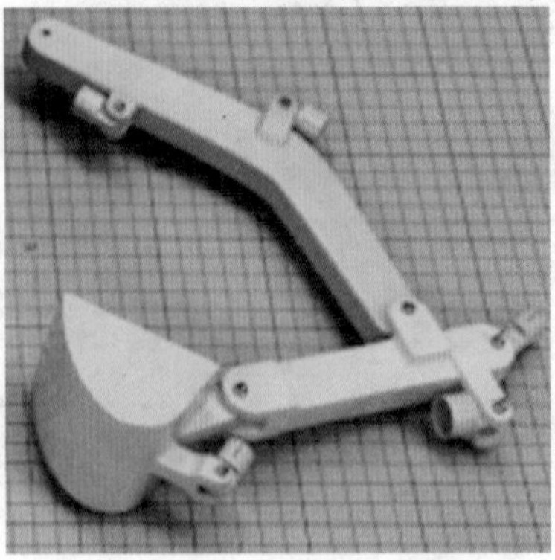	检查机臂各连接处运动是否顺畅

续表

操作步骤		图示	操作内容
机座机构组装	模型清理		准备构成挖掘机机座机构的零件，并使用酒精清洁每个零件
	零件预装		机座采用履带方式运动，履带是通过 3D 打印方式整体打印而成的，只需要使用销钉将其头尾连接即可，履带轮和机座采用间隙配合，并且可以转动，将各连接处进行预装
	机构修整		如果挖掘机车轮轴的实际尺寸过大，需要用锉配的方法处理
	机构组装		此机构主要采用过盈连接、螺栓连接的方式固定，注意过盈配合时过盈量不要太大，一般采用 0.05 ～ 0.1 mm 即可

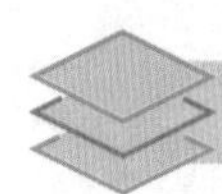

续表

操作步骤		图示	操作内容
机座机构组装	机构检查		检查机座各连接处运动是否顺畅
机身机构组装	模型清理		准备构成挖掘机机身机构的零件，并使用酒精清洁每个零件
	零件预装		机身机构采用齿轮传动，带动机身转动，机身是通过3D 打印整体打印而成的，只需使用螺钉将齿轮机构连接起来即可
	机构修整		如果挖掘机连杆轴与槽相配合处实际宽度尺寸过大，需要用锉配的方法处理，以确保每个零件转动顺畅

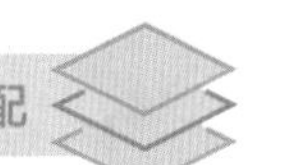

续表

操作步骤		图示	操作内容
机身机构组装	机构组装	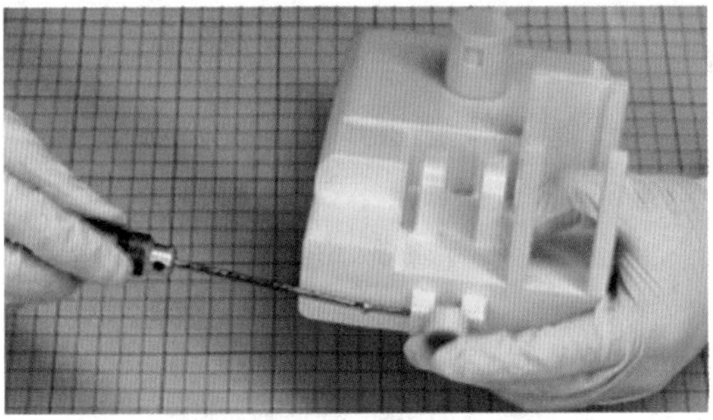	此机构主要采用螺栓连接的方式固定，注意紧固时螺栓不要拧得太紧
	机构检查	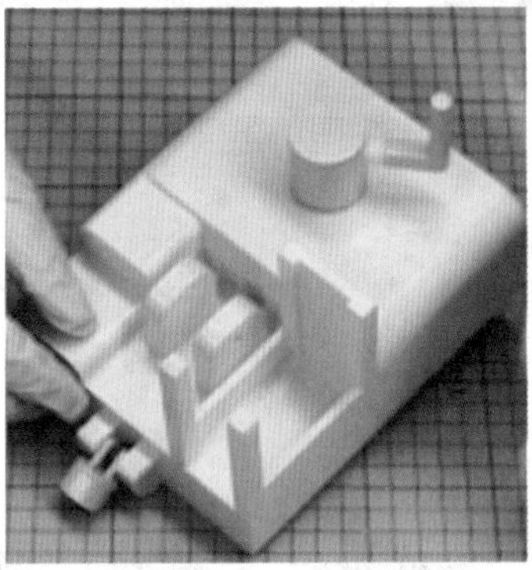	检查机身各连接处运动是否顺畅
整体组装	模型清理	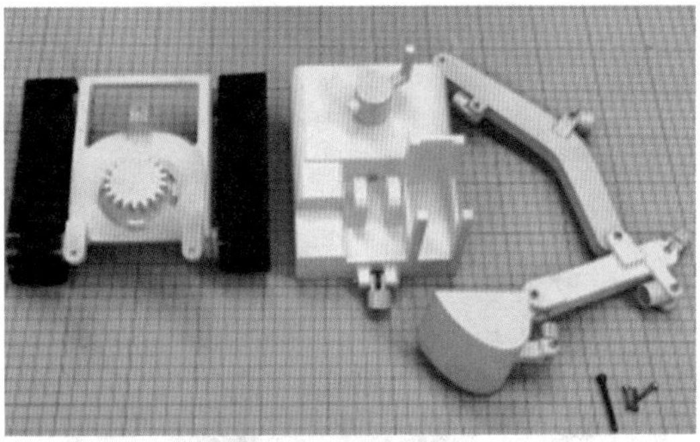	准备挖掘机机臂、机身、机座各机构，并使用酒精清洁每个机构
	机构预装	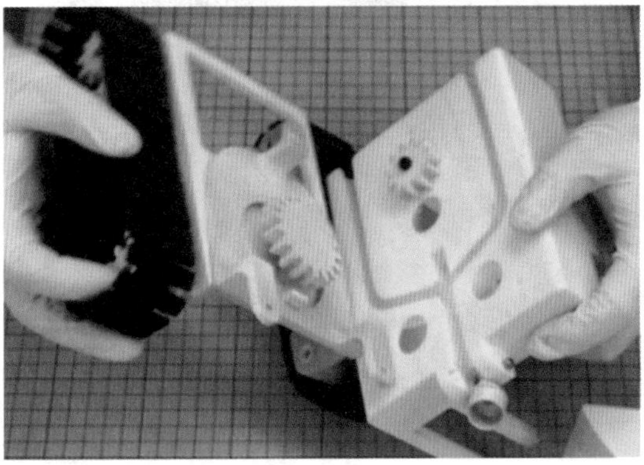	挖掘机各机构之间采用螺栓连接，应保证挖掘机连接牢固

续表

操作步骤		图示	操作内容
整体组装	机构修整	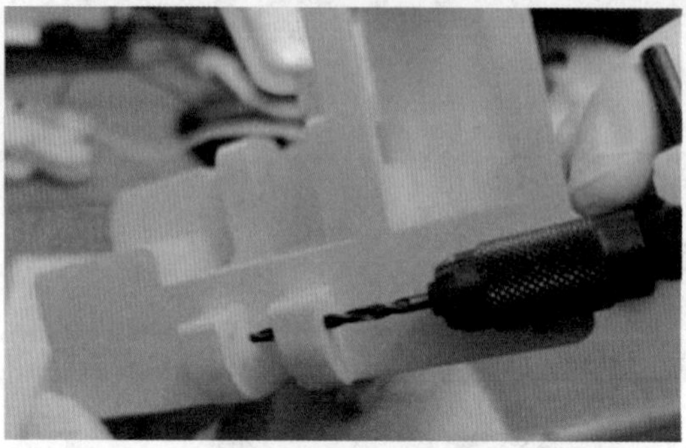	整体组装主要问题就是配合部位螺栓孔过小，需要使用配钻的方法处理
	机构组装	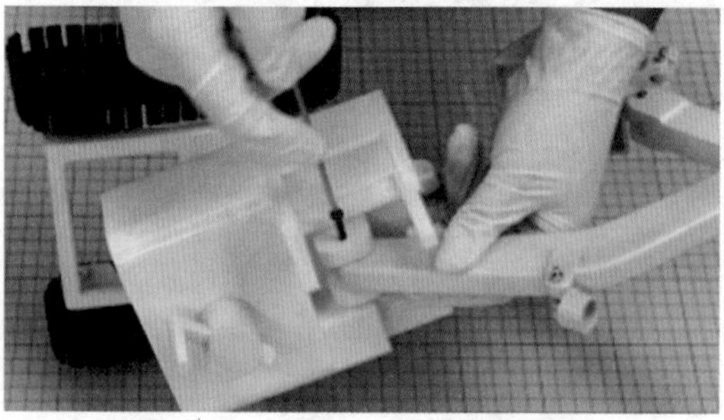	挖掘机采用螺栓连接的方式固定，紧固时不要用力太大
	机构检查		检查各机构件间运动是否顺畅
动力机构组装	模型处理	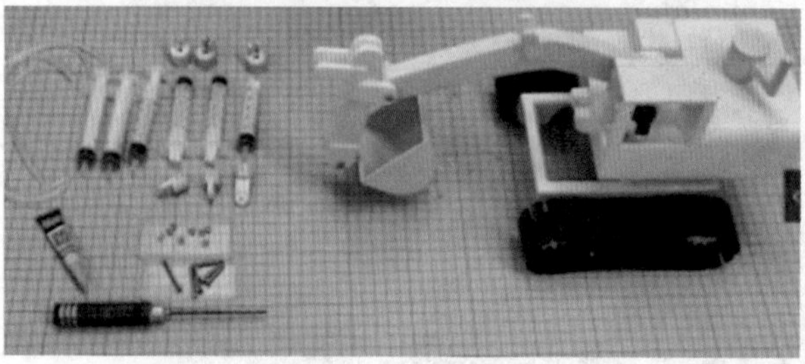	准备挖掘机动力机构各零件，挖掘机动力机构主要利用液压原理，通过注射器模拟，可以实现挖斗、机臂的运动

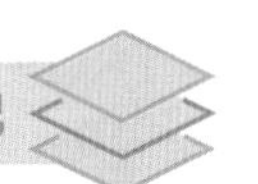

续表

操作步骤		图示	操作内容
动力机构组装	零件预装		动力机构采用粘接方法，将注射器和 3D 打印零件粘接在一起
	零件修整		动力机构主要存在的问题是注射器和 3D 打印零件组装不进去，可采用锉削方法，使两者间隙为 0.05 ~ 0.1 mm
	零件组装		动力机构组装采用螺栓连接的方式，应注意确保其运动顺畅

续表

操作步骤		图示	操作内容
动力机构组装	零件检查	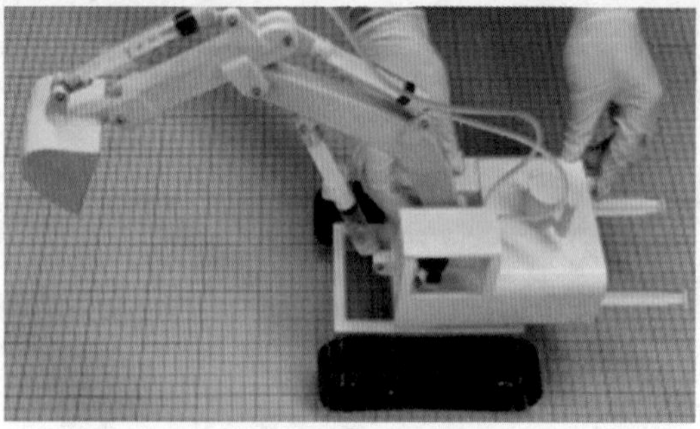	检查机构运动是否顺畅，如果空气压缩力不够，可以往注射器内灌装液体，以增加压缩力
检查			检查各机构件间运动是否顺畅

四、质量检验

1. 产品检验

对模型装配质量进行检验，并记录在表 7-3 中。

▼ 表 7-3　挖掘机模型装配质量检验表

序号	检验内容	检验标准	配分	得分
1	零件清洁	零件表面无污渍，无粉尘	5	
2	螺栓连接	运动部位螺栓连接牢固，无安装缺陷	15	
3	粘接连接	胶水粘接部位牢固，无开胶、开裂现象	10	
4	拼接连接	拼接部位连接牢固，无安装缺陷	10	
5	配合部位	配合部位连接紧密，无晃动现象	20	

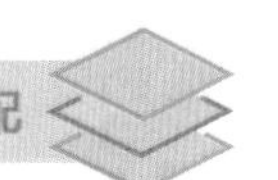

续表

序号	检验内容	检验标准	配分	得分
6	运动部位	运动部位动作顺畅，无卡顿，动作执行到位	15	
7	动力部位	动力部位可提供连续动力，无卡顿	15	
8	环境保护	能正确清理工具和场地，装配过程中注意个人防护、安全操作和环境保护	5	
9	物料保管	能正确取用物料，装配后能按要求保管及储存物料	5	
总分			100	

2. 产品缺陷和质量分析

参照表 7-4 所列装配常见缺陷的产生原因、预防措施和解决方法，对存在缺陷的产品进行修复和处理。

▼ 表 7-4　装配常见缺陷的产生原因、预防措施和解决方法

缺陷	产生原因	预防措施	解决方法
配合尺寸不合格	1. 3D 打印产品尺寸公差不符合要求 2. 因喷漆影响配合间隙 3. 3D 打印存在缺陷，如毛刺、打印液残留、支撑结构等	1. 在模型设计时合理地调整尺寸公差 2. 喷漆时保护配合部位 3. 在设置模型摆放方式时，避免在配合部位加支撑结构	1. 对尺寸超差部位采用锉削等方法进行处理 2. 刮除配合面的涂料 3. 打磨掉毛刺、打印液残留及支撑结构等
运动不顺畅	1. 3D 打印产品几何公差不符合要求，如平面度、圆柱度误差大 2. 运动部位表面有支撑结构或者有打印缺陷 3. 零件之间间隙不合适	1. 在打印时注意模型的摆放，如圆柱体需要竖直打印，防止翘曲变形 2. 不要在需要运动配合的面加支撑结构 3. 运动配合部位间隙一般采用 0.05 ~ 0.1 mm	1. 采用打磨的方法处理平面度和圆柱度误差超差问题 2. 通过打磨处理支撑结构，使用填补的方式处理打印缺陷 3. 使用磨削方式调整配合间隙
组装方式不合理	1. 螺纹底孔尺寸合适，拧螺钉时孔爆裂，或者螺栓拧不进去 2. 拼接时尺寸不合适，过盈量过大，导致装配时破裂	1. 对于螺纹底孔，一般在组装时先用相应的底孔钻头再钻一下，或者在设计时采用嵌件螺纹 2. 采用拼接方式组装前应测量间隙，间隙控制在 0.05 ~ 0.1 mm 之间即可	1. 使用钻头再钻孔，或者采用嵌件螺纹 2. 磨削配合部位，调整配合间隙，对于破裂处使用黏结剂粘接

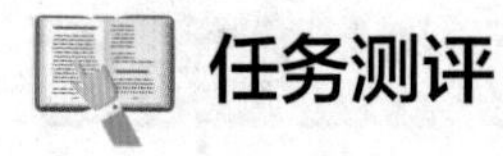

任务测评

按表 7-5 所列的评分标准进行测评，并做好记录。

▼ 表 7-5　实训评分标准

序号	考核内容	考核标准	配分	得分		
				自我评价	小组评价	教师评价
1	职业素养	1. 认真、细致、按时完成学习和工作任务	10			
		2. 能按要求穿戴好个人防护用品	5			
		3. 遵守实训室管理规定和“6S”管理要求	5			
2	专业技能	1. 能正确判断零件的组装方式	20			
		2. 能根据组装方式选择相应的组装工艺	20			
		3. 能独立对 3D 打印产品组装的质量进行检验与缺陷修复	20			
3	创新能力	1. 能尝试使用新手段进行模型组装	10			
		2. 工作过程中能经常提出问题并尝试解决	10			
小计			100			
总分 =0.15× 自我评价得分 +0.15× 小组评价得分 +0.7× 教师评价得分						

项目八

3D 打印产品后处理综合应用

学习目标

1. 能合理运用后处理常用工具、量具、刃具、夹具等。
2. 能制定 3D 打印模型的清洗、打磨及抛光工艺。
3. 能独立完成 3D 打印模型的清洗、打磨及抛光处理工作。
4. 能制定 3D 打印模型的着色工艺。
5. 能独立完成 3D 打印模型的着色工作。
6. 能制定 3D 打印模型的装配工艺。
7. 能独立完成 3D 打印模型的装配工作。
8. 能独立完成 3D 打印模型的质量检验与缺陷修复工作。
9. 能完成 3D 打印模型的产品展示工作。

任务描述

通过之前的任务了解了 3D 打印模型的各种后处理方法，对 3D 打印模型的后处理有了一个较为完整的认识，本任务将运用所学的知识，独立完成手办模型的综合后处理工作。

手办模型的综合后处理工作包括打磨、上色、组装等各种加工工艺，合理运用各种材料、工具、刃具等，最终保证模型的完美呈现，如图 8-1 所示。

图 8-1　手办模型

任务实施

一、任务准备

根据任务要求提前准备相应的工具、材料、设备和劳动保护用品等，见表 8-1。

▼ 表 8-1　工具、材料、设备和劳动保护用品清单

序号	名称	图片	数量
1	大刮刀		2 个
2	水口钳	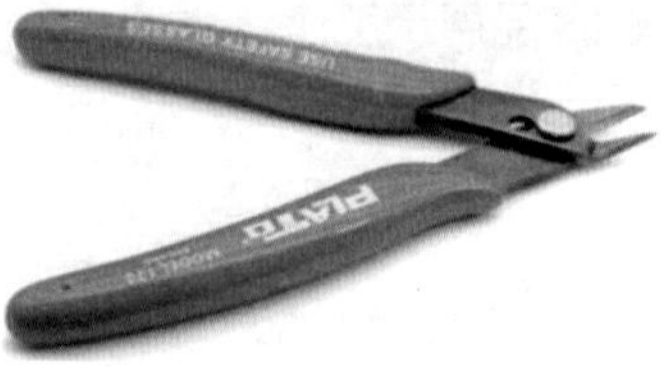	1 个
3	不锈钢镊子	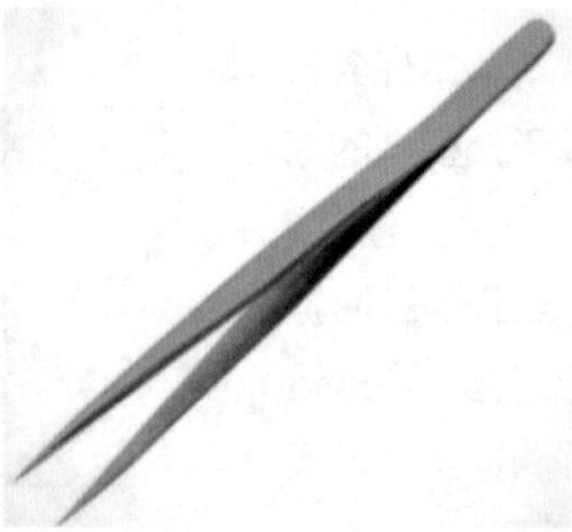	1 个
4	雕刻笔刀	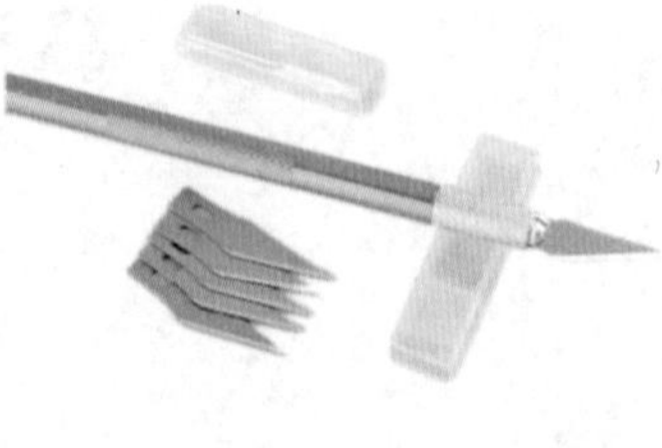	2 套

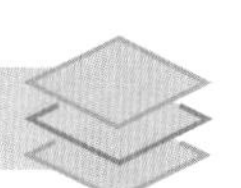

续表

序号	名称	图片	数量
5	抛光工具	水磨砂纸：220 目 正面 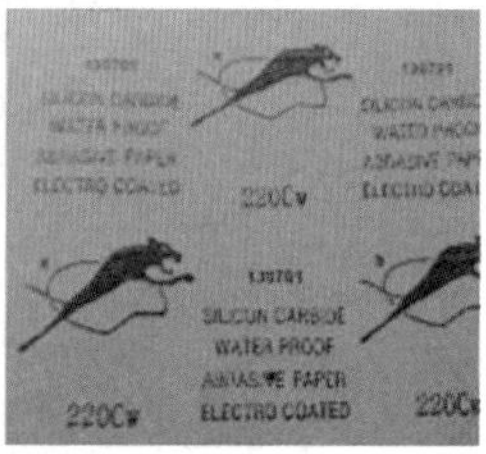　背面 植绒砂纸：600 目、800 目   干磨砂纸  小木块 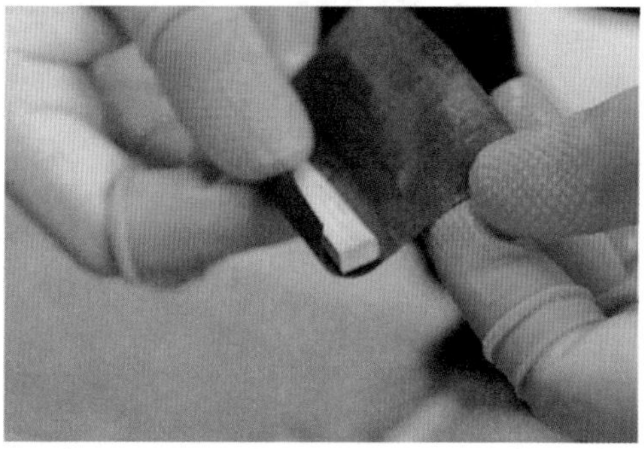	每种砂纸各 6 张

续表

序号	名称	图片	数量
6	胶水和速干剂	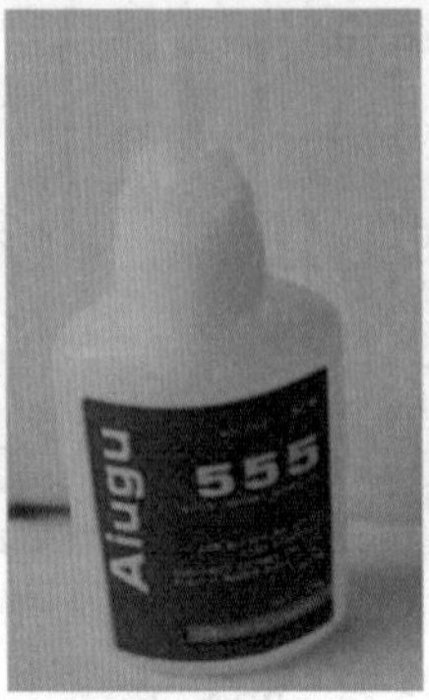 胶水 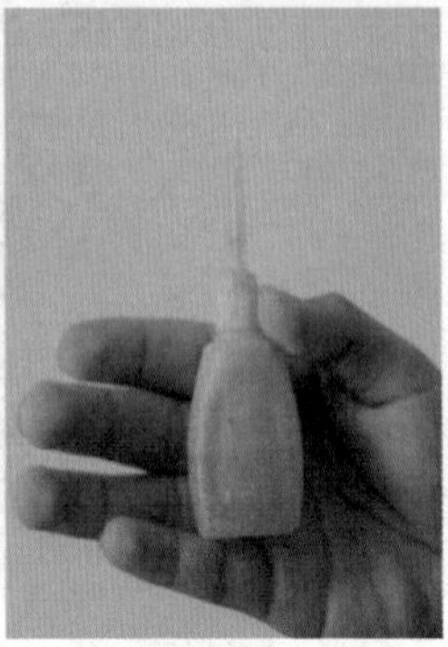　速干剂	各 1 瓶
7	上色漆	   	银色、酒红色、金色、透明漆各一份
8	色卡		1 套

续表

序号	名称	图片	数量
9	勾线笔		3 支
10	牙膏补土		1 支
11	喷砂机	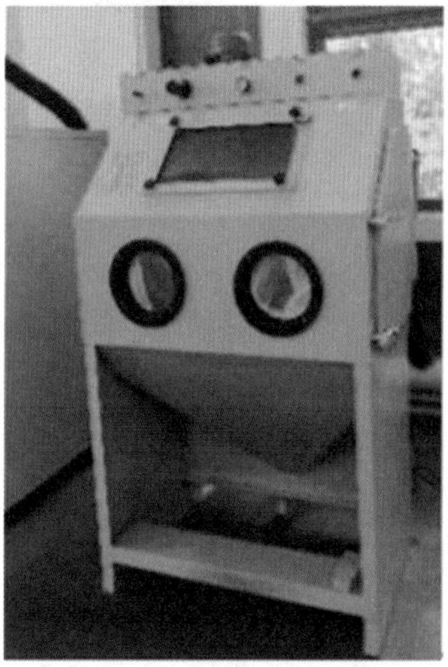	1 台
12	水幕机		1 台

续表

序号	名称	图片	数量
13	超声波清洗机		1 台
14	固化箱		1 台
15	劳动保护用品		1 套

二、制定手办模型的工艺路线

工艺路线如下：SLA 打印产品→去除产品支撑结构→清洗→初打磨→装配→喷底漆→第二次粗打磨→喷砂→第三次打磨及抛光→上色→总装配。

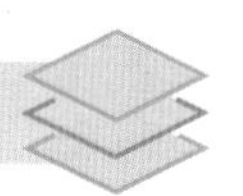

三、手办模型的综合后处理

1. 手办模型的预处理阶段

预处理流程如下：取产品→去除支撑结构→清洗→去除毛刺和支撑痕迹。

（1）取产品

选用光敏树脂，采用激光固化设备打印手办模型的各零件，打印完成后，升起打印平台，静置几分钟，待光敏树脂滴落回槽中，采用刮刀轻轻将产品从打印平台上取出。

（2）去除支撑结构

采用水口钳和镊子轻轻将支撑结构剥离，如图 8-2 所示。

（3）清洗

将各零件放入超声波清洗机依次清洗 10 min，再将零件放入固化箱中固化。固化箱采用全功率，正、反面各固化 20 min，如图 8-3 所示。依次检查固化后的零件，如图 8-4 所示。

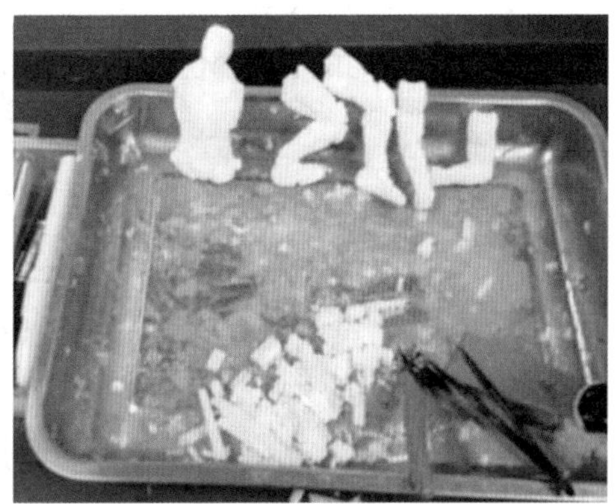

图 8-2　去除支撑结构

a)

b)

图 8-3　清洗及固化零件

a）清洗　b）固化

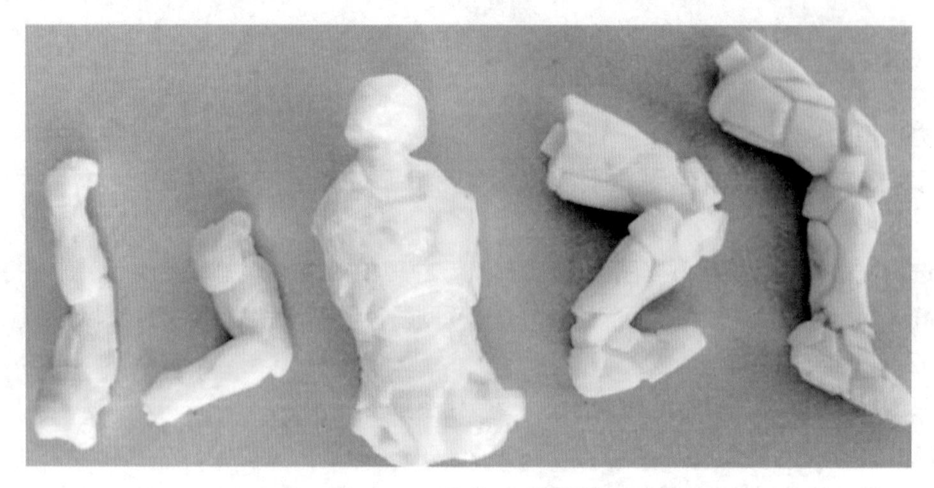

图 8-4 固化后的零件

（4）去除毛刺和支撑痕迹

将零件装配时的配合部位去毛刺，去除支撑痕迹，如图 8-5 所示。

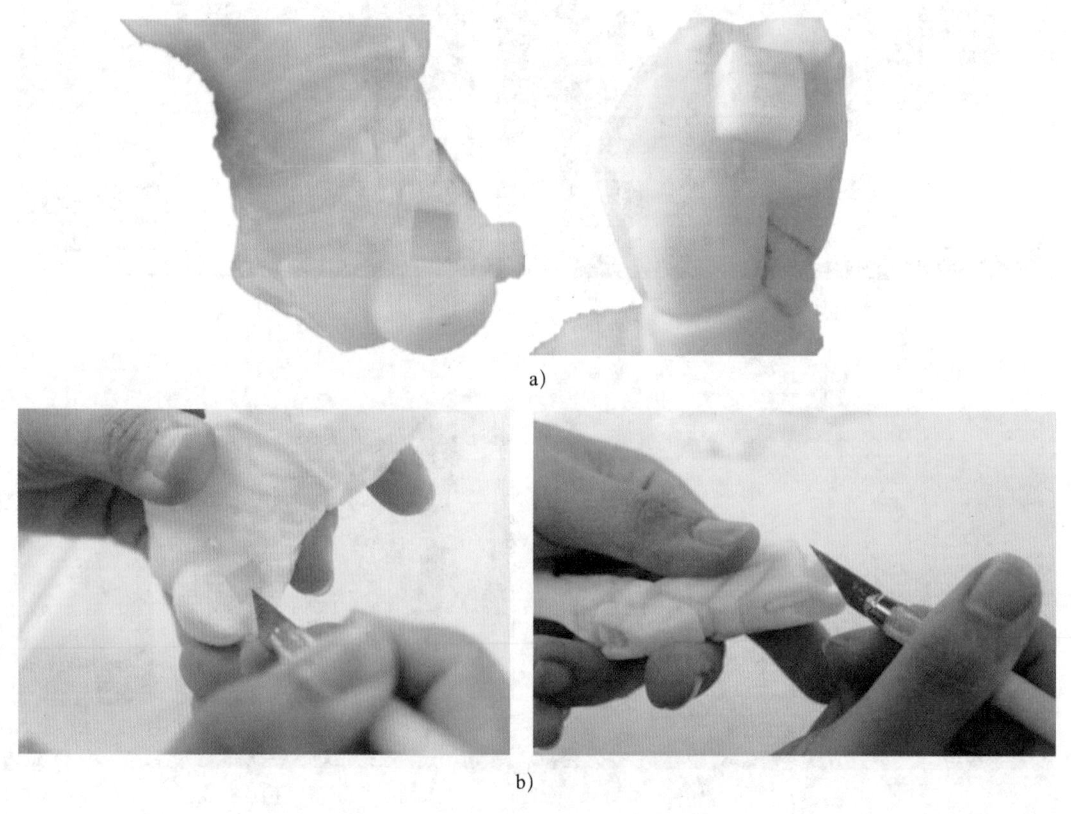

a)

b)

图 8-5 配合部位去除支撑痕迹

a）确认零件配合处 b）去除支撑痕迹

2. 预装阶段

预装流程包括产品装配→产品整体喷涂底漆。

（1）产品装配

将各零件按照图片样式进行装配，如图 8-6 所示。

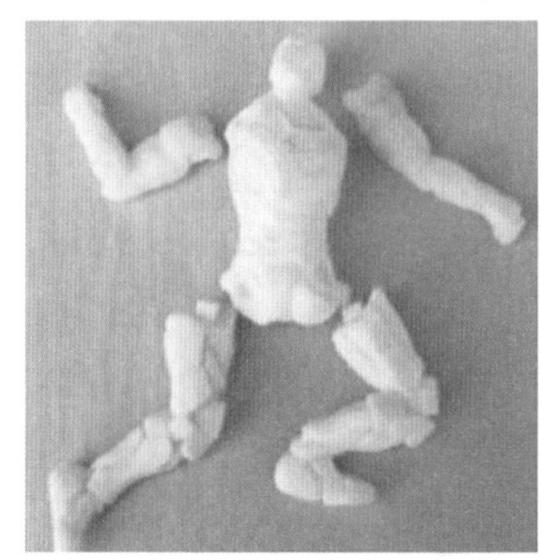
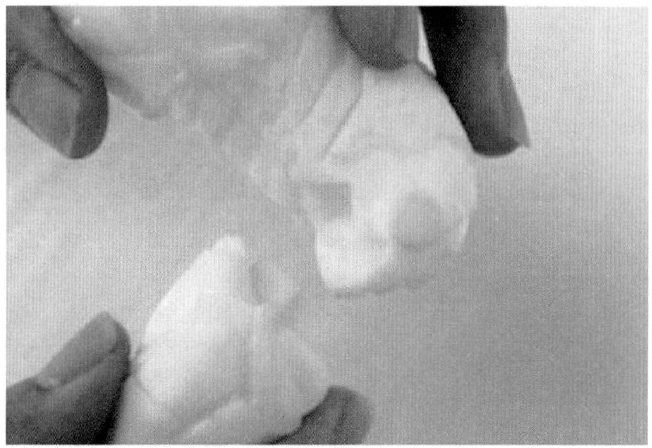
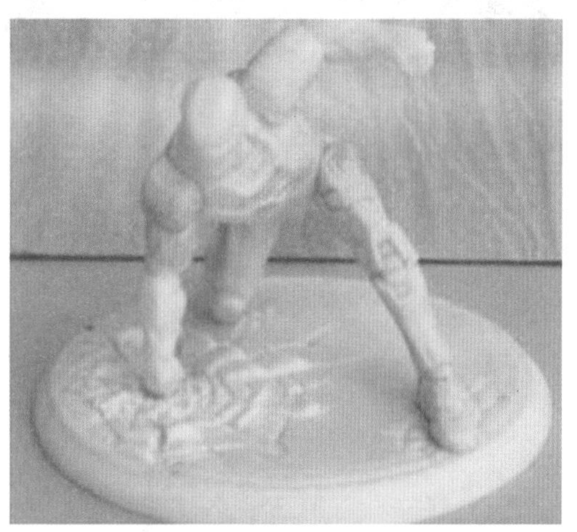

图 8-6 装配

（2）产品整体喷涂底漆

喷涂底漆是为了更容易看清楚产品表面的毛刺、支撑痕迹等，为下一步打磨做充分准备，如图 8-7 所示。

3. 打磨阶段

打磨流程包括打磨准备→打磨大面→打磨小面。

采用水磨砂纸和水进行打磨，依次采用 220 目、600 目、800 目砂纸进行打磨。

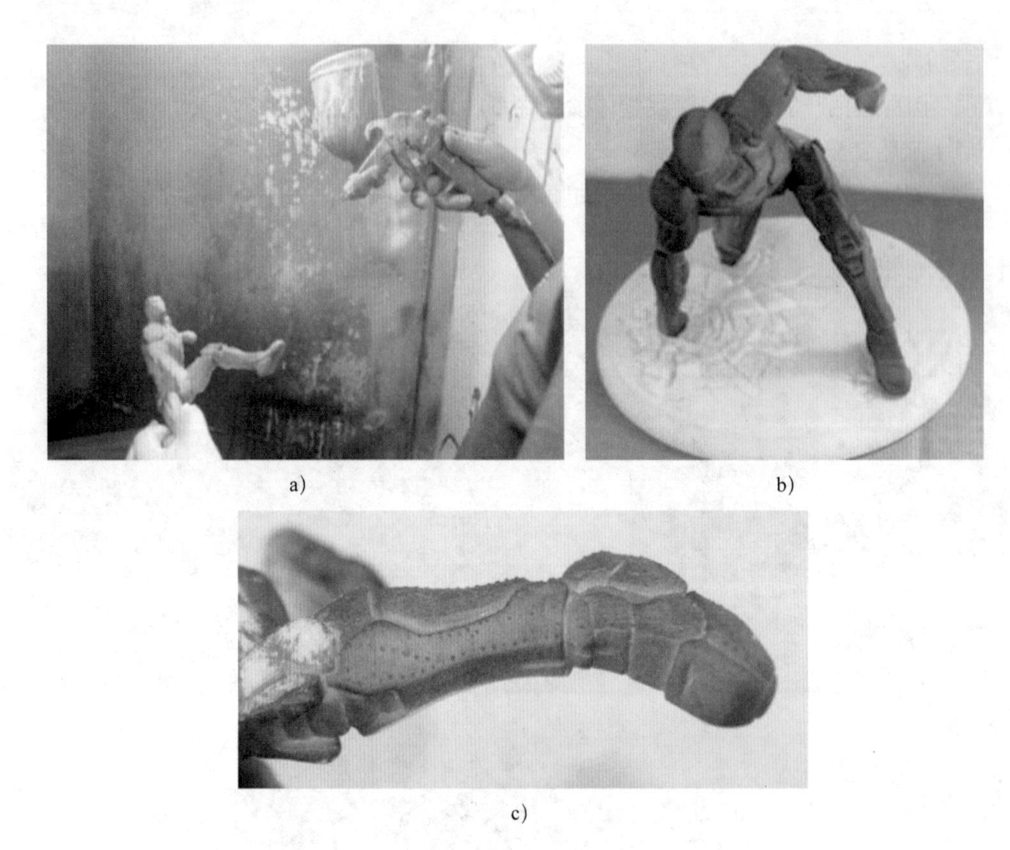

a) b) c)

图 8-7 喷涂底漆

a）上色 b）喷涂底漆后的整体效果 c）小凸点为喷涂底漆后凸显的表面缺陷

（1）打磨准备

用砂纸包裹小木块，为后续打磨工作做准备，如图 8-8 所示。

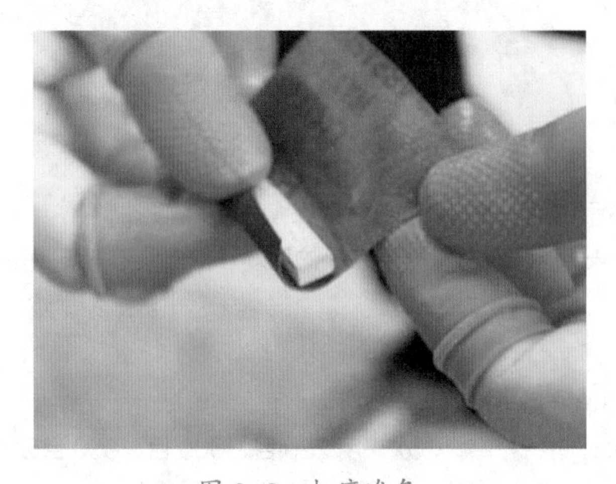

图 8-8 打磨准备

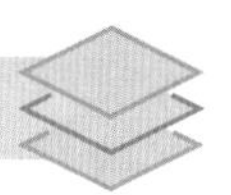

（2）打磨大面

先打磨一侧大面，效果如图 8-9 所示。再打磨另外一侧大面，其效果如图 8-10 所示。

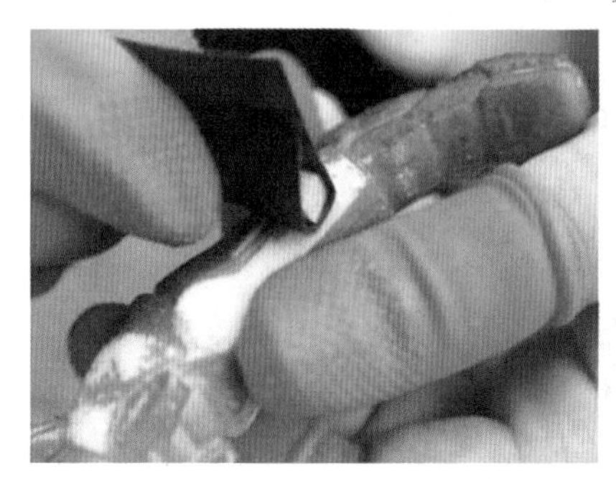
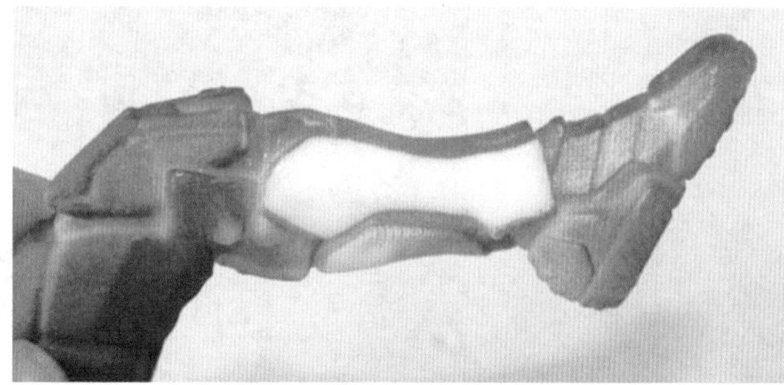

图 8-9　大面打磨效果

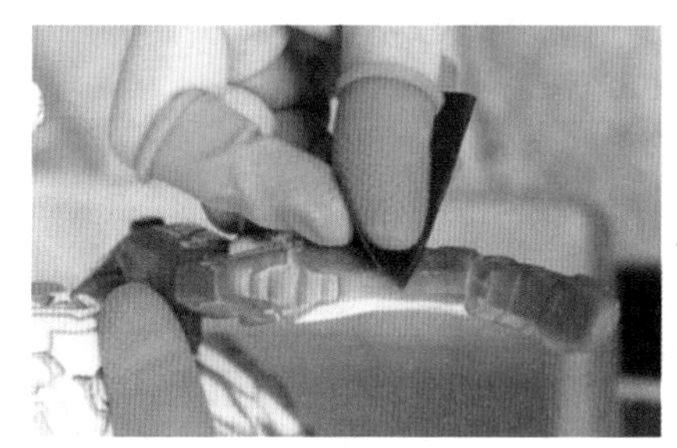
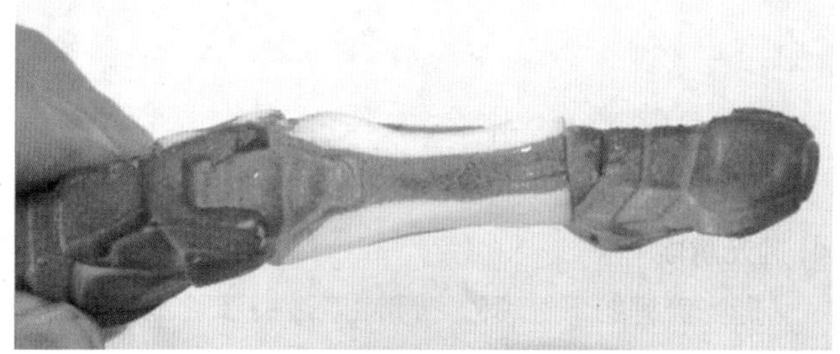

图 8-10　第二个大面打磨效果

（3）打磨小面

打磨两个大面中间的小面，注意保护面与面衔接的棱角，如图 8-11 所示。

采用 220 目砂纸打磨完整个产品，本次打磨对象主要是比较明显的毛刺和支撑痕迹。打磨后的整体效果如图 8-12 所示。

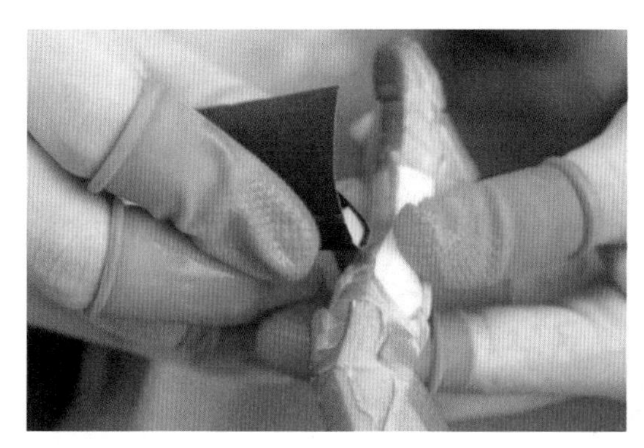
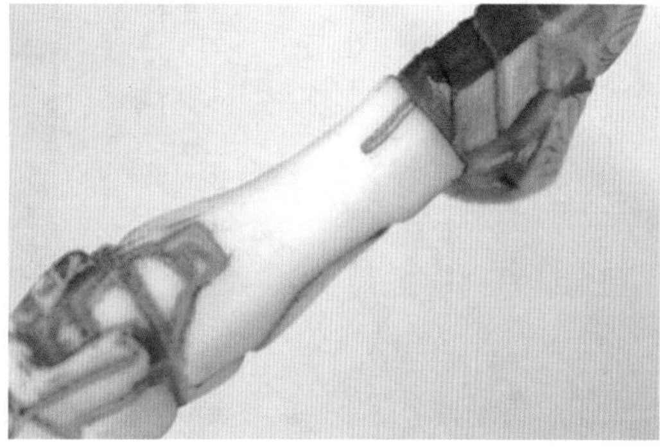

图 8-11　打磨小面的效果

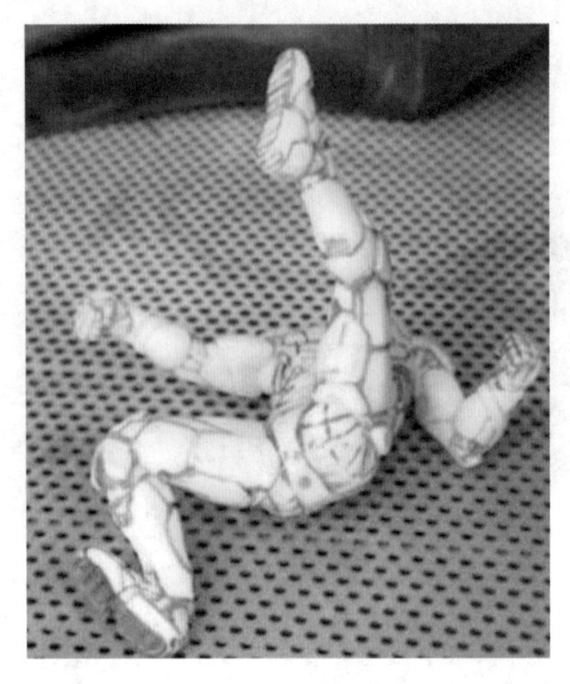

图 8-12　打磨后的整体效果

4. 抛光阶段

抛光流程如下：喷砂→喷涂底漆→清除不良部位→打磨及抛光。

（1）喷砂

如图 8-12 所示，第一次打磨后模型的很多细节无法被打磨掉，需要采用喷砂工艺，可选用 60 目的白刚玉砂粉（见图 8-13）在喷砂机的密闭操作室中进行喷砂，如图 8-14 所示，完成对微小细节处的再次打磨，效果如图 8-15 所示。

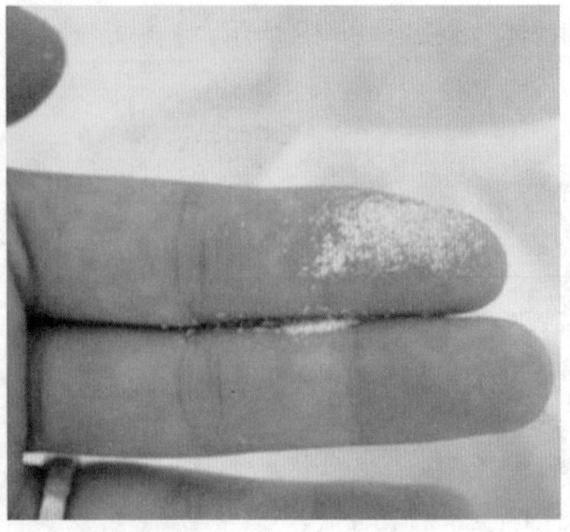

图 8-13　白刚玉砂粉

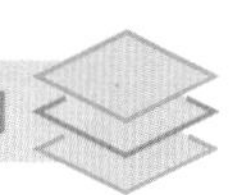

图 8-14　喷砂

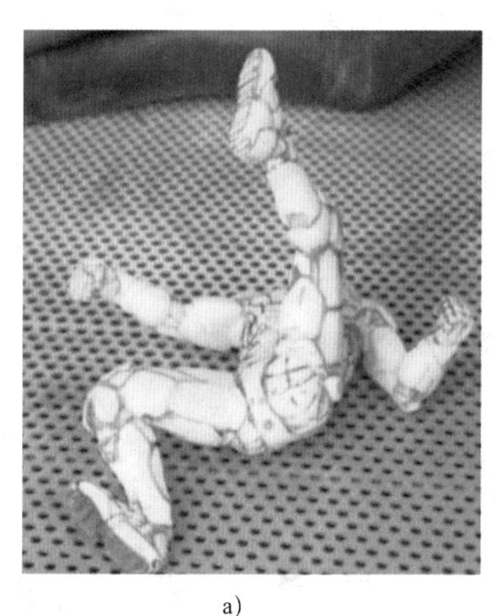

a)

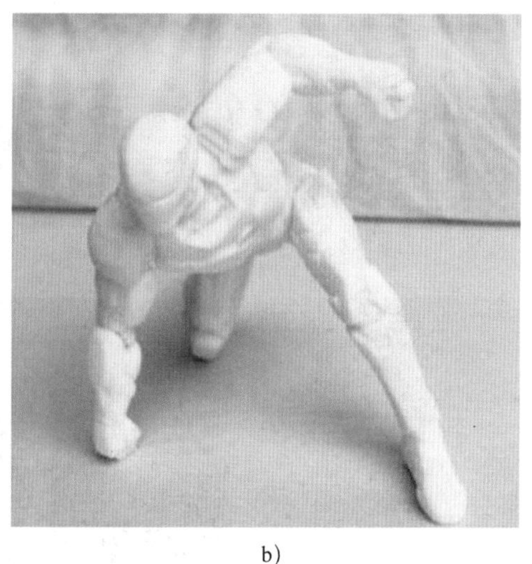

b)

图 8-15　喷砂效果对比
a）喷砂前效果图　b）喷砂后效果图

（2）喷涂底漆

第二次喷涂底漆，确定打磨效果，如图 8-16 所示。喷完底漆后，没有被打磨的地方会凸显出来，对比产品外观图，发现产品本身形状的不良部位也被凸显出来，如图 8-17 所示。

（3）清除不良部位

采用雕刻笔刀清除不良部位，不良部位多为不属于产品本身形状的多余形状，如图 8-18 所示。

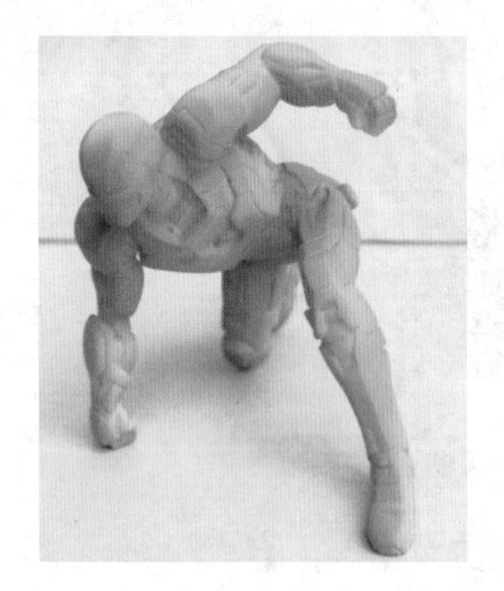

图 8-16　底漆效果图

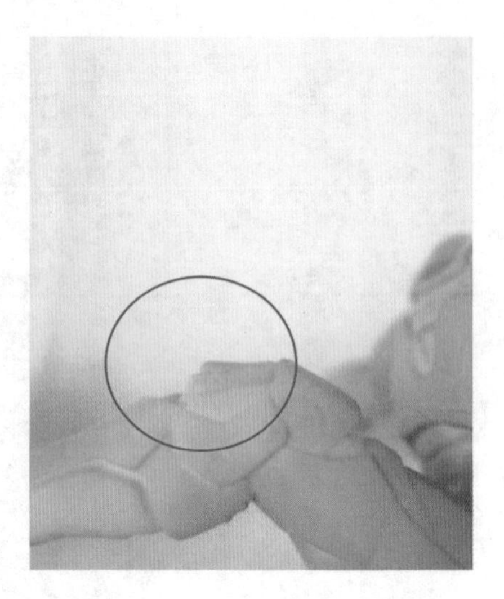

图 8-17　发现不良部位

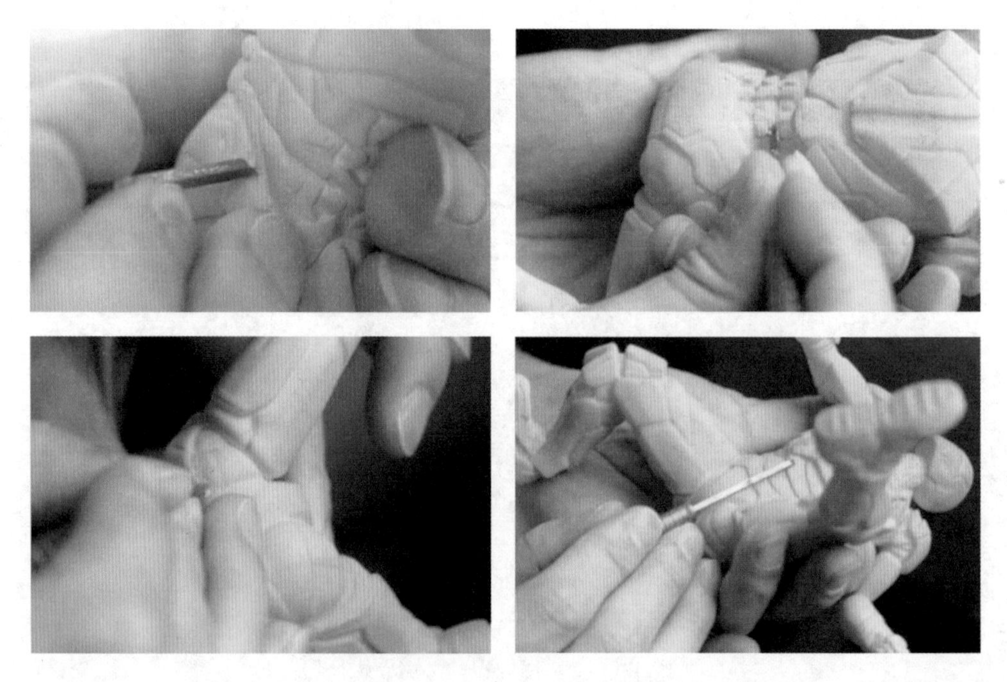

图 8-18　清除不良部位

（4）打磨及抛光

将装配好的产品拆卸，依次精修每个零件，先采用 600 目植绒砂纸进行湿打磨，如图 8-19 所示，将产品细节打磨到位。

再采用 800 目砂纸对整体产品进行抛光，抛掉前道工序的打磨痕迹，最后用空气喷枪吹干产品，获得整体光滑的产品，如图 8-20 所示。

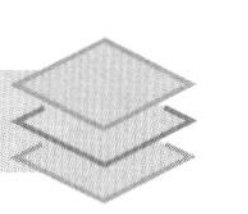

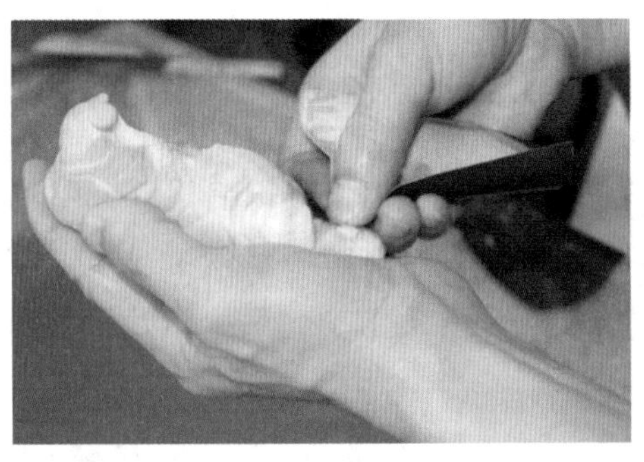

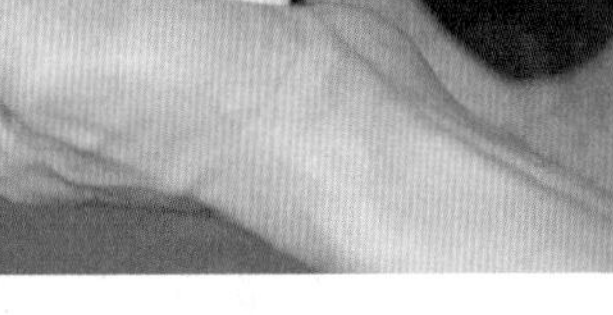

图 8-19　打磨

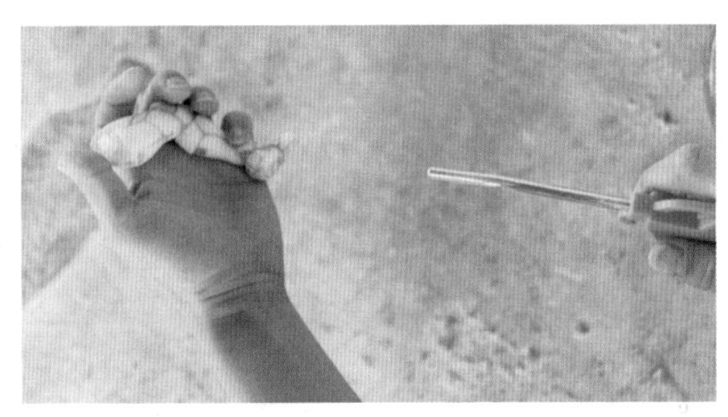

图 8-20　用空气喷枪清理产品

5. 上色阶段

（1）准备喷漆夹具

准备胶水和速干剂，如图 8-21 所示。用胶水粘接产品与夹具，再滴速干剂，使胶水快速固化，如图 8-22 所示，粘好的喷漆夹具如图 8-23 所示。

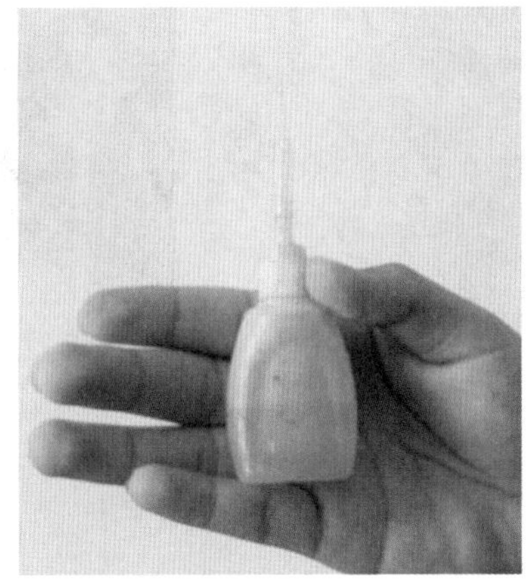

图 8-21　胶水和速干剂

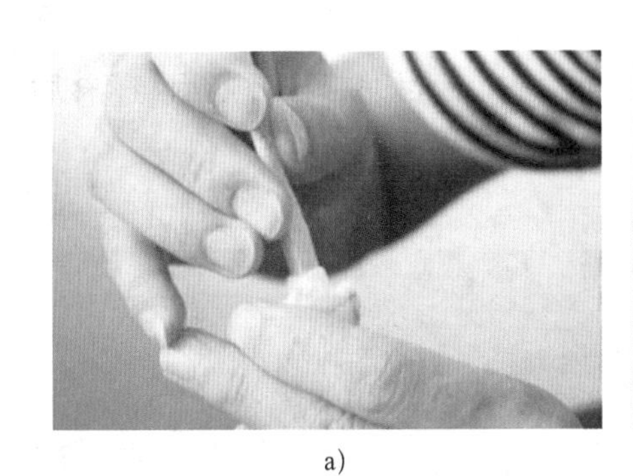

a)

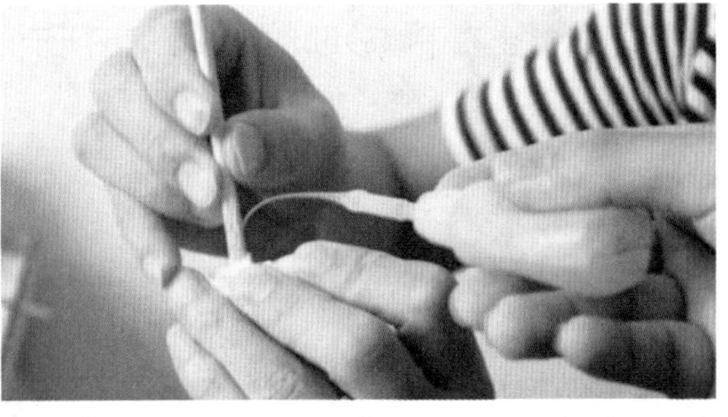

b)

图 8-22　制作喷漆夹具

a）滴胶水　b）滴速干剂

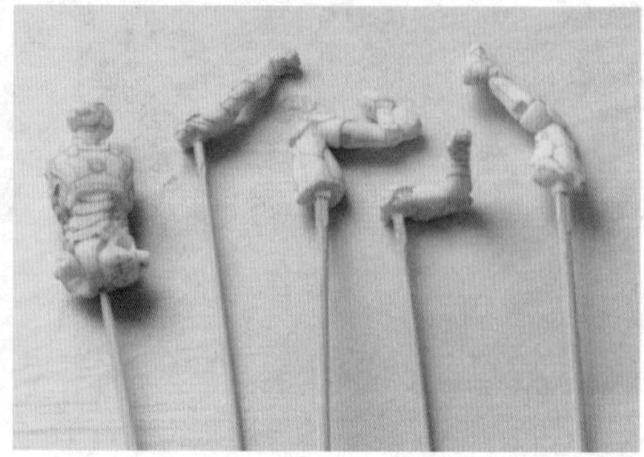

图 8-23 喷漆夹具展示

（2）喷漆处理

1）先喷银色底漆，以便使后续涂酒红色漆时更有金属质感，如图 8-24 所示。

a)

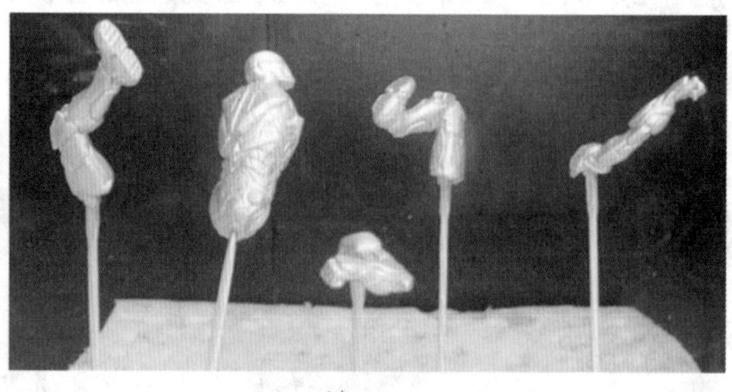

b)

图 8-24 喷银色底漆

a）喷银色底漆 b）产品展示

2）在温和的阳光下晾干 20 min 左右。

3）仔细检查产品是否有缺陷，如果发现有小凹坑，需要使用牙膏补土进行修补。

选择牙膏补土和干磨砂纸，如图 8-25 所示。典型修补流程如图 8-26 所示。修补后采用干磨砂纸再次打磨平整，如图 8-27 所示。

图 8-25 牙膏补土和砂纸

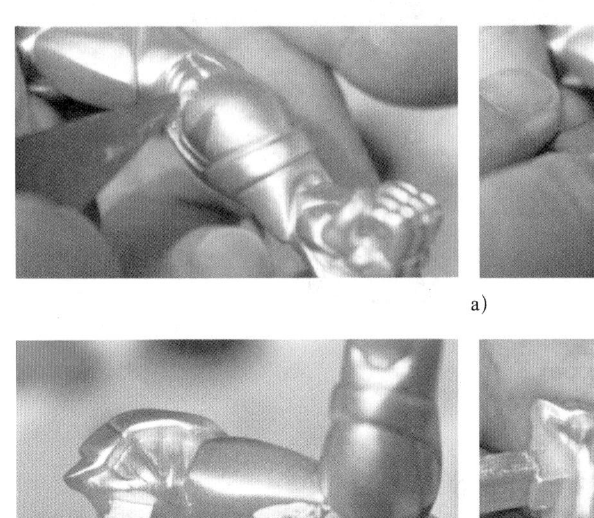
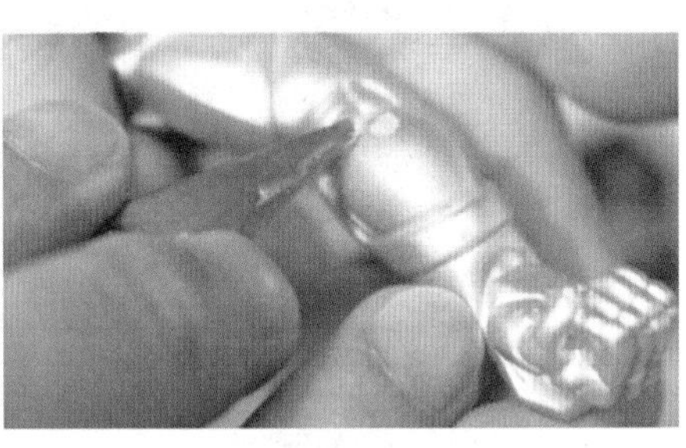

a)

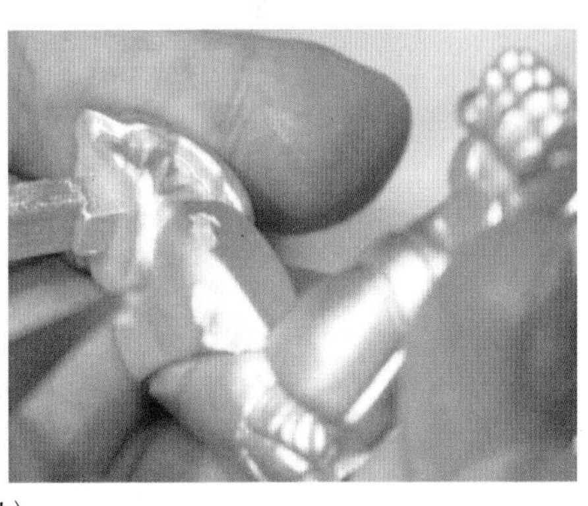

b)

图 8-26　用牙膏补土修补流程
a）涂牙膏补土　b）自然晾干

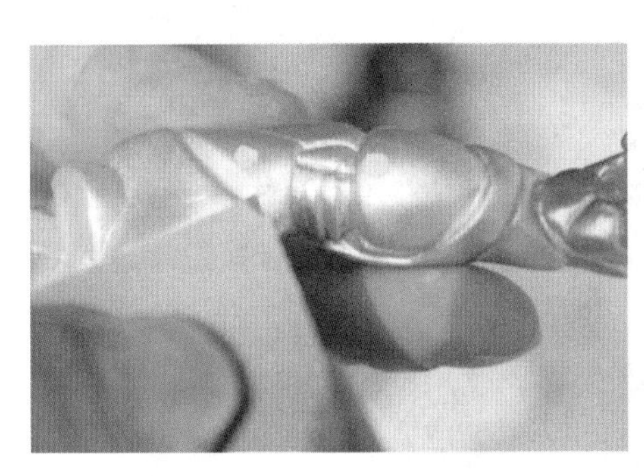
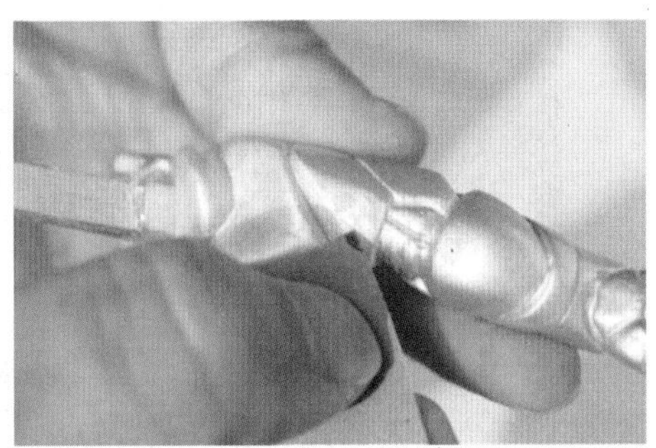

图 8-27　用干磨砂纸打磨平整

4）吹干净打磨后的产品，再次全面喷涂银色底漆后晒干。

5）喷涂酒红色底漆，自然光下晾晒 40 min 左右，喷漆流程如图 8-28 所示。

6）调配银色和金色漆，参考手办模型图样，手绘细节，自然晾晒 30 ~ 40 min，如图 8-29 所示。

7）喷透明涂料（又称清漆），并使用紫外线灯固化产品 15 ~ 30 s，喷漆完成的效果如图 8-30 所示。

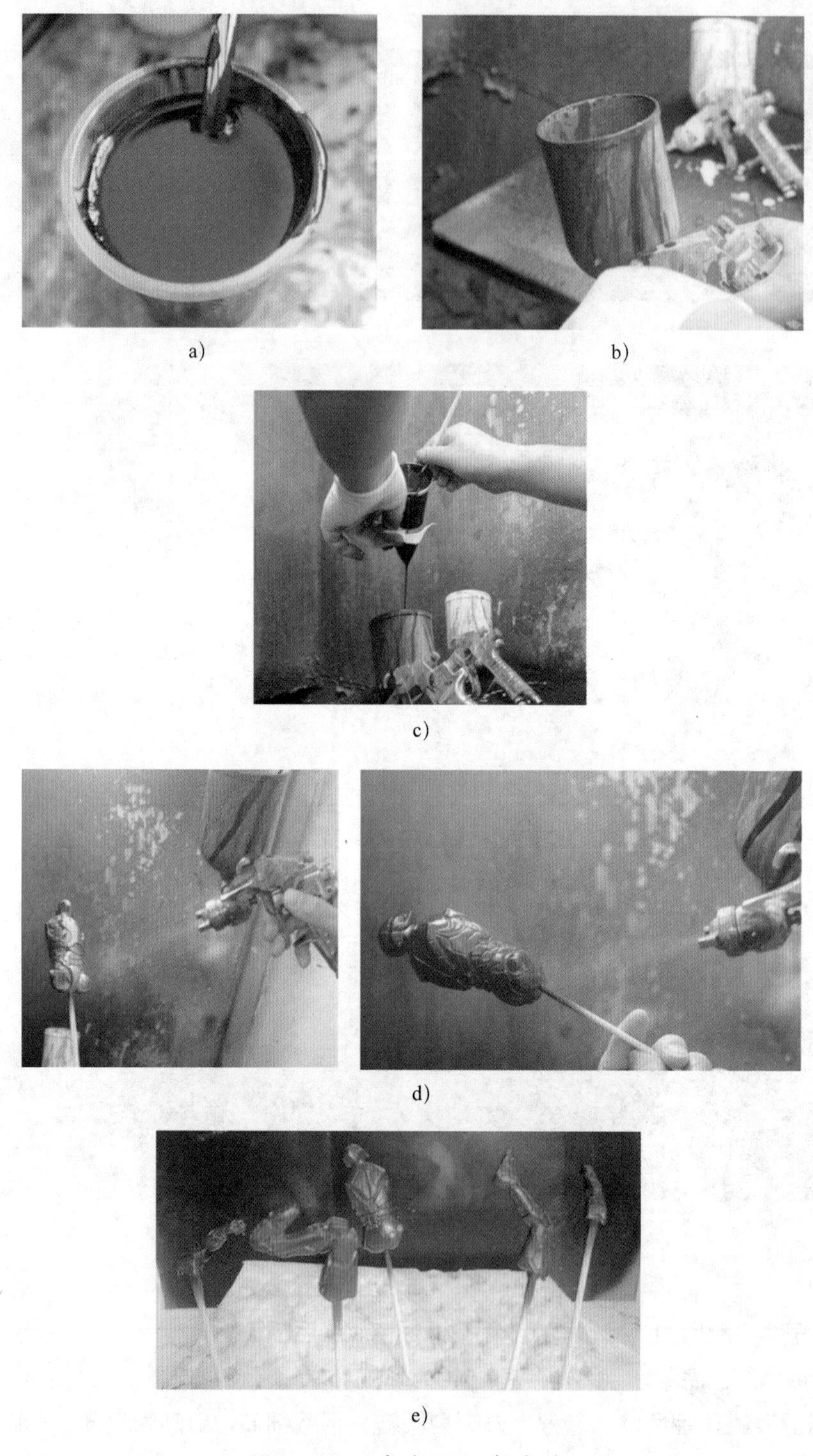

a)　b)　c)　d)　e)

图 8-28　喷涂酒红色底漆

a）调配酒红色底漆　b）清洗喷枪　c）用丝网滤掉漆中杂质

d）喷涂底漆　e）晾晒 40 min

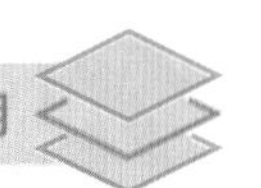

a)

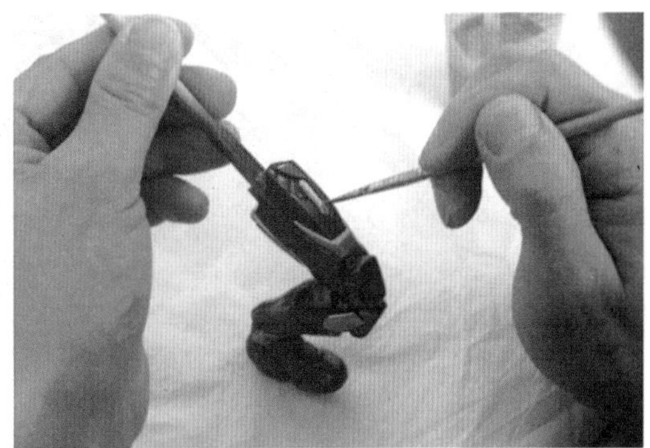

b)

c)

图 8-29　手绘细节部分

a）调配银色和金色漆　b）手绘　c）自然晾晒 30 ~ 40 min

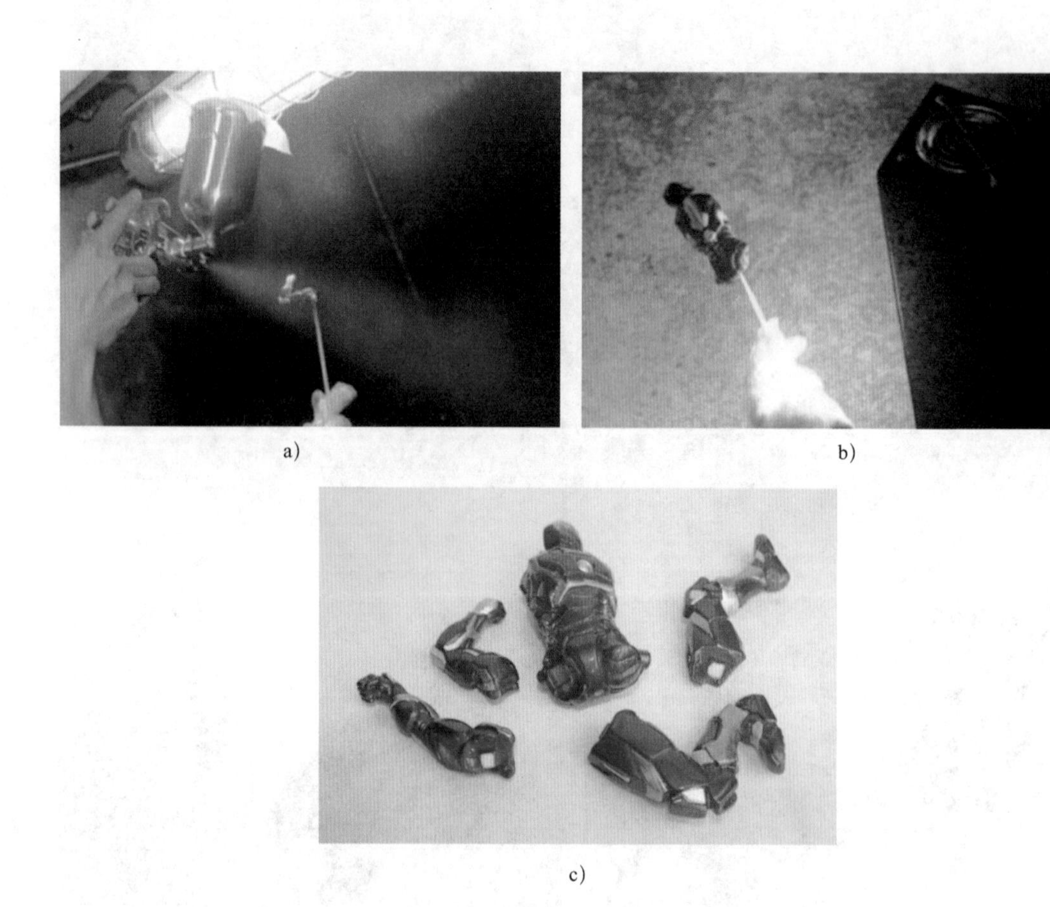

图 8-30　喷透明涂料后的效果

a）喷透明涂料　b）透明涂料固化　c）喷漆完成的效果

6. 总装阶段

装配前先清除装配部位的涂料，装配后效果如图 8-31 所示。

a)

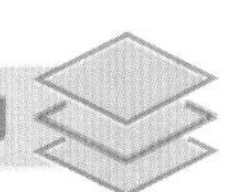

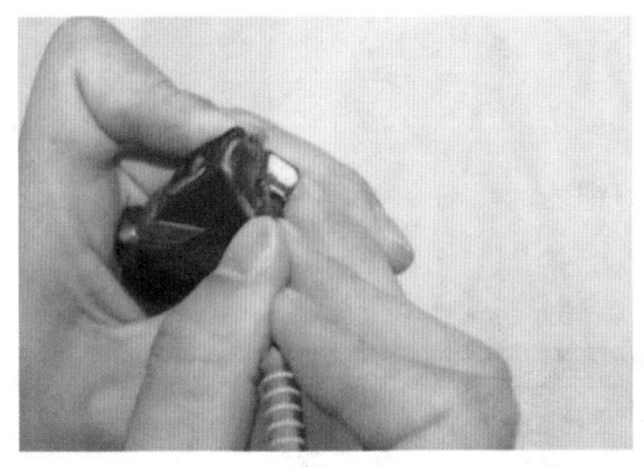
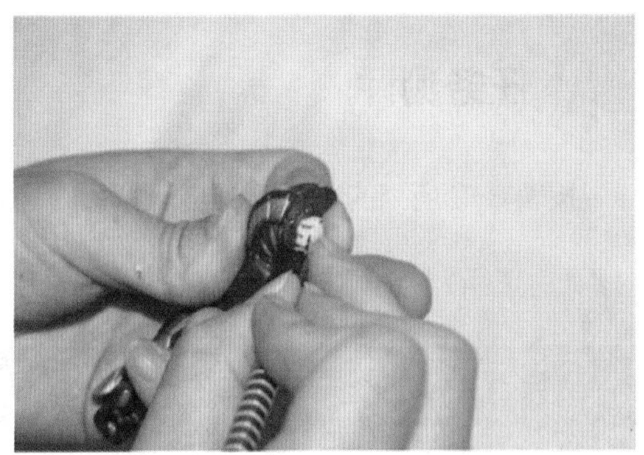

b)

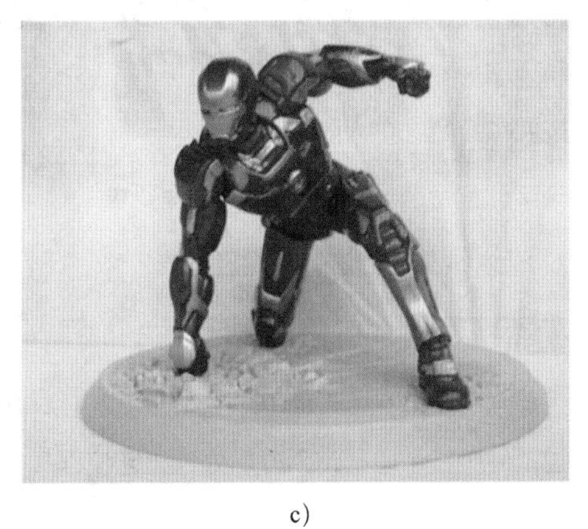

c)

图 8-31 装配后效果

a）装配部位有涂料 b）清除装配部位的涂料 c）整体效果

四、质量检验

整体检查产品是否有缺陷，是否有橘皮等不良现象，如有不良现象，需要清洗后再次上色，如图 8-32 所示。

图 8-32 质量检验

任务测评

按表 8-2 所列的评分标准进行测评，并做好记录。

▼ 表 8-2　实训评分标准

序号	考核内容	考核标准	配分	得分		
				自我评价	小组评价	教师评价
1	职业素质	1. 认真、细致、按时完成学习和工作任务	10			
		2. 能按要求穿戴好个人防护用品	5			
		3. 遵守实训室管理规定和“6S”管理要求	5			
2	专业技能	1. 能对 SLA 成形产品进行打磨及抛光	20			
		2. 能对 3D 打印产品进行喷漆后处理	20			
		3. 能制定手办后处理计划与方案	20			
3	创新能力	1. 能尝试使用新手段制定手办后处理工艺流程	10			
		2. 工作过程中能经常提出问题并尝试解决	10			
小计			100			
总分 =0.15× 自我评价得分 +0.15× 小组评价得分 +0.7× 教师评价得分						